Modern Experimental Optics

近代實驗光學

| 黃衍介

國家圖書館出版品預行編目資料

近代實驗光學 / 黃衍介著. -- 二版. -- 臺北市：臺灣東華，民 100.06

284 面；19x26 公分.

ISBN 978-957-483-659-8（平裝）

1. 光學 2. 實驗

336.034   100009239

近代實驗光學

著　　者	黃衍介
發 行 人	陳錦煌
出 版 者	臺灣東華書局股份有限公司
地　　址	臺北市重慶南路一段一四七號三樓
電　　話	(02) 2311-4027
傳　　眞	(02) 2311-6615
劃撥帳號	00064813
網　　址	www.tunghua.com.tw
讀者服務	service@tunghua.com.tw
門　　市	臺北市重慶南路一段一四七號一樓
電　　話	(02) 2371-9320
出版日期	2011 年 6 月 2 版
	2019 年 3 月 2 版 4 刷

ISBN　　978-957-483-659-8

版權所有 ・ 翻印必究

獻給我的父母

前　言

　　這本《近代實驗光學》最早內容是筆者在史丹福大學應用物理系擔任博士後研究員時 (1995-1997)，為指導教授 Robert L. Byer 的「中級光學」課程 (課號：Physics 181) 所規劃的一系列基礎光電實驗，當時這一系列實驗成了史丹福大學的「中級光學實驗」課 (課號：Physics 181L) 的教材，不管是「中級光學」的正課或實驗課，其內容都是針對大三、四已修過電磁學的學生所設計；因此，本書也專為國內相同程度的學生學習基礎光學及光電實驗所設計。

　　筆者於 1997 年返國，先在國立清華大學原子科學系光電組任教兩年，於 1999 年 8 月轉至電機系光電電波組，直到 2003 年清華大學的電機系成立光電研究所後，而成為光電所的專任教師。筆者在清華大學任教期間，利用在各系所教授光電實驗課的機會，繼續將史丹福大學的實驗內容進行補增、修改及充實之。綜觀坊間的教科書通常都是理論與實驗分開，各成一冊，此種寫法的缺點是正課與實驗課的內容沒有連貫性。但本套教材一改過去傳統的教科書寫法，秉持著「眼見為憑」(SEEING IS BELIEVING) 的理念，先在每一單元中介紹基本概念及光學理論，接著再設計實驗來觀察驗證所學到的光學原理；每一單元的實驗部分還有專門的段落用來介紹實驗過程中可能用到的光學原理。因此讀者不需要先去讀一本抽象的理論書，然後再找一本實驗的書籍來搭配做實驗。本書每一章的最後部分是習題，在設計上，一半的習題內容是讓學生熟悉光學原理，另外一半則是有關實驗的問題。同時，為因應國內雙語化的環境，本書儘量保留英語原文的習慣描述，並未將特定的英文科技名詞硬是翻譯成中文，以便保持知識傳播時的精確性。本書的英文名詞索引中包含中文翻譯，有興趣的讀者可以自行在書後參考。

　　本書共有十二章及十二個實驗。第一章是為初學者特別設計的，介紹最基礎的光波概念、常見的光電元件、光機械元件及實驗室安全；動手的部分則從清潔光學鏡面及雷射傳播準直實驗開始學起。其餘十一章的內容涵蓋幾何光學、波動光學的各個層面；實驗設計上除顧及基礎的現象觀察外，還儘量與現代光電產業相結合，相當適合作為大學部三、四年級的教科書。本書雖然假設讀者有基本的電磁學及微積分的知識，但是在內容中儘量加入先備知識的基本概念，以求本書的完整性。

　　假使學生完全沒有光學相關的背景知識，筆者建議先用這本書作為「基礎光學 (光電)」的教科書，上一學期的正課，其上課內容應該包含每一章中的基本概念及實驗原理兩個部分，在進度上每週三小時教完一章，可以在一學期內上完十二章，加上兩次期終考及一次期末考，一學期共十五週的時間；緊接著可以再用一個學期的實驗課時間，讓學生完成書中的十二個實驗。假如單獨使用這本書作為「基礎光電實驗」一學期的教科書時，筆者建議，利用開學的前兩週，先在課堂中介紹一至六章的基本概念。上完兩週的正課介紹之後，將學生分成六組，利用六週的時間，每組學生每週輪流做一個實驗，直到所有學生做完一～六章的六個實驗；緊接著，再利用兩週的時間在課堂上介紹七～十二章的內容，並利用學期剩下的六週時間讓六組學生輪流完成最後六章的實驗。因此，一個適當的實驗教室應有足夠的空間及光學桌，可以同時架設六組實驗，讓六組學生同時進行實驗，每組學生每一週只做一個實驗。依據筆者的經驗，三至五個學生編成一組效果最好，每組學生人數若過多，有些學生就沒有機會動手做實驗。

讀一本實驗的書籍最大的困擾是：即使按圖索驥也不見得能夠重複做出書中的結果，因為每個人組裝實驗的方式及套件可能各有千秋，組裝實驗的過程不僅繁複，而且影響成敗的因素甚多，即使按照書本步驟，實驗也不見得做得出來。有鑑於此，筆者已經透過清華大學將這十二套實驗技術轉移給民間的光電器材公司，將所有的實驗元件規格化、並將每套實驗製做成模組化的教具。另外，書中也盡量利用圖片來具體介紹每個實驗的架設，以期減少初學實驗者摸索犯錯的機會。在技術轉移及規格化元件的過程中，筆者盡量使用最新的光電科技產品 (例如，許多實驗採用小巧的倍頻 Nd:YVO$_4$ 微晶片雷射以取代一般教學實驗中常見的大體積，易損壞的氦氖雷射；又如，「光的同調實驗」採用可以微調電流的半導體雷射來改變光的同調長度)。

一本理論的書或許可以靠自己的力量，透過資料收集獨自撰寫完成；然而，一本實驗的書就不可能靠一人獨力完成，因為書中的每一個實驗都必須經過可行性的架設及實驗結果的量測。十年來，本書初版的撰寫歷經一屆又一屆學生、助理的實驗修正及業界朋友的支援，在實驗架設上尤其獲得陳彥宏、蔣安忠、林彥穎、林元堯、林碩泰、王寵棟等諸位學者的長期協助。第二版增加的「傅利葉光學」得到蔣安忠及林詠真一些協助，其中林詠真更是逐一測試過每一模組，值此書二版即將付印之際，謹向為本書盡心力的友人與親人，深致謝忱。

本書雖經多次校對，然難免有疏漏之處，尚祈學界先進匡正為禱，各方指教歡迎寄到 ychuang@ee.nthu.edu.tw

黃衍介 謹識
二〇一〇年十二月於台灣清華大學

目 錄

第 一 章	實驗光學基礎 Fundamentals of Experimental Optics	1
第 二 章	光的折射與反射 Optical Reflection and Refraction	31
第 三 章	光的偏振特性 Polarization of Light	51
第 四 章	透鏡像差 Lens Aberration	81
第 五 章	薄透鏡成像原理 Thin-lens Imaging	101
第 六 章	光的干涉現象 Optical Interference	129
第 七 章	光共振元件──Etalon Optical-resonant Element──Etalon	151
第 八 章	光的同調特性 Coherence of Light	169
第 九 章	光的繞射現象 Diffraction Phenomenon	187
第 十 章	光　柵 Optical Grating	209
第十一章	傅利葉光學 Fourier Optics	227
第十二章	光纖波導原理 Concept of Optical-fiber Waveguide	249
索　引		271

第一章　實驗光學基礎
Fundamentals of Experimental Optics

I. 基本概念

光 (light) 一直是人類生活經驗的一部分，因為有光，所以我們可以看到東西、可以分辨顏色、可以感受到相對於黑暗的種種現象；不只是人類依賴光而生存，光也是植物進行光合作用時的能量來源。和光有關的技術應用更是與現代人的生活息息相關：例如，現代人的娛樂中都少不了聲光效果；天黑之後絕大多數的人不會馬上睡覺，而是在一個有舒適照明設備的環境中繼續一天的生活；透過越洋電話和朋友哈拉時，光的訊號正匆忙地來回數千公里的海底電纜傳遞哈拉的內容；能源及環保已經是人類永續生存的大問題，太陽光能是替代能源的可能之一。

既然光是這麼地重要，那麼光又是什麼？早在十七世紀人們對於光到底是粒子或是波動的能量就有所爭議，這個爭議以**牛頓** (Isaac Newton) 的粒子說及**楊氏** (Thomas Young) 的波動干涉說最為著名，一直到二十世紀初期藉由**量子力學** (quantum mechanics) 的發展及**愛因斯坦** (Albert Einstein) 的**光電效應** (photoelectric effect) 才確認光既有粒子又有波動的特性，而且波動與粒子是光的一體兩面。就像是在描述許多物理現象的過程一樣，一個物理量是什麼特性，經常端看人類所能觀察到的現象而論。例如，光的粒子特性在光與物質產生能量交換時最為明顯，因為組成物質的基本元素，包括**電子** (electron)、**原子** (atom)、**分子** (molecule)，它們之間的鍵結及互動的能量關係是**量子化的** (quanitzed)。圖 1.1-1 中描述這種量子化能量的基本概念，其中圖 (a) 是電子 (粉紅色) 在不同軌道繞行原子核 (藍色) 的示意圖，圖 (b) 是兩個鍵結原子 (小綠球) 間可能的震動方式。其實，所謂「電子在不同的軌道中繞行」，所代表的是電子與原子核間的「鍵結」方式具備著一個特定的能量，致使該電子存在於一個特定的空間區域，亦即一個電子必須具備一個特定的能量去佔據一個特定的空間區域，這個空間區域，我們稱之為「**軌道**」；這個「**軌道**」並非如我們一般想像的一條線性帶狀的路徑，而是一個電子存在運行的一個可能區域。一個原子中有多個獨立的電子繞行軌道，每個「軌道」都對應到一個特定的電子能量，因此「軌道」中的電子能量不是連續的，而是量子化的。

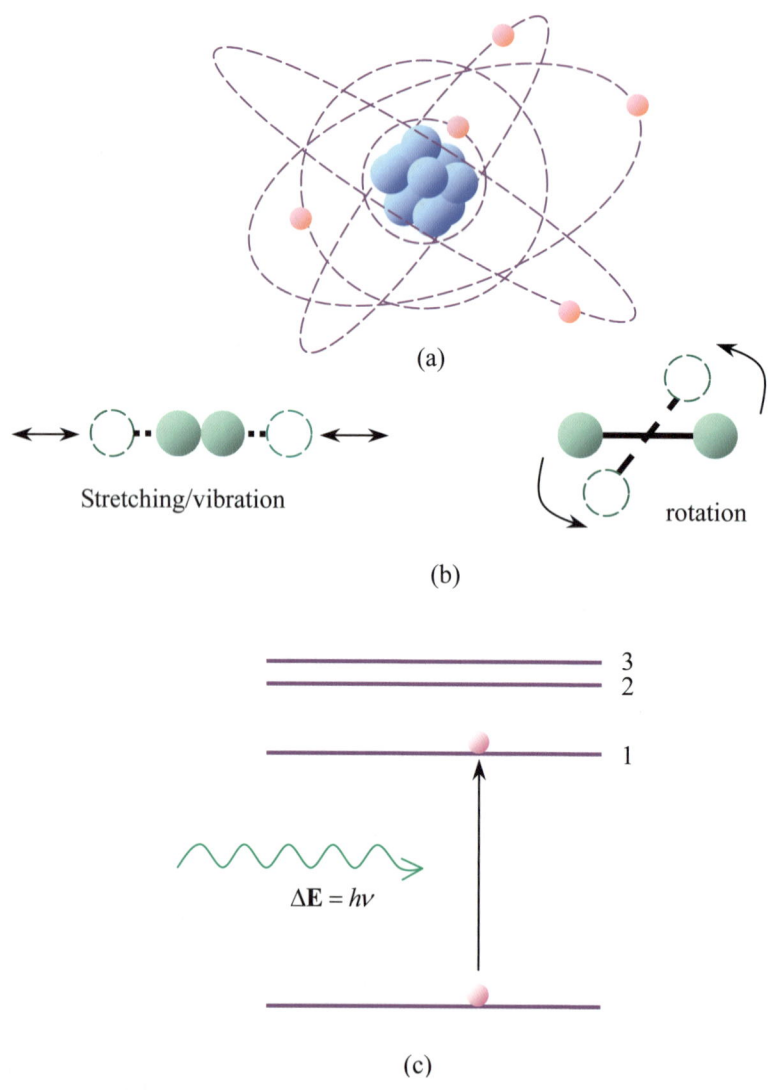

圖 1.1-1　(a) 是電子 (粉紅色) 在不同「軌道」繞行原子核 (藍色) 的示意圖。注意，每個「軌道」並非如圖所畫的如同一條線性帶狀的路徑，實際上是一個立體的空間區域。(b) 兩個鍵結原子 (小綠球) 間可能的震動方式。(c) 將 (a、b) 中的電子或原子的鍵結能量用量子化的**能階圖** (energy-level diagram) 來表示。當一道光的能量要被該鍵結系統吸收時，光的能量也必須量子化，並且符合兩能階間的能量差。

基於相同的理由，在一個雙原子鍵結系統裡，一個原子相對於另一個原子的震動方式就如同一個電子與一個原子核鍵結中的「軌道」關係類似，每一種震動模式就有一個自然共振頻率，一個共振頻率代表一個特定的能量狀態，因此原子、分子鍵結系統中的能量狀態也是量子化的，這種概念可以延伸到更複雜的原子分子系統。

圖 1.1-1 (c) 將這種量子化的能量狀態用一個**階梯圖** (俗稱**能階圖**，energy-level diagram) 來表示，其中能量從低到高的順序用阿拉伯數字從 0 開始往上遞增。這時不難想像，假使讓一個鍵結系統從光線中吸收能量，這個能量勢必也要量子化，否則一個鍵結的電子無法從一個低能階的軌道跳到另一個較高能階的軌道，或者一個雙原子系統無法從一個共振態轉換到另一種共振態。卜朗克 (Max Planck) 的黑體輻射理論及愛因斯坦的光電效應都發現，光量子能量的基本單位是

$$\mathbf{E}_p = h\nu \qquad (1.1\text{-}1)$$

其中，h 是**卜朗克常數** (Planck's constant = 6.626×10^{-34} J·s)，ν 是光的**頻率** (frequency)。另外從粒子的觀點上出發，一個光粒子的動量為

$$\mathbf{P}_p = h/\lambda \qquad (1.1\text{-}2)$$

其中 λ 是光的**波長** (wavelength)；從式 (1.1-1, 2) 光有了清楚的粒子概念，這種粒子稱為**光子** (photon)。如圖 1.1-1 (c) 所示，當光子的能量 $h\nu$ 剛好符合能階圖中兩個能階的能量差時，$\Delta \mathbf{E} = h\nu$，一個鍵結系統就可以吸收這個能量，進入下一個高能階狀態中。任何物質，包括固體、液體、氣體，都是簡繁不一的鍵結系統，因此光的粒子效應在與物質做能量轉換時就特別地明顯。雖然光的粒子效應在與鍵結物質做能量轉換時特別明顯，但是光並不會因為要與一個鍵結系統作用時就突然變成粒子，光的粒子特性是隨時存在的；譬如一個光子打到真空中的一個電子時，這個過程會產生另一個能量 (頻率或波長) 不同的光子，稱為**康卜吞散射** (Compton scattering)，其原理最容易用光子的概念來解釋；另一方面，同一個過程也可以用**古典電動力學** (classical electrodynamics) 中的波動觀念來解釋，最耳熟能詳的例子

圖 1.1-2　小水鳥將牠們的尖嘴伸入池塘中搜尋食物時激起一圈圈的水波向外傳播。(Duck Pond, Palo Alto, California. Courtesy of Eugene Kuo. Use with permission)

就是**同步輻射** (synchrotron radiation)，其實在同步輻射產生的過程中，電子經過磁場轉彎而產生輻射的機制，和**康卜吞散射的機制是一樣的**。

光的波動效應則是人類對光的另一個觀察經驗，波的概念可以從常見的水波中瞭解。圖 1.1-2 中有兩隻小水鳥在池塘中搜尋食物，牠們的尖嘴間歇性地擾動水池中的水，產生波前近似圓形的水波向外傳播，水波向外傳播有一個特定的速度，波峰跟波峰之間的距離，或者波谷跟波谷之間的距離稱為波長。

圖 1.1-3 的上方顯示一個朝右方傳播的**平面波** (plane wave)，黑白相間的畫法表示波動時物質的疏密或波動物理量起伏的大小，特別注意到，一個平面波的**波前** (wavefront) 即是一個平面，波的**振幅** (amplitude) 在這個平面中是保持不變的。圖的下方則是將振幅簡化成一個**弦波** (sinusoidal wave) 的形式，由此圖中可以很明顯地看出，一個波的特色就是有一個清楚定義的波前、

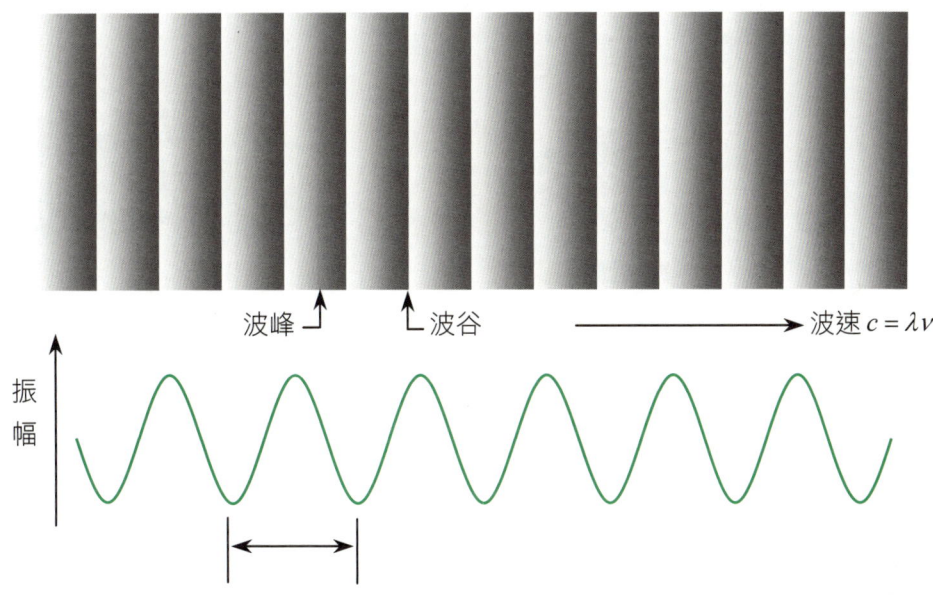

圖 1.1-3　上圖為顯示一個往右傳播的平面波,下圖是將其振幅簡化成一個弦波的形式。由圖中可以很明顯地看出,一個波的特色就是有一個清楚定義的波前、波長 λ、頻率 ν 或週期 T。波在一個介質中傳播時,速率是固定的,和波長及頻率間的關係為 $c = \lambda \nu$。

波長 λ、頻率 ν 或週期 T (period),波在一個介質中傳播時,速率是固定的,與波長、週期及頻率之間有以下的關係

$$c = \frac{\lambda}{T} = \lambda \nu \tag{1.1-3}$$

在一個波長中,振幅高的部分叫波峰,振幅低的部分叫波谷。因為有波峰及波谷,當兩道波疊加在一起時會產生所謂的干涉現象:波峰跟波峰 (或波谷跟波谷) 疊在一起時振幅會加倍,稱為**建設性干涉** (constructive interference);波峰跟波谷疊在一起時振幅會相抵銷,稱為**破壞性干涉** (destructive interference)。人類長期觀察到光波的干涉現象及性質相近的**繞射** (diffraction) 效應,因此可以用波的觀念來理解、描述光,這就是光的波動效應的由來。

不同於物質的波動,光波動的物理量是電場 E 及磁場 H,因此光就是**電磁波** (electromagnetic wave)。若一個帶電粒子不管是在移動或不移動的狀態

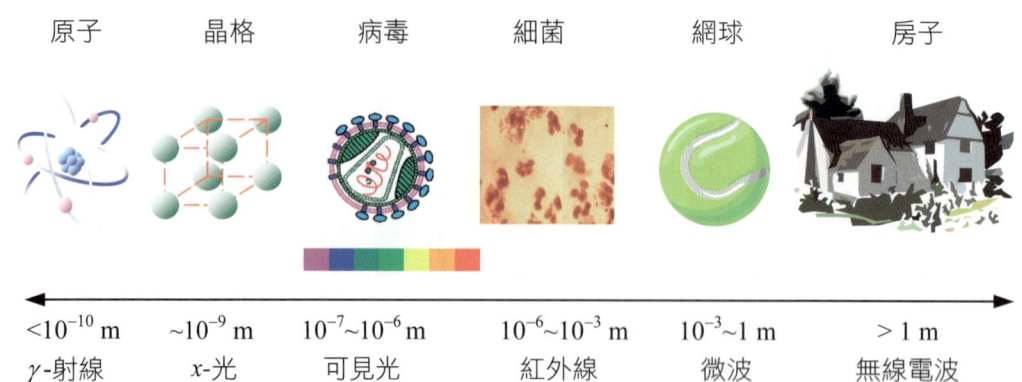

圖 1.1-4　人類賦予各個波長的電磁波不同的名字，可見光只是整個電磁頻譜的一小部分。

下都感受到一個力，這個帶電粒子存在的地方就有一個電場的存在；假如這個力只有在帶電粒子移動的時候才存在，這個力場叫做磁場。人類賦予不同波長的電磁波不同的名稱，如圖 1.1-4 所示為所謂的**電磁頻譜** (electro-magnetic spectrum)：大致上，當電磁波的波長大到像一棟房子那麼大時 (長度大約以 meter 為單位)，稱為**無線電波** (radio wave)；當但電磁波的波長類似一顆網球般大小時 (長度大約以 centimeter 為單位)，稱為**微波** (microwave)；波長如細菌般大小的電磁波 (長度在 micron 的範圍)，稱為**紅外光** (infrared light)；波長如病毒一般大小的電波磁 (長度在次微米 sub-micron 的範圍)，稱為**可見光** (visible light)；當電磁波長短到如物質中原子晶格排列的距離時 (長度約在 $10^{-9} \sim -10$ m)，人類稱這種電磁波為 *x* 光 (x ray)；波長再短的電磁波，相當於一般原子直徑的大小，稱為**迦瑪射線** (γ ray)。

因此，光波只是整個電磁頻譜中的一小部分，它的波長約從藍紫光的 400 到紅光的 700 奈米之間 (1 奈米 = 10^{-9} m)，波長比 400 奈米短一點的光稱為**紫外光** (ultra-violet light)，波長比 700 奈米長一點的光稱為紅外光，在「可見光」的頻譜範圍內，不同波長的光對人的眼睛來講就是不同的顏色，其中，人的眼睛對綠光特別敏感。

描述電磁現象的方程式稱為 Maxwell's Equations，根據 Maxwell's Equations，電磁波中的電場及磁場在真空中或在一個**簡單介質**[1] (simple medium) 中都滿足以下的**波動方程式** (wave equation)：

$$\nabla^2 \vec{U} - \frac{1}{c^2}\frac{d^2 \vec{U}}{dt^2} = 0 \tag{1.1-4}$$

上式中，$\vec{U}$ 可以是**電場 E** (electric field intensity) 或是**磁場 H** (magnetic field intensity) 的向量，t 是時間。若是在折射率為 n 的介質裡，光的速率可以表示成

$$c = c_0/n \tag{1.1-5}$$

其中 $c_0 = 3 \times 10^8$ m/sec 是真空中的光速。

以在折射率為 n 的簡單物質中沿著 $+z$ 方向前進的單頻平面波為例，電場 E 及磁場 H 互相垂直在 x-y 平面上，可以用以下的**波函數** (wave function) 來描述

$$\vec{E} = E_0 \cos(\omega t - kz + \phi)\hat{x} \tag{1.1-6}$$

及

$$\vec{H} = \frac{E_0}{\eta} \cos(\omega t - kz + \phi)\hat{y} \tag{1.1-7}$$

其中，E_0 是電場的最大振幅，$\eta = 377/n$ Ω 是所謂的**波阻抗** (wave impedance)，$\omega = 2\pi\nu$ 是波的**角頻率** (angular frequency)，$k = 2\pi/\lambda = 2\pi n/\lambda_0$ 是**波數** (wave number)，ϕ 只是一個波的起始相位，$\hat{x}$、$\hat{y}$ 是座標軸 x、y 方向上的單位向量。從 Maxwell's Equations 中可以進一步地得到，**光強度** (intensity of light) 及其方向可以用所謂的 Poynting vector 來表示

$$\vec{S} = \vec{E} \times \vec{H} \tag{1.1-8}$$

---

[1] A simple medium is linear, homogeneous, isotropic, and dispersionless. In a linear medium, the dipole response is linearly proportional to an excitation electric field; in a homogeneous medium, the dielectric constant is not a function of coordinates; in a isotropic medium, the dipole polarization is always aligned with the polarization direction of an excitation field; a dispersionless medium, unlikely to exist, has an instantaneous response to an excitation field.

因為 $\hat{x} \times \hat{y} = \hat{z}$，顯然電磁波能量傳播的方向與波行進的方向 z 是一致的 (在非等向性物質中，這個結論不見得正確)。若將式 (1.1-8) 在時間上作一平均就可以得到光的平均強度值

$$I = \frac{\langle E^2 \rangle}{\eta} = \frac{E_0^2}{2\eta} \qquad (1.1\text{-}9)$$

光強度的單位是每單位面積上電磁波打上去的**功率** (power) 值，即 Watt/m^2。

一道波有所謂的波前，就是一道波的等相位面，即 $\omega t - kz + \phi = $ constant 時在空間中所形成的一個面。在以上平面波的例子裡，波前顯然是在 x-y 平面上，其前進的方向則是在 z 的方向上，波前行進的方向是用**波向量** (wave vector) $\vec{k}$ 來表示。圖 1.1-5 簡單地描繪出 $\vec{E}$、$\vec{H}$、$\vec{S}$、$\vec{k}$ 這四道向量在一個簡單物質中傳播時的相對關係，值得注意的是：$\vec{E}$ 與 $\vec{H}$ 互相垂直，這兩個向量又同時和 $\vec{S}, \vec{k}$ 垂直，但是 $\vec{S}$ 與 $\vec{k}$ 是在同一個方向上。

在計算和電磁波相關的物理量時，有時候用**複數** (complex number) 的形式來表示電磁場會比較容易一些。例如式 (1.1-6, 7) 中的電場及磁場可分別表示成

$$\vec{E} = \text{Re}[E_0 \exp(j\omega t - jkz + j\phi)]\hat{x} = \text{Re}[\vec{E} \exp(j\omega t)] \qquad (1.1\text{-}10)$$

及

$$\vec{H} = \text{Re}[\frac{E_0}{\eta} \exp(j\omega t - jkz + j\phi)]\hat{y} = \text{Re}[\vec{H} \exp(j\omega t)] \qquad (1.1\text{-}11)$$

其中

$$\vec{E} \equiv E_0 \exp(-jkz + j\phi)\hat{x} \qquad (1.1\text{-}12)$$

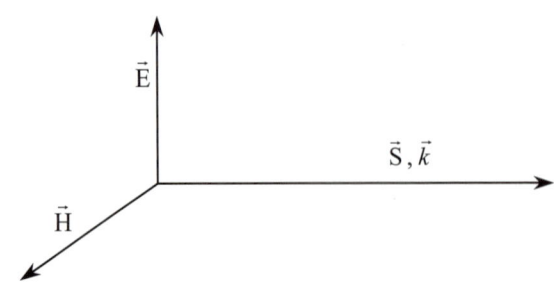

圖 1.1-5　$\vec{E}$、$\vec{H}$、$\vec{S}$、$\vec{k}$ 這四道向量在一個簡單物質中傳播時的相對方向圖。

及

$$\vec{H} \equiv \frac{E_0}{\eta}\exp(-jkz+j\phi)\hat{y} \qquad (1.1\text{-}13)$$

是將電、磁場用所謂的 phasor 的形式來表示，這種場的物理量有時候稱為**複數振幅場** (complex-amplitude field)。將式 (1.1-10,11) 的形式代入 Maxwell's Equation 之後就可以將式 (1.1-4) 的波動方程式轉換成以下的 **Helmholtz's Equation**。

$$\nabla^2\vec{U}+k^2\vec{U}=0 \qquad (1.1\text{-}14)$$

上式中，$\vec{U}$ 可以是電場 E 或是磁場 H 的 phasor 向量。因此在解問題時，只要先將 phasor 形式的電場 E 或是磁場 H 解出來，再透過式 (1.1-10, 11) 將 E、H 還原成原來的實數場 E 及 H 就可以得到所要的答案了。用複數場 E 及 H 計算光的強度時，和式 (1.1-9) 作一比對，不難看出時間平均之後的光強度可以用下式的計算來得到

$$I=\frac{1}{2}\mathrm{Re}(EH^*) \qquad (1.1\text{-}15)$$

在許多例子中，E 與 H 是一個線性關係 (參考式 (1.1-12, 13))，因此為簡化討論，我們經常用 U 來同時描述 E 與 H，並且定義光強度為

$$I=|U|^2=UU^* \qquad (1.1\text{-}16)$$

平面波只是波動方程式中的一個特殊解，在一般日常生活中經常看到的**雷射** (laser) 光顯然不是一個平面波，因為平面波在同一波前裡的每一點的光場強度都是一樣，然而雷射光在垂直於傳播方向的平面上顯然有一個強度隨著位置變化的截面，這個雷射光點的截面積會因為繞射的關係隨著距離而改變。假設有一道雷射光沿著 z 的方向傳播而且其**腰身** (waist) 就定義在 $z=0$ 的位置上，這道雷射光的複數光場可以用以下的式子來描述 (這個式子其實是 Helmholtz's equation 中的一個近似解)

$$U=U_0\frac{W_0}{W(z)}\exp\left[-\frac{r^2}{W^2(z)}\right]\exp\left[-jkz-jk\frac{r^2}{2R(z)}+j\tan^{-1}(z/z_R)\right] \qquad (1.1\text{-}17)$$

其中，r 是雷射橫截面的徑向坐標位置，W_0 是雷射的**腰身半徑** (waist radius)。z_R 稱為 optical Rayleigh range，定義為

$$z_R \equiv \frac{\pi W_0^2}{\lambda} \tag{1.1-18}$$

是一個描述該雷射光束的重要參數，只要知道一道雷射光的 Optical Rayleigh range，這道雷射光的傳播特性就可以完全曉得。雷射光在 z 方向上傳播時，其**雷射半徑** (laser radius) $W(z)$ 及雷射光波前的**曲率半徑** (radius of curvature) $R(z)$ 都會隨著 z 的位置變化，分別由以下的式子來描述：

$$W(z) = W_0 \left[1 + \left(\frac{z}{z_R}\right)^2\right]^{1/2} \tag{1.1-19}$$

$$R(z) = z \left[1 + \left(\frac{z_R}{z}\right)^2\right] \tag{1.1-20}$$

由式 (1.1-15) 可以知道，雷射光的強度可以寫成

$$I = I_0 \left(\frac{W_0}{W(z)}\right)^2 \exp\left[-\frac{2r^2}{W^2(z)}\right] \tag{1.1-21}$$

式子中的 I_0 是雷射腰身處的最大強度值，因為雷射光在橫截面上的強度呈**高斯函數分佈** (Gaussian distribution)，這種雷射光稱為**高斯雷射束** (Gaussian laser beam)。在 $z = z_R$ 處，雷射光束的半徑 $W(z)$ 因為繞射的關係變成為雷射腰身半徑的 $\sqrt{2}$ 倍，雷射的截面積則變成兩倍，因此和在雷射腰身處的雷射強度相比，$z = z_R$ 處的雷射強度會降到一半的值。同時，將式 (1.1-20) 對 z 微分，可以求出在 $z = z_R$ 處雷射光的曲率半徑有一個最小值

$$R_{\min} = 2z_R \tag{1.1-22}$$

圖 1.1-6 描繪出高斯雷射光束的半徑隨著傳播距離 z 的增加而變大的情形 (只畫出光束的上半部，光束的下半部與上半部對稱)。圖 1.1-7 則為雷射光在不同的縱向位置 z 上截面強度的分佈圖。從圖 1.1-6 及 1.1-7 中可以很清楚地看出，雷射光因為繞射的關係，截面積會隨著傳播距離 z 不斷地增加，但

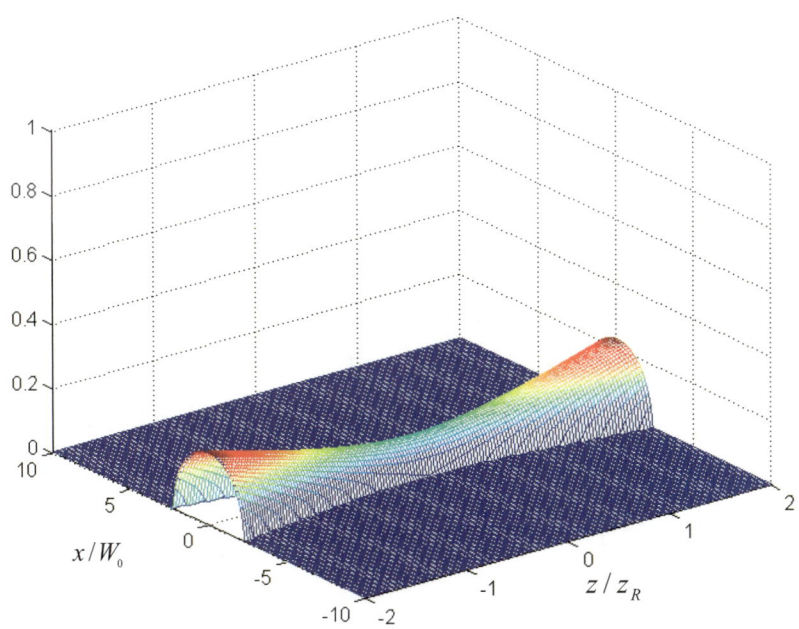

圖 1.1-6　高斯雷射光束的半徑隨傳播距離 z 的增加而變大的情形 (只畫出光束的上半部，光束的下半部和上半部對稱)。

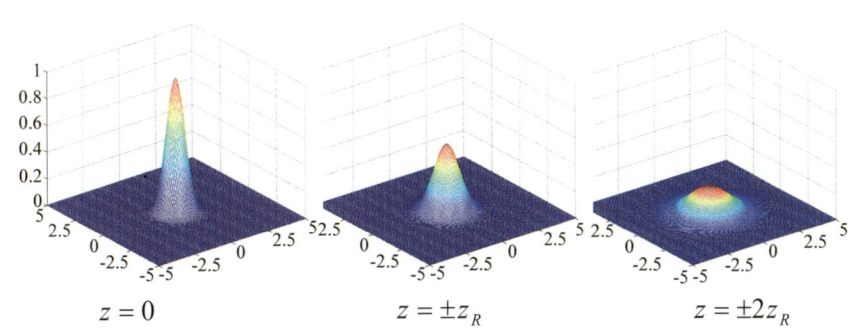

圖 1.1-7　雷射光在不同的縱向位置上 $z = 0, \pm z_R, \pm 2z_R$，其截面強度的分佈圖。因為繞射的關係，雷射光的強度隨著傳播距離遞減。

是強度卻隨著距離遞減的情形，這個理論模型顯然和我們經常看到的雷射光束相當吻合。

　　從經驗觀察上來看，雷射光與一般照明的光源有明顯的不同，因為雷射光具備較佳的**時間及空間的同調性** (temporal and spatial coherence)。若在一個空間定點上觀察一個光源，時間同調性越好的光源，其頻率越不容易隨著時間變化;空間同調性則是比較空間中不同點的頻率隨時間變化的穩定度。圖 1.1-8 (a) 中所繪為一高時間及高空間同調性的光波,由圖中可以看出在光的傳播軸 (z 方向) 上,光只有單一波長或者單一頻率,同時在 x 方向上光波的波前也非常的整齊;相對地,在圖 1.1-8 (b) 中的光線具有較差的時間同調性,因為這道光一方面有多個不同的波長,另一方面在 x 方向的切面上若挑選任兩點做頻率隨時間變化的量測時,其穩定度將會很差,這表示圖 1.1-8 (b) 中所繪的光線其時間及空間的同調性都較圖 (a) 中的光線為差。在巨觀上,因為雷射具有良好的時間及空間的同調性,所以雷射和一般的照明光源比較起來有較好的準直度,可以傳播到較遠的距離還保持相當高的能量密度,這也是人們在日常生活中經常觀察到的情形。

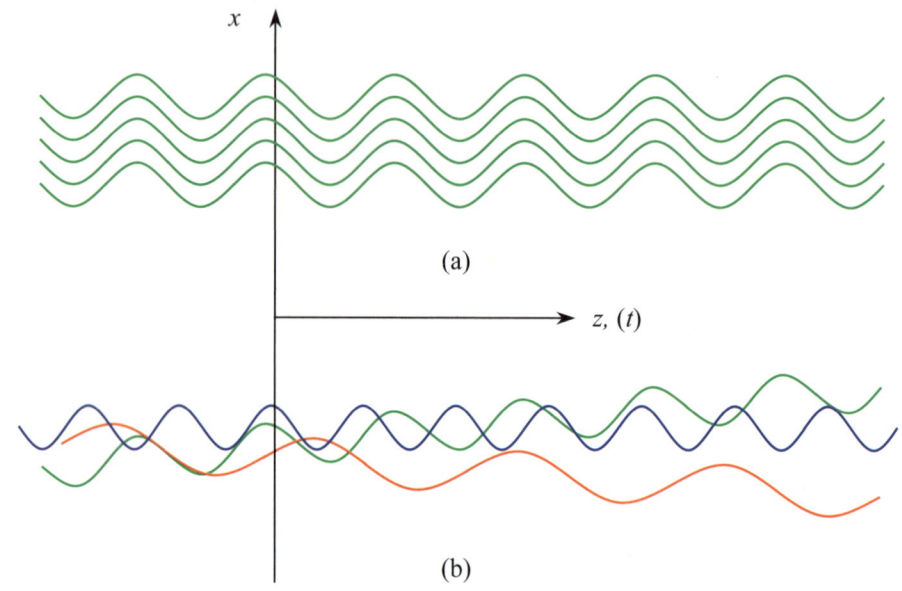

圖 1.1-8　時間及空間同調性 (a) 佳及 (b) 不佳的光。時間及空間同調性佳的光,其頻率穩定,可以傳播得很遠而強度不容易逸散掉。

II. 實　驗

一、實驗名稱：光電實驗基本練習

二、實驗目的

這個實驗的主要目的是瞭解光電實驗室中必須注意到的安全問題，認識一般光電及機械元件，學習對光學元件的清潔及保存，進而做一個雷射的共徑傳播實驗。

三、基本光電實驗元件及其架設方式

以下將介紹在光電實驗中，幾乎每次實驗都會用到的一些光電及光機械元件及其架設方法。對於光電元件，在這個介紹裡我們只做現象及使用上的說明，每個元件的特性及原理將留待在以後相關的章節中詳述。

1. 光電元件

第一種要介紹的元件是**光學反射鏡** (reflection mirror or reflector)，通常光學反射鏡是做在一個玻璃基片上，這個玻璃基片的一個側面上鍍有一層反射膜，若該光學膜層為高反射膜，則這個平面鏡稱為**高反射鏡** (high reflector)；若該光學膜層只反射部分的入射光，而讓部分的入射光穿透，這個平面鏡稱為分光鏡。注意，千萬不要用手指碰觸到光學反射面，因為手指上有油脂，會污染或腐蝕鏡子上的反射膜。圖 1.2-1 的左邊是一個平面反射鏡的橫截面示意圖，中間圖是拿用反射鏡時的正確方法，手指必須扣住鏡緣，絕不可如右圖一樣碰觸到鏡面。

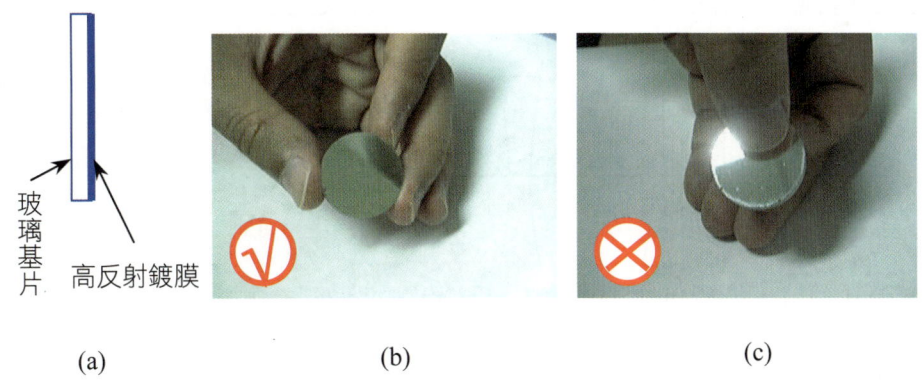

圖 1.2-1　(a) 一般平面反射鏡的截面圖，在玻璃基片的一面上有一層反射鍍膜。
　　　　　(b) 拿取反射鏡時用手指扣住鏡緣，不可像 (c) 一樣碰觸到鏡面，以免破壞光學反射面。

另一種常用的光學元件為**透鏡** (lens)，透鏡有**正透鏡** (positive lens)、**負透鏡** (negative lens) 之分，正透鏡對一道平行光產生正聚焦，負透鏡對一道平行光產生負聚焦的效果。在可見光的範圍內，一個透鏡經常是將 BK7 或 pyrex 玻璃基片的兩面研磨出曲面來，若要對紫外光有較好的穿透性，透鏡的材質會使用 fused silica 或 Calcium Fluoride (CaF_2) 等。依據透鏡表面的曲率半徑，常見的透鏡有如圖 1.2-2 中畫出來的幾種，從左到右依光線行進的方向（箭頭方向）為 (a) **雙凸透鏡** (double-convex lens)、(b) **平凸透鏡** (plano-convex lens)、(c) **凸平透鏡** (convex-plano lens)、(d) **平凹透鏡** (plano-concave)、(e) **凹平透鏡** (concave plano lens)、(f) **雙凹透鏡** (double-concave lens) 及 (g) **凹凸透鏡**。講究一點的透鏡表面通常會有一層抗反射鍍膜 (anti-reflection coating)，以增加光線的透射率。圖 (h) 示範拿取一個鏡片時必須用手指扣住透鏡的邊緣，絕不可直接碰觸鏡面。

偏振片 (polarizer) 也經常在光電實驗中使用到，一般高分子塑膠偏振片叫做 Polaroid polarizer，這種偏振片有一個穿透軸，當入射光的電場平行於穿透軸時，光線就可以順利通過該偏振片；若是光線的偏振方向垂直於穿透軸的方向，入射光的能量就得到大量地衰減或者全部被吸收。圖 1.2-3 的圖 (a) 是兩片穿透軸重疊的偏振片，圖 (b) 是兩片穿透軸互相垂直的偏振片，從 (b) 圖中可以很明顯地看出來：光線無法通過穿透軸互相垂直的兩片偏振片。

圖 1.2-4 的照片列出一些其它常見的光學元件，包括：(a) **稜鏡** (prism)、(b) **光柵** (grating)、(c) **狹縫** (slit)、(d) **光纖** (optical fiber) 等。簡單地說，一個稜鏡具有偏折光線、色散分光的功能；反射式光柵的表面有許多精密週期

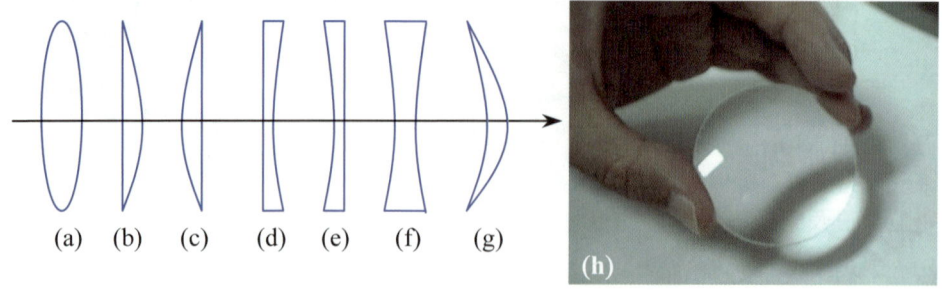

圖 1.2-2　(a-g) 依序為雙凸透鏡、平凸透鏡、凸平透鏡、平凹透鏡、凹平透鏡、雙凹透鏡、凹凸透鏡。(h) 拿取一個鏡片時必須用手指扣住透鏡的邊緣，絕不可碰觸鏡面。

第一章　實驗光學基礎　15

圖 1.2-3　(a) 兩片穿透軸平行的偏振片。(b) 兩片穿透軸互相垂直的偏振片。注意後者無法看到偏振片之後的手指。

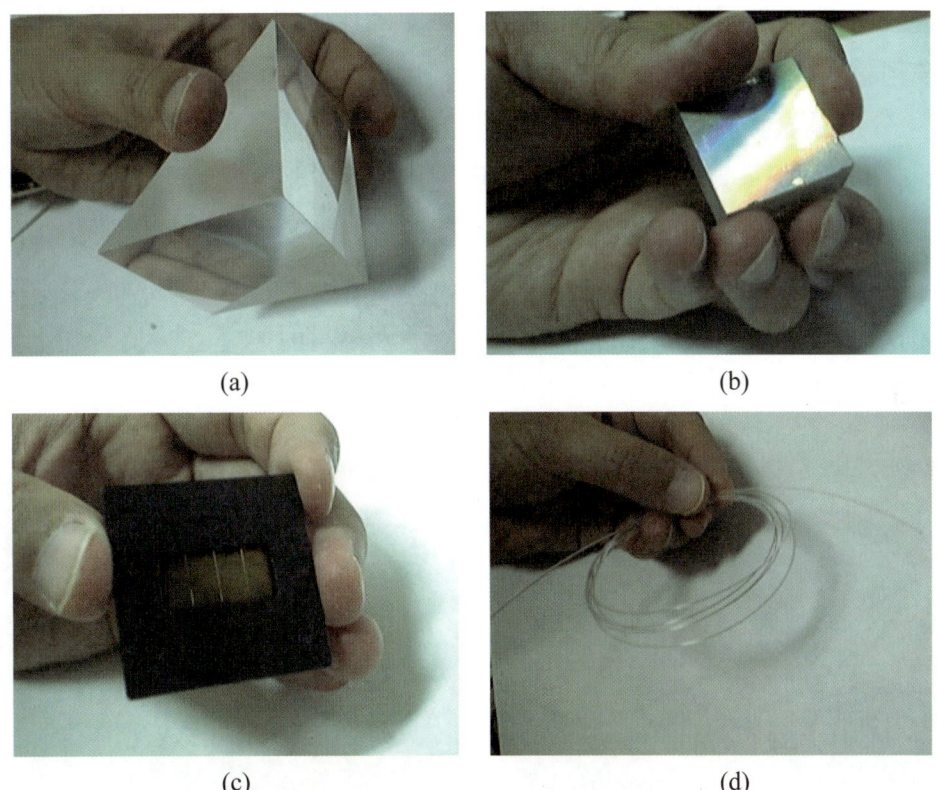

圖 1.2-4　光電實驗中常見到的幾個光學元件：(a) 稜鏡、(b) 光柵、(c) 狹縫、(d) 光纖。不同廠牌的產品包裝有可能不盡相同，實際看起來也就不太一樣。

排列的反射面，週期大小約和光的波長為同一個數量級，可用來分開不同波長的光；一個狹縫，顧名思義，只讓光線通過一個狹小的縫隙，通常用來做繞射實驗或空間濾波之用；光纖可以當光的波導管，用來傳遞光波。

光學元件的清潔及保存相當重要。可見光的波長只有幾百奈米 (約在 400～700 nm 之間)，任何物體表面起伏在～100 奈米左右都可能造成可見光嚴重地散射。因此，只要是光束可能反射或穿透的光學元件 (例如反射鏡子、透鏡、波片、光柵等) 其表面都不能讓手指或一般物體碰到或刮到。若必須將透鏡或任何光學表面平放在桌子上時，必須先在桌上放置一張**拭鏡紙** (lens paper)、將它墊在光學表面的底下。

進行光電實驗時的光源有時候用的是一般的照明光源，有時候用的是雷射光源。一般的照明光源會發射出許多波長 (顏色) 的光波，人眼看起來像白色 (換句話說，白色是很多顏色混在一起的視覺效果)。照明光源大致上分成三種：分別是氣體放電管、熱燈絲燈泡，以及是深具節能概念的 **LED** (light emitting diode) 燈。氣體放電時，經常發射出特定的原子光譜線。雷射呈現出來的視覺效果與一般照明光源非常不一樣：雷射容易產生一個能量集中的光點，雷射光通常是單一顏色，雷射即使在傳播一段距離後，其準直度及能量密度仍然遠較一般的照明光源好，這完全是因為雷射光在空間及時間上具有良好的同調性。

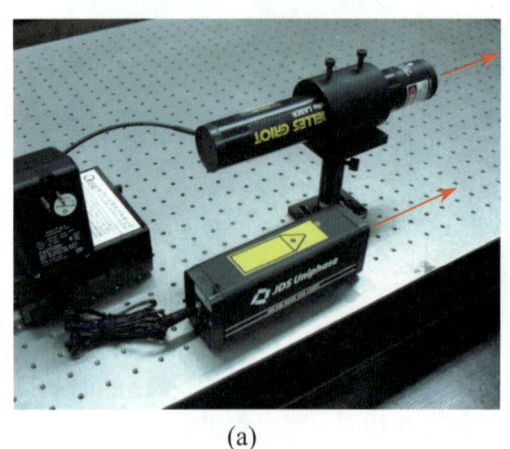
(a)

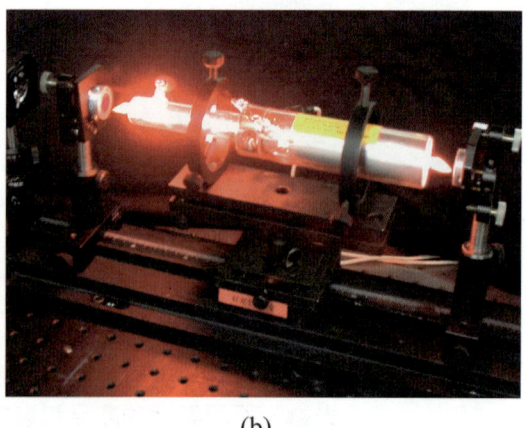
(b)

圖 1.2-5　(a) 光電實驗中常見的紅光氦氖雷射，(b) 將一支氦氖雷射的外裝去除後其結構包含一支在共振腔中的氦氖電漿管，這個共振腔是由兩片反射鏡所形成的。

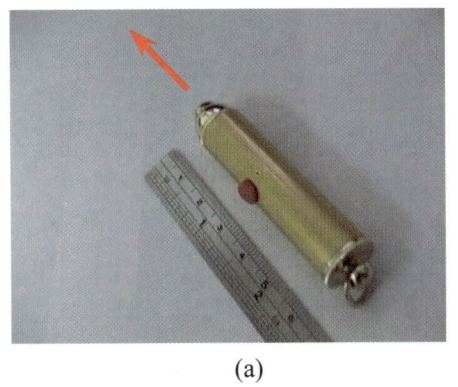 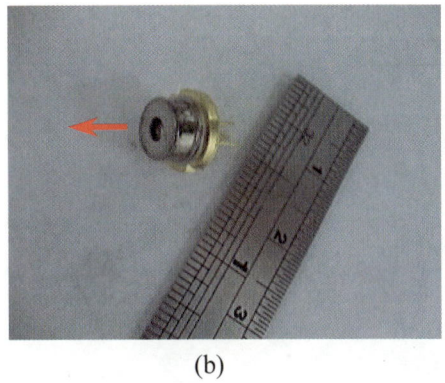

圖 1.2-6　(a) 常見的紅光雷射筆，(b) 雷射筆的前端有一個小小的紅光半導體雷射。

　　圖 1.2-5 (a) 是兩支光電實驗中常見的**紅光氦氖雷射**，其波長為 632.8 nm，因為氦氖雷射中有一支電漿管，如圖 1.2-5 右方的 (b) 圖所示，其體積無法做得很小，通常長度在十來公分以上。

　　圖 1.2-6 (a) 是一個常見的**半導體/二極體雷射** (semiconductor diode laser) 筆。雷射筆在應用上經常採用 630～670 nm 間的紅光波長，因為半導體雷射的體積小 (如圖 1.2-6 (b))、效率高，雷射筆可以做得很小，這種雷射光源也被大量地裝在家庭中常用的光碟機中，但是有些半導體雷射出光時在一個橫截方向上的發散速度會遠較另一方向來得快，因為它的結構中有一個平面波導，被平面波導侷限的雷射光，具有較大的繞射發散角。

　　圖 1.2-7 (a) 是一個產生綠光的小型固態雷射，在本書的光電實驗中，經常採用這種所謂的**微晶片雷射** (microchip laser)，圖 1.2-7 (b) 是這種微晶片雷

圖 1.2-7　(a) 一個產生 532 nm 波長的小型綠光微晶片雷射，(b) 波長為 532 nm 的微晶片雷射是用一個半導體雷射幫浦一個摻 Nd^{3+} 的雷射晶體產生 1064 nm 的紅外光，再將紅外光經過非線性光學晶體倍頻之後產生 532 nm 波長的綠光。

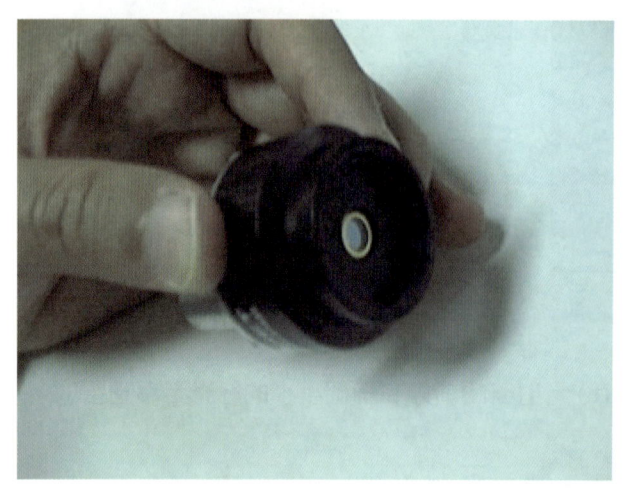
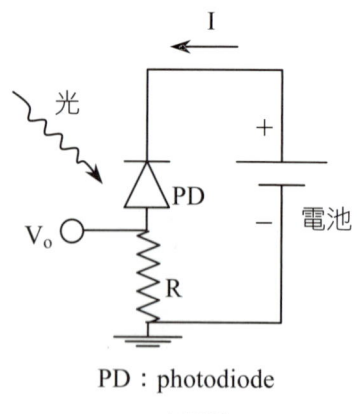

PD：photodiode
I：光電流
V₀：輸出電壓
R：電阻

(a)   (b)

圖 1.2-8 (a) 圖顯示一個典型的光偵測元件的照片，偵測頭的正中央有一個矽晶二極體做成的 photodiode (PD)。(b) 圖是光偵測頭裡常見的逆向偏壓 (reverse biased) 電路接法。

射的結構圖，這種雷射是用一個半導體雷射幫浦一個摻 Nd^{3+} 的雷射晶體 (通常是 $Nd:YVO_4$ 晶體) 產生 1064 nm 的紅外光，再將這個紅外光經過非線性光學晶體 (通常是 KTP 晶體) 倍頻之後產生 532 nm 波長的綠光。

在可見光的波長範圍內若要快速地偵測光的信號，在光電實驗中經常使用矽晶二極體做成的 photodiode 來作為**光偵測元件** (photodetector, PD)，這種光偵測頭的頻譜反應範圍包含整個可見光一直到近紅外光約 1 微米的波長。圖 1.2-8 (a) 顯示一個典型的光偵測頭的照片，中間的部分就是所謂的 silicon photodiode；(b) 圖是使用 photodiode 時常見的**逆向偏壓** (reverse biased) 電路接法。當光打到一個 photodiode 中半導體 P-N 介面的**空乏區** (depletion region) 時會激發出**電子電洞對** (electron-hole pairs)，這些電子電洞感受到逆向偏壓的電場會形成光電流，這個光電流經過電阻 R 產生一個輸出電壓 V_o，藉由量測輸出電壓 V_o 可以推算出打在 photodiode 上的光強度。

2. 光機械元件[2] (optomechanic mounts) 及其架設方法

架設光電實驗時經常要用到一些機械元件，這些機械元件有一個共同的

---

[2] 感謝匠星光電股份有限公司提供本章節中大部分光機械元件的照片。

特色,就是精度及穩定度都很高;這個要求主要是因為可見光的波長約在幾百奈米左右,用光機械架設出來的光電實驗若有些微的晃動,就有可能會明顯地改變要量測的物理量;同時,在光電量測進行中維持雷射光的準直度相當重要,因此,光機械元件的穩定度也要特別地講究。以下介紹一些基本的光機械元件及其架設方法。千萬注意到,在實驗中鎖螺絲時,若不能預先用手指鎖上幾圈,就可能是遇到螺紋與螺孔公英制不搭配的問題,千萬不要硬是將螺絲鎖下去,硬鎖的結果會造成螺孔永久性的損壞。

通常光學實驗都是架設在**光學桌** (optical table) 上,一個典型的光學桌上有許多的螺絲孔,光學元件可藉由一些機械工件架設在光學桌上。因為穩定度的要求,一般光學桌的桌體裡都有蜂巢狀的結構、具有防震的效果。有時候一個**光學板** (optical breadboard) 放置在一個穩固的桌子上,也可以用來架設一些簡單或機動性高的實驗。圖 1.2-9 (a) 是一個常見的光學桌,它的桌面可以充氣浮起,以達到與地板震動隔絕的目的。 (b) 圖顯示三片簡單、沒有避震裝置的光學板。注意,光學桌及光學板上都有許多用來鎖螺絲的螺絲孔,作為固定光學實驗的元件。

圖 1.2-10 是常見的**鏡座** (mirror/lens mount) 架在所謂的 pedestal post (圖中的不鏽鋼棒) 上。鏡座中間的圓孔是用來放置直徑不同大小的透鏡、分光鏡、反射鏡等圓形的光學元件。**pedestal post** 是針對穩定性要求很高的光學實驗而設計的,在架設 pedestal post 時,必須使用一個**叉狀壓條** (fork clamp)

(a) (b)

圖 1.2-9　(a) 一個典型的光學桌,厚重的桌面裡有許多蜂巢狀的結構,作為減震之用。
　　　　　(b) 三片簡單、沒有避震裝置的光學板。注意,光學桌及光學板上都有許多用來鎖螺絲的螺絲孔。

20 近代實驗光學

將 pedestal post 底部凸出來的部分鎖壓在光學桌上。當光學實驗的穩定度要求不是那麼高時，一個便宜經濟的方法是將 pedestal post 及 fork clamp 換成圖 1.2-11 中的 (a) **支撐棒** (post)、(b) **支撐棒座** (post holder) 及 (c) **支架底板** (base plate)，這幾個元件的組合使用顯示在 (d) 圖中。當使用支架底板來架設實驗時，若因底板的溝槽無法剛好對到光學桌或光學板上的螺絲孔位而無

圖 1.2-10　常見的鏡座架在所謂的 pedestal base (圖中的不鏽鋼棒) 上，叉狀夾具是用來將 pedestal base 底部凸出來的部分鎖壓在光學桌上。

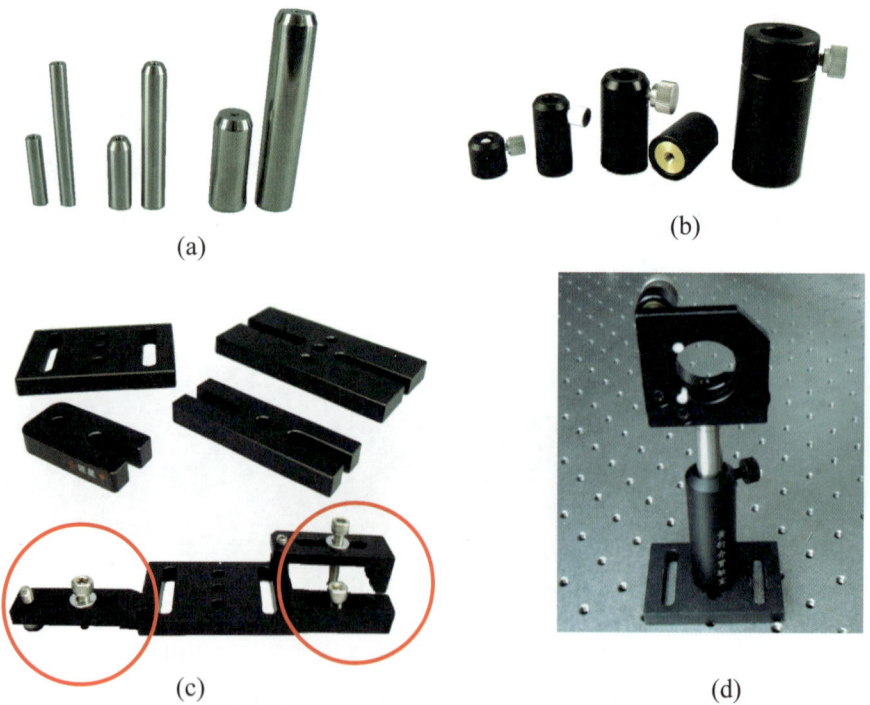

圖 1.2-11　穩定性要求較不高的實驗可以用 (a) 支撐棒、(b) 支撐棒座、(c) 支架底板及其組合 (d) 來取代上圖中的 pedestal base 及 fork clamp。紅線圈出來的部分稱為 base clamp，用來輔助固定底板。

法固定底板時，可以使用 (c) 圖下方的**底板夾** (base clamp，紅圈中顯示的物件) 來輔助將底板固定下來。

有時候因為空間侷限的關係必須將光學元件作橫向的架設，這時可以使用圖 1.2-12 (a) 中的 post clamp 作如圖 (b) 一般 90 度的架設。每一個 post clamp 都有兩個方向互相垂直的孔洞用來放兩根互相垂直的支撐棒。

光電實驗中經常要線性微調光電元件的位置，因此**精密平移台** (translation stage) 是個很重要的機械元件。圖 1.2-13 (a)、(b) 是常見的單軸平移台，(c) 圖是可以在 xyz 三垂直軸向微調的平移台，好的機械平移台，其微調精度可以達到幾個微米，若將機械式的**微調器** (micrometer) 換成電控式的 piezoelectric transducer，其精度可以達到奈米級。

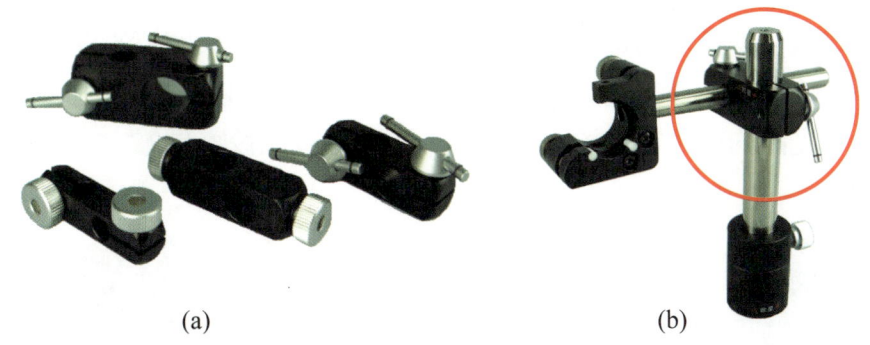

(a)　　　　　　　　　　　　(b)

圖 1.2-12　(a) post clamp 用來作圖 (b) 中 90 度的架設。每一個 post clamp 都有兩個方向互相垂直的孔洞用來放兩根互相垂直的支撐棒。

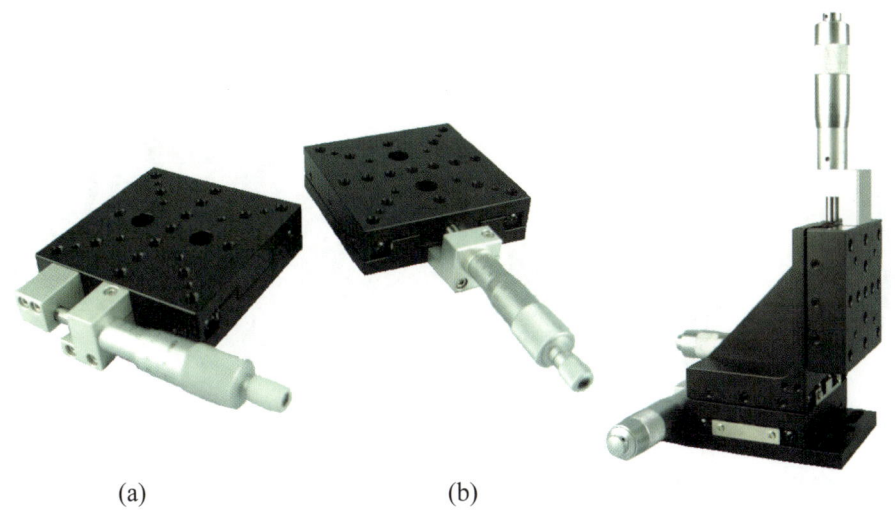

(a)　　　　　　(b)

圖 1.2-13　單軸精密平移台 (a)、(b) 及三軸精密平移台 (c)。

圖 1.2-14 是其它幾個常見的光機械元件用來架設各式各樣的光電實驗，(a) 圖中的**旋轉台** (rotation stage or rotary stage) 可以提供旋轉的調整，中間有一個大孔洞的旋轉台經常用來架設偏振片、**波片** (waveplate，見第三章) 等需要旋轉的光學元件。(b) 圖所示為**光圈** (iris)，光圈的直徑大小可以調整，經常用來作為**空間濾波器** (spatial filter)，以去除掉不要的光線或用來規範實驗中的**光學軸線** (for optical alignment)。(c) 圖中的元件稱為 plate holder，可以用作屏幕夾，或者用來架設濾波片。當光學實驗中對縱向的準直非常重視時，可以使用 (d) 圖中**光學軌道** (optical rail) 及**軌道座** (rail carrier) 來架設光學元件，軌道座可以在軌道上前後移動。

光學桌或光學板上的螺絲孔可以用來定義互相垂直的兩個座標方向。在光學桌或光學板上架設光電元件時，一個常識是將光線預期會走的路徑儘量和光學桌或光學板上的螺絲孔的連線對齊，同時將支架底板的直角和光學桌或光學板的兩個座標方向對齊，讓架出來的實驗看起來方方正正的，這樣一來，除了光路的準直容易達到要求外，要除錯也比較容易。

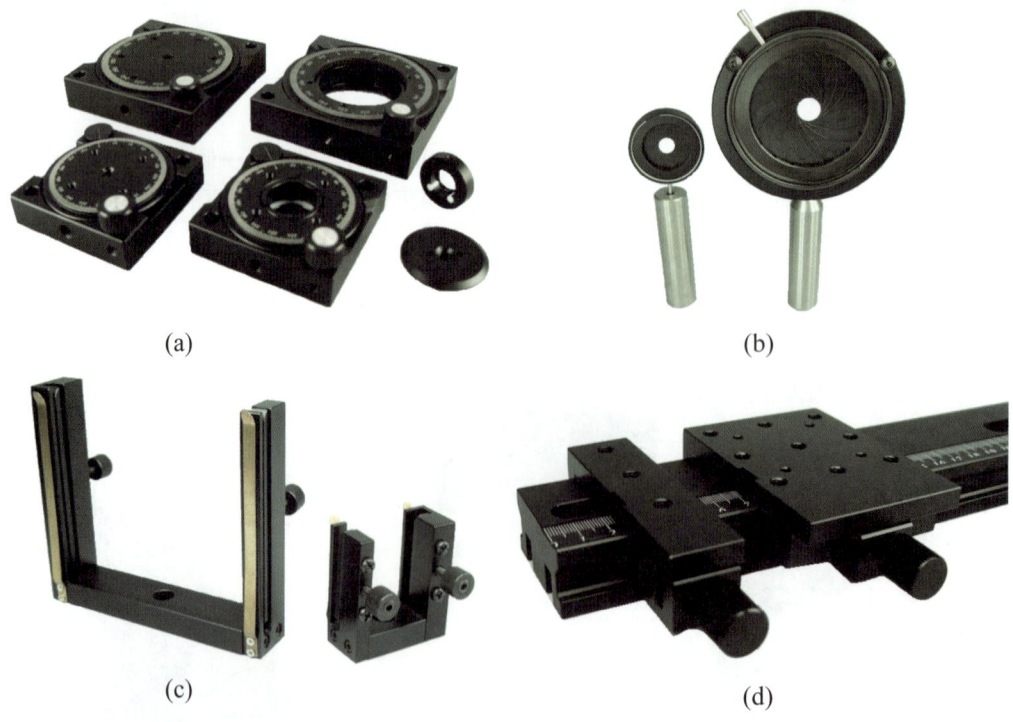

圖 1.2-14　(a) 旋轉台、(b) 光圈、(c) plate holder、(d) 光學軌道及軌道座。

四、光電實驗室安全常識及基本禮節 (Laboratory safety and etiquette)

雷射光的光線很強，絕對不可直視，否則會造成眼睛的傷害。因此，進行實驗時，絕不能讓雷射光射入自己或他人的眼睛。一般在較正式的雷射實驗室中都有配置**雷射護目鏡** (laser protection goggle) 用來保護眼睛，一個雷射護目鏡會針對一個雷射波長將雷射強度作有效的衰減，通常用所謂的 **OD** (optical density) 值來標示衰減的程度，例如 OD = 3 就是將入射的雷射光衰減 1000 倍。

一個良好的光電實驗習慣及實驗環境包括：

1. 在所有實驗進行的過程中，讓雷射光平行於桌面傳播。
2. 所有的實驗者要站著進行實驗，讓沿桌面平行傳播的雷射光遠低於人眼的高度。
3. 若一定要在雷射實驗室中設置椅子，應選擇高腳椅，當實驗者坐在椅子上面時，眼睛可以高過桌面約 60 公分以上。

光電實驗中還有一些特定的安全顧慮。譬如，在光柵分光實驗中，可能會用到紫外光燈觀察光譜線，這時，應避免讓紫外光近距離地照射到皮膚，或避免讓眼睛長時間地注視紫外光。

清潔光學鏡片表面的溶劑 (如 Aceton 及 Methanol 等) 具有揮發性及微量毒性，不可大量吸入；同時，這些溶劑的燃點都很低，切記不可引燃，應該儘量遠離可能的火源。

觸電是光電實驗中另一個可能遭遇到的危險，哪一具儀器要插入 110 伏特的插座，或插入 220 伏特的插座一定要先弄清楚，假使將使用 110 伏特電的儀器插上 220 伏特的插座，一方面昂貴的光電儀器可能就此報銷，另一方面還可能引發危險。一個安全的光電實驗室應該將所有的光學桌接到建築物的地線上，這樣一來，若有儀器漏電就不會殃及實驗者。

如前所說，光電實驗會用到許多的光學機械元件，有些器具有尖銳的表面，例如在刀口法量測透鏡焦距時，應避免刀片不慎割傷自己或他人。

實驗完成後，離開教學實驗室前，一個重要的實驗室禮節是：將做完的實驗一一拆卸，元件依類別整齊擺好，以方便下一位使用者架設實驗。

五、實驗內容

1. 清潔鏡片

No.	器材名稱 (中文)	器材名稱 (英文)	建議規格	數量
1	鑷子	Tweezers	Typical (refer to Fig. 1.2-15)	1
2	拭鏡紙	Lens paper	Eg. Kodak lens cleaning paper	1
3	甲醇洗滌瓶或滴瓶	Methanol wash bottle or drop bottle	Chemical grade container with clear labeling (refer to Fig. 1.2-15)	1
4	丙酮洗滌瓶或滴瓶	Aceton wash bottle or drop bottle	Chemical grade container with clear labeling (refer to 1.2-15)	1
5	平面反射鏡	First-surface flat mirror	Eg. $\phi = 1''$ silver-coated broadband mirror	3
6	合光鏡	Beam combiner	Eg. ~50/50 broadband beam splitter at visible	1

洗滌瓶　　　　　滴瓶　　　　　鑷子

圖 1.2-15　裝溶劑的洗滌瓶和常見的滴瓶及鑷子。

　　清潔光學鏡面時，必須採用光學專用的**清潔紙** (俗稱為拭鏡紙，lens paper)，以溶劑潤濕後實施。清潔光學鏡片時常用的溶劑為**異丙醇** (isopropanol)、**甲醇** (methanol) 及**丙酮** (acetone)，其中異丙醇是一種比較溫和的溶劑，丙酮對某些膠質的溶解力相當強，使用時要小心；這些溶劑必須裝置在標示清楚的特定容器中，如圖 1.2-15 所示的洗滌瓶及滴瓶，這些標準洗滌瓶的外頭都用特定的顏色及說明來標示該溶劑是否易燃、有毒等特性，使用前應該詳讀瓶外的標示。

圖 1.2-16 示範清潔一個光學表面的步驟：首先拿一個鑷子將拭鏡紙折疊成一小塊，折疊時應注意避免用手指碰觸到最後要用來清潔鏡面的那一小塊拭鏡紙，因為手指上的油脂會附著到拭鏡紙上再沾到光學表面上。將拭鏡紙折疊成適當的大小之後，夾在鑷子上，首先用裝有甲醇的洗滌瓶噴出一些溶劑潤濕拭鏡紙，假使溶劑噴灑得太多，可用鑷子夾著拭鏡紙在空中甩一甩將多餘的溶劑甩掉。完成以上的步驟後，用鑷子夾著拭鏡紙擦拭一個反射鏡的表面，注意，只能朝同一個方向擦拭，不可來回擦拭，同時，鑷子的尖端絕不可以碰觸到光學鏡面。在很講究的雷射實驗裡，每擦拭一次光學表面，就換一張新的拭鏡紙；在比較節省的實驗室裡，每擦拭一次鏡面之後，可將拭鏡紙未使用到的一面翻過來繼續使用，不過做這個動作時技巧要很好，不要用手碰觸到拭鏡紙上要用來擦拭鏡面的部分，否則手指上的油脂就會跟著被擦到鏡面上了。用丙酮及另一張拭鏡紙依同樣方法對該反射鏡再作一次清潔的動作。按照以上步驟將其它未清潔的反射鏡及合光鏡逐一清潔完畢。

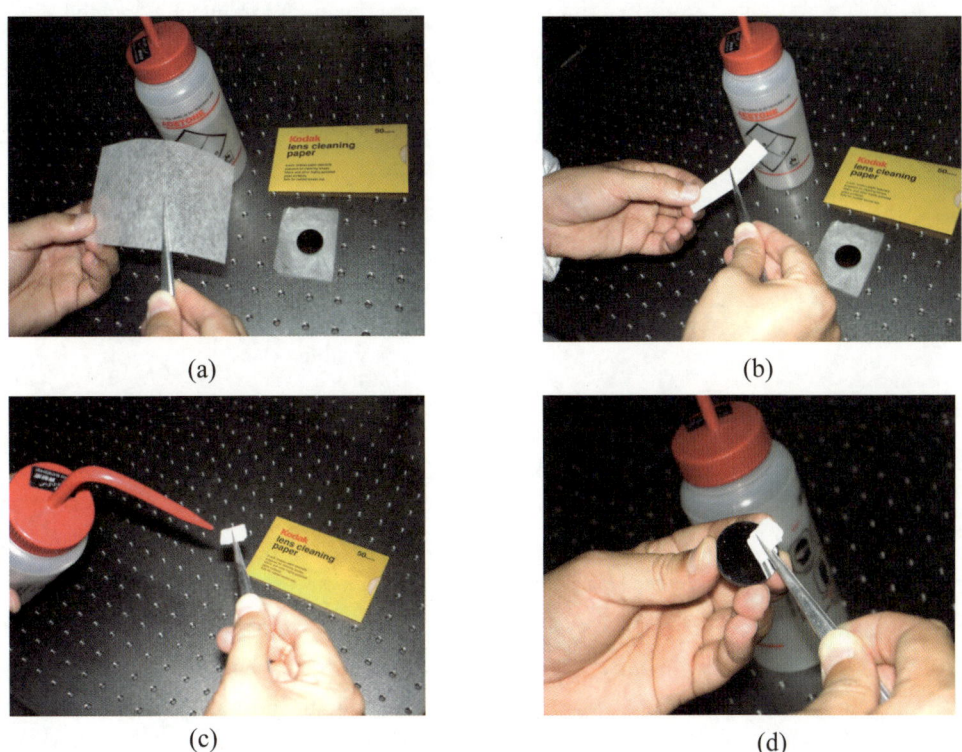

圖 1.2-16　清潔光學鏡面的步驟：(a) 準備好鑷子、拭鏡紙、溶劑及要清潔的元件，(b) 折疊拭鏡紙，(c) 用溶劑潤濕拭鏡紙，(d) 用拭鏡紙朝同一方向擦拭光學表面。

大部分的光學表面都可以用以上的方法來做清潔，但是光柵表面不可以用這樣的方法清潔，尤其是用於可見光的光柵表面有次微米級的條紋，在這次微米級的溝槽中若有污染，只能用高壓氣體吹去，不能用溶劑擦拭，因為在擦拭的過程中會損壞光柵的表面，光柵在使用時就要特別保護其表面。

2. 雷射傳播準直實驗

這個實驗首先讓實驗者學會如何讓紅光雷射同時通過兩個預先架好的光圈中心，然後再讓綠光雷射與紅光雷射在空間中重合在一起。

A. 實驗裝置

No.	器材名稱 (中文)	器材名稱 (英文)	建議規格	數量
1	紅光雷射	Red-emitting laser	Eg. a CW HeNe laser at 632.8 nm	1
2	綠光雷射	Green-emitting laser	Eg. a CW frequency doubled Nd^{3+}:YVO_4 laser at 532 nm	1
3	紅光雷射固定座	Laser mount for HeNe laser	Tilt adjustable laser mount	1
4	綠光雷射夾具	Laser mount for 532-nm laser	Tilt adjustable laser mount	1
5	平面反射鏡	First-surface flat mirror	Eg. ϕ = 1″ silver-coated broadband mirror reflecting at visible	3
6	合光鏡	Beam combiner	Eg. ~50/50 broadband beam splitter at visible	1
7	光圈	Iris diaphragm	ID = 1″ adjustable iris	4
8	1″ 透鏡座	Lens mount	ϕ = 1″ mirror mount with mirror surface coinciding with the post axis	4

A. 實驗裝置 (續)

No.	器材名稱 (中文)	器材名稱 (英文)	建議規格	數量
9	2"支撐棒	Post for HeNe laser	2" length	1
10	3"支撐棒	Post	3" length	9
11	3"支撐座	Post holder	3" height	10
12	支架底板	Base plate	Eg. 2"×3" with two mounting slots	10
13	24" × 36"光學板	Optical breadboard	24" × 36" size with 1/4-20 tapped holes separated by 1" distance	1

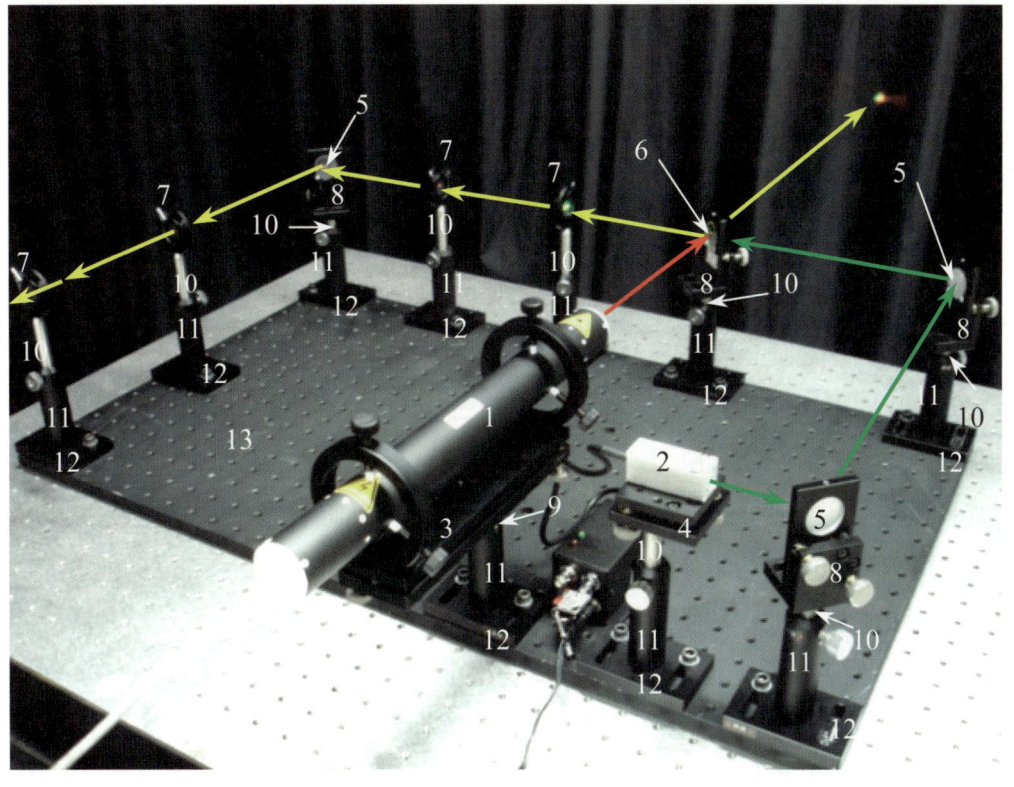

(實驗架設照片，黃色代表綠光與紅光的共同路徑)

28 近代實驗光學

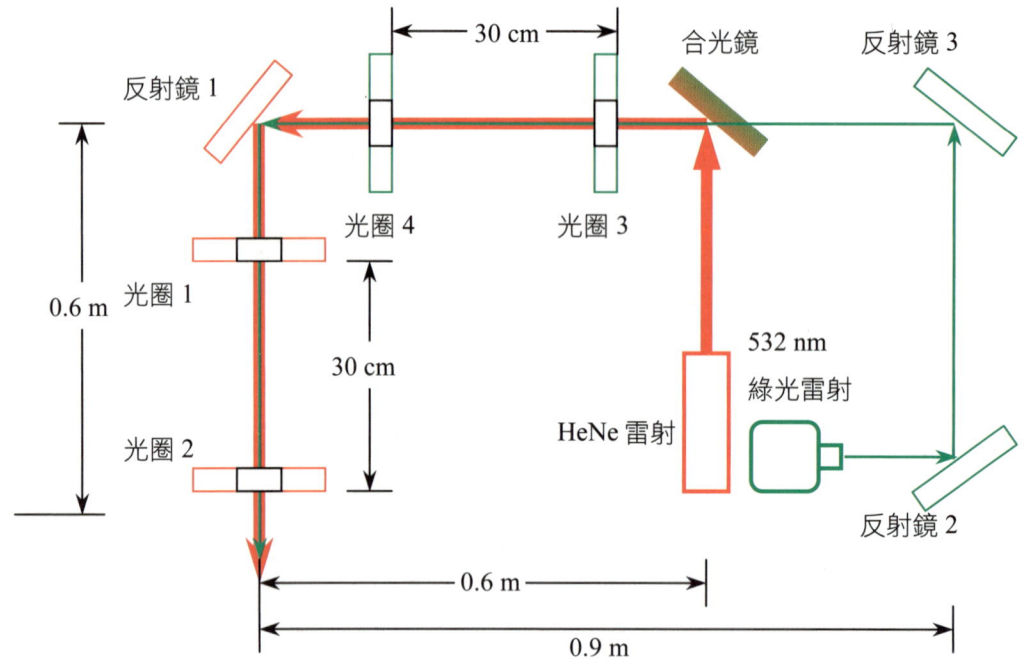

圖 1.2-17 雷射傳播準直實驗架設圖：紅色部分是紅光雷射的光路架設，綠色部分是 532 nm 雷射的光路架設。

B. 實驗步驟

(1) 暫時先不架設圖 1.2-17 中的綠色部分。

(2) 在光學桌上先架設光圈 1 及光圈 2，兩個光圈的距離應大於 30 公分以上，將兩個光圈的孔徑打開到最大。

(3) 如上圖一般，利用 45 度入射角的合光鏡及反射鏡 1，使紅光雷射同時穿過光圈 1 及光圈 2。

(4) 將光圈 1 及光圈 2 的孔徑逐漸關小，並微調合光鏡及反射鏡 1 的 xy 方向 (垂直於雷射傳播的方向)，使紅光雷射仍然能同時穿過光圈 1 及光圈 2。

(5) 將光圈 1 及光圈 2 的孔徑關到小並微調合光鏡及反射鏡 1 的 xy 方向，使紅光雷射還是能夠同時穿過光圈 1 及光圈 2 的正中心。

(6) 將光圈 3 及光圈 4 的孔徑關到最小，將這兩個光圈依圖 1.2-17 中的位置放好，但是使紅光雷射同時通過這兩個光圈的正中心，這兩個光圈的距離分得越開越好 (為什麼？)。

(7) 利用 45 度入射角的反射鏡 2 及 3 將 532 nm 綠光雷射射入合光鏡中，確定綠光雷射在合光鏡的輸出光點與紅光雷射的輸出光點重合。
(8) 微調反射鏡 2 及反射鏡 3 的 xy 方向，直到綠光雷射可以同時通過光圈 3 及光圈 4 的正中心。
(9) 這時檢查光圈 1 及光圈 2 是否也使綠光雷射同時通過其正中心？
(10) 拿一張白紙片在光圈 2 後頭前後移動一段距離，檢查一下紅光與綠光的路徑是否的確互相重合？

六、參考資料

1. A very good review on light's wave-particle duality is given by the Oct. 2003 issue of *Optics & Photonics News*, Optical Society of America (http://www.osa.org).

2. Particle and wave nature of light: Eugene Hecht, *Optics* 3rd Ed., Chapter 3, Addison-Wesley, 1998.

3. Gaussian laser beam: A. E. Siegman, *Lasers*, Chapter 16, University Science Books, 1986.

4. Coherence of Light: B. E. A. Saleh and M. C. Teich, *Fundamental of Photonics*, Chapter 10, John Wiley & Sons Inc., 1991.

5. Beginner's handbook on lasers: J. Hecht, *Understanding lasers — an entry-level guide*, IEEE Press, New York, 1994.

III. 習　題

1. 一個波長為 λ_0 的雷射發出 P 的功率。想像光的粒子性，計算這個雷射每單位時間發射出多少個光子？

2. 矽的電子能階形成一個**價帶** (valence band) 及一個**導帶** (conduction band)，中間有一**能隙** (bandgap) 約為一個電子伏特左右或者 1.6×10^{-19} J。若電子能夠從價帶躍遷到導帶上面，這個電子在外加電場下就可以自由移動形成電流。若要在矽晶體中形成光電流，計算入射光子的最小波長為何？

3. 一道頻率為 300 THz 的光波在一個折射率為 2 的物質中傳播。
   (1) 它在真空中的波長為何？
   (2) 它在這個物質中的波長為何？

4. 正午太陽之下的光強度約為 100 W/cm^2，求出在這種光強度下的電場值。

5. 假設一道高斯光束的總功率為 P，腰身處的峰值強度為 I_0，證明腰身處的雷射等效面積為 $A_{\text{eff}} = P/I_0 = \pi W_0^2 / 2$。

6. 一道高斯雷射光束以腰身處為起點，傳播兩個 Rayleigh ranges 之後，其
   (1) 雷射場的特性半徑變大多少倍？
   (2) 光場 (optical field) 減弱幾倍？
   (3) 光強度減弱幾倍？

7. 一個球面波的波前是什麼形狀？畫出來看看。

8. 相較於日光燈，為什麼一道雷射光可以傳到很遠之外還保持有很高的光強度？

9. 為什麼人的手指不應該碰觸到任何光學表面？

10. 為什麼一個雷射實驗室中通常不放椅子？

11. 圖 1.2-8 中的 photodetector (PD) 是個電壓源還是電流源？

12. OD = 3 的雷射護目鏡代表什麼意思？

13. 為什麼將一道雷射光穿過預先架好的兩個分開的光圈時，需要用兩面反射鏡來調整雷射的光路？只用一面反射鏡的話會有什麼問題？

第二章　光的折射與反射
Optical Reflection and Refraction

I. 基本概念

一、幾何光學

　　光是一種電磁波，波動的物理量在傳播時就會產生**繞射** (diffraction)。光波繞射的結果會使光束的截面積隨著傳播的距離變大，光的**強度** (intensity = power/area) 也隨著傳播距離逐漸降低。波之所以為波的條件是該波動的物理量存在一個**波前** (wavefront)，波前的週期稱為**波長** (wavelength)，若波長逐漸變小，該物理量的變化接近連續，波動的效應也逐漸消失，繞射現象就變得不明顯了。當繞射現象消失之後，光在傳播時光束的截面積不會隨距離而有所變化，其表現出來的現象叫做**束線光學** (ray optics)。

　　束線光學有幾個**假設** (postulates)。最基本地，如前所述，光的波長必須遠小於與其所作用的物體大小或所探討問題中的尺度大小。再者，光在物質中的速度 c 和真空光速 c_0 有一正比關係，即 $c = c_0 / n$，其中 n 稱為該物質的**折射率** (refractive index)。同時，光在兩點間傳播的「**光程**」是個**極值** (Fermat's Principle)，這個極值可以是最大值、最小值，或者是一個反曲點的值，假使這個極值是最小值，這個原理稱為 Hero's principle。空間中兩點間的**光程差** (optical path difference) 定義為

$$L_n = \int_{P_A}^{P_B} n(s)ds \qquad (2.1\text{-}1)$$

其中 $P_{A,B}$ 是空間中 A、B 兩點的座標位置，$n(s)$ 為路徑 s 上光所看到的折射率。光是一種傳播中的能量，在物質裡傳播的快慢與光場拉動物質中**電偶極** (electric dipole)[1] 的容易程度有關，這個光場與電偶極作用的效果就隱含於折

---

[1] 電偶極是物質中，正、負電荷分開一段距離，但是藉庫倫力互相吸引的一個穩定結構。

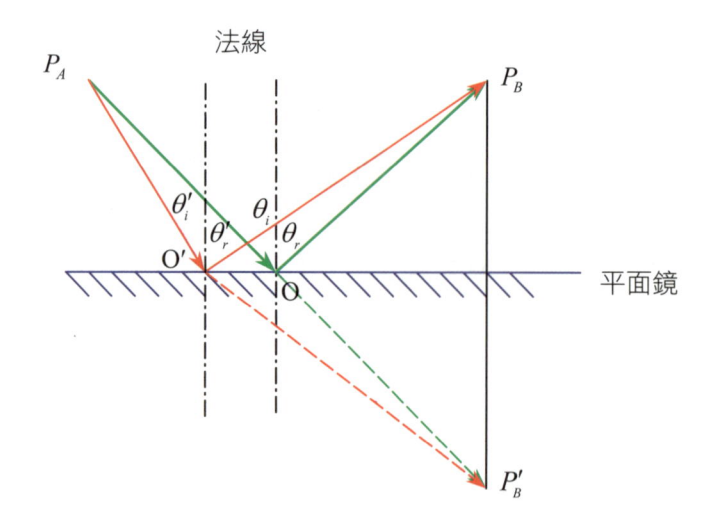

圖 2.1-1 利用光傳播時走最小光徑的條件，及三角形的兩邊長度和永遠大於第三邊長度的特性，可以看出光由一個反射平面反射後會走 $\overline{P_AOP_B}$ 的路徑，因此入射角必須要等於反射角 $\theta_i = \theta_r$。

射率之中。Fermat's Principle 可以表示成 $\delta L_n = 0$，其中 δ 代表一個微分的運算子。

　　光在一個平面上的反射與折射原理可由 Hero's principle 中推導出來。如圖 2.1-1 所示，一束光透過一平面鏡反射從 P_A 傳到 P_B，經過兩個可能的路徑 P_AOP_B (綠線) 或 $P_AO'P_B$ (紅線)，其中，光束經 P_AOP_B 路徑的入射角等於反射角，$\theta_i = \theta_r$；因為，P_B' 是 P_B 的鏡像位置，路徑 $\overline{P_AOP_B} = \overline{P_AOP_B'}$；利用三角形的兩邊長度和永遠大於第三邊長度的特性，可以知道從 P_A 傳到 P_B 最小的光程長度為 $\overline{P_AOP_B}$，根據 Hero's principle，光會選擇 $\overline{P_AOP_B}$ 的路徑傳播，即入射角必須等於反射角，

$$\theta_i = \theta_r \tag{2.1-2}$$

$\theta_i = \theta_r$ 的結果就是所謂的反射定律，有時稱為**司乃爾反射定律** (Snell's law of reflection)。

　　同樣地，光的折射定律亦可由 Hero's Principle 推導得到。考慮圖 2.1-2 中的折射圖，其中光束從第一物質的 P_A 傳到第二物質的 P_B，第一物質的折射率為 n_1，第二物質的折射率為 n_2。這個折射問題中要求極小值的光程為

$$L_n = n_1 L_i \sec\theta_i + n_2 L_t \sec\theta_t \tag{2.1-3}$$

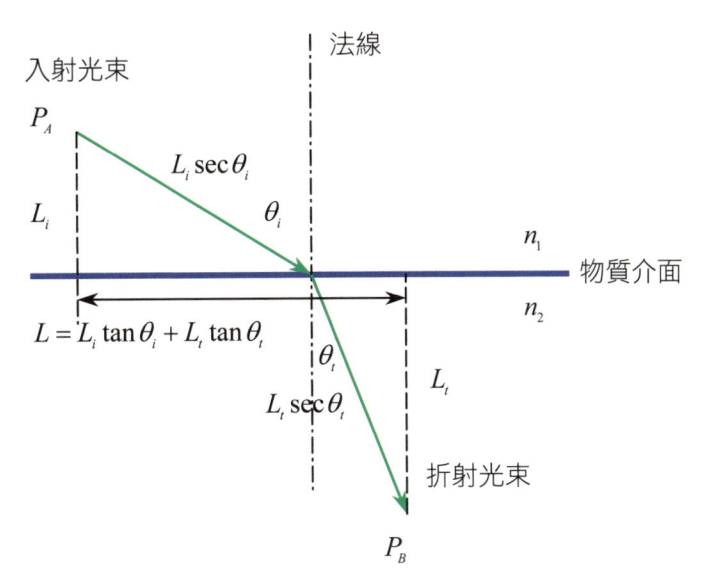

圖 2.1-2　光束從第一物質的 P_A 點傳到第二物質的 P_B 點，第一物質的折射率為 n_1、第二物質的折射率為 n_2。入射光束與折射光束間遵循司乃爾折射定律。

然而，L_i 和 L_t 之間有一個關係式

$$L = L_i \tan\theta_i + L_t \tan\theta_t \tag{2.1-4}$$

在式 (2.1-4) 的條件下，求式 (2.1-3) 的極小值就可得到以下的**司乃爾折射定律** (Snell's law of refraction)

$$n_1 \sin\theta_i = n_2 \sin\theta_t \tag{2.1-5}$$

當一道入射光從第一介質入射到第二介質時，會產生部分反射及部分穿射的現象。若將圖 2.1-1 及 2.1-2 結合在一起後可以得到如圖 2.1-3 的情形。包含法線、入射線、反射線和折射線的平面稱為**入射平面** (plane of incidence)。其中，θ_i 為入射角、θ_r 為反射角、θ_t 為折射角。

假使一個光學物質不吸收光波，從圖 2.1-3 中可知，部分的光就會穿透該物質。但是，當光從一個**光密介質** (折射率 n_1 比較大) 入射到一個**光疏介質** (n_2 比較小) 時 (例如，從玻璃中射向空氣)，根據司乃爾折射定律，$n_1 \sin\theta_i = n_2 \sin\theta_t$，折射角會比入射角大，即 $\theta_t > \theta_i$。在這種狀況下，當折射

角隨著入射角的變大而增到 90 度時，此時的入射角，稱為**臨界角** (critical angle)。

$$\theta_c = \sin^{-1}(n_2/n_1) \tag{2.1-6}$$

如圖 2.1-4 所示，當入射光超過臨界角，折射光無法進入第二介質，折射現象消失，入射光將會在第一介質內作所謂的**內部全反射** (total internal reflection)。

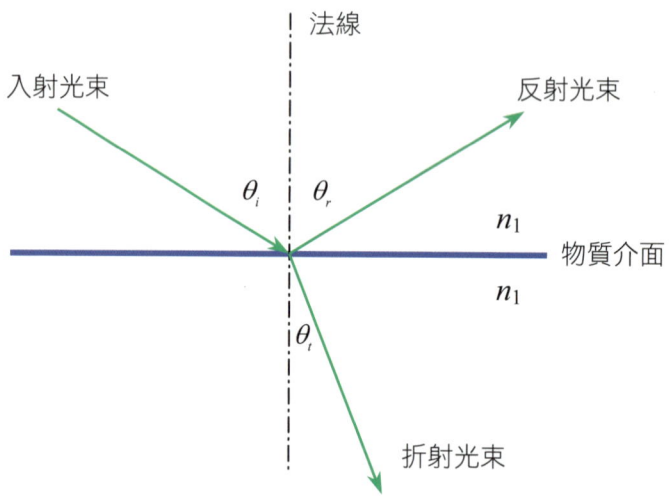

图 2.1-3　當一道入射光從第一介質入射到第二介質時，會產生部分反射及部分穿射的現象。

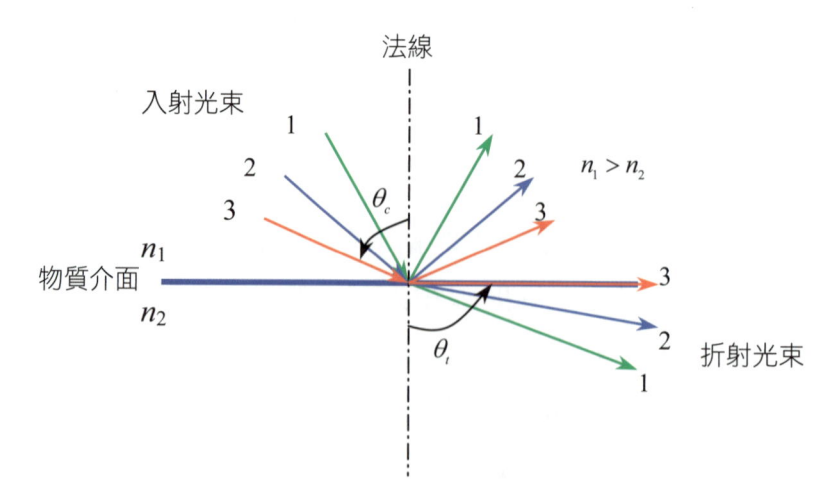

图 2.1-4　全反射在光密物質中發生的示意圖：折射角會隨著入射角的增加而增加 (1→3)，當折射角隨著入射角增大而達到 90 度時，此時的入射角 θ_c，稱為全反射臨界角。

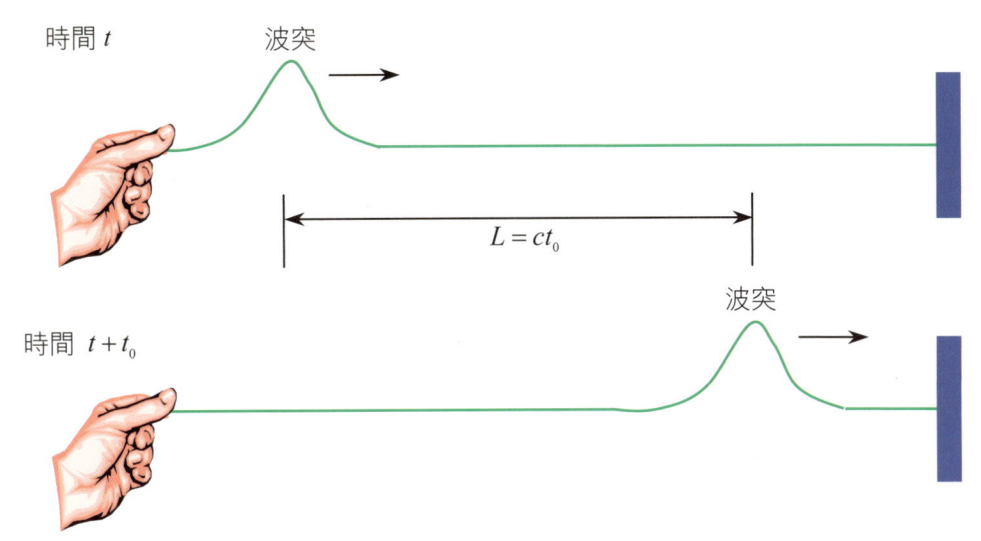

圖 2.1-5 繩波的波前以一固定速度 c 隨著時間向前移動，經過一段時間 t_0 之後，波前往前走一段距離 $L = c\,t_0$。

二、波動光學

　　光是一種光場的波動現象，這個光場就是隨著時間變化的電場及磁場。考慮以下的繩波：當一個波源 (圖 2.1-5 中的手) 甩動繩子時，繩子會產生一突起的形狀，這個突起的形狀會隨著時間移動位置，從繩子的一端移到另一端，但是組成繩子本身的原子分子是不會跟著這個突起的形狀從繩子的一端移到另一端，然而這個「波突」卻已經將手甩的能量傳輸到繩子的另一端了，這種現象就是波動。因此，波在空間中傳播時有一定的速度，會將能量從一個位置傳播到另一位置，若經由介質傳播，介質本身是不會隨著波的行進而跟著向前傳播。「波突」上的一個固定位置，可稱之為「**波前**」(wavefront)，以下還會為波前做更進一步的定義。

　　從波動的觀點來看，波在碰到不同介質時，在介質邊界上，波前仍然必須具有連續性，否則波便不成為波。這個要求使得光在碰到不同物質介面時，在第一介質中的反射角必須等於入射角；在第二介質中，因為光波的傳播速度不同，光會折射一個角度。這個結論很快地可以從以下的分析中看出來。

　　波最基本的的物理量就是波長 λ 和頻率 ν，波長和頻率的乘積就是波的速率 c，關係式為

$$c = \nu\lambda \tag{2.1-7}$$

波長 λ 就是光場的振幅在空間中所呈現出來的週期長度，頻率 ν 就是在一空間定點上光場振幅改變一個時間週期 T 的倒數，或者每單位時間波震盪的次數。在可見光的範圍內，波長不同，我們就會看到不同的顏色。例如，藍光的波長約在 400 到 500 奈米之間，綠光的波長約在 530 奈米左右，紅光的波長約在 600 到 700 奈米附近。

光行進的速度叫做**光速** (speed of light)。光在進入不同的介質時，行進的速度會受到物質的影響，這個速度和光波在真空中的傳播速度 $c_0 = 3\times 10^8$ m/s 比起來，有以下的關係：

$$c = \frac{c_0}{n} \qquad (2.1\text{-}8)$$

其中 n 稱為物質的折射率。微觀地來說，折射率的大小就是光波中的電場拉動物質電偶極的難易程度；光場在不同的物質中拉動電偶極的情形，就如同用一個施力來拉動不同的彈簧一樣，不同的彈簧對施力者的反應也就不一樣；而且，彈簧對拉動快慢 (頻率) 的反應也不盡相同，因此，同一物質中折射率會隨著入射光頻率 (波長) 的不同而不同。

在一個時間或空間的週期裡，描述振幅位置的物理量就是所謂的**相位** (phase)，我們用圖 2.1-6 來表達這個觀念。從時間上來看，一個弦波有一

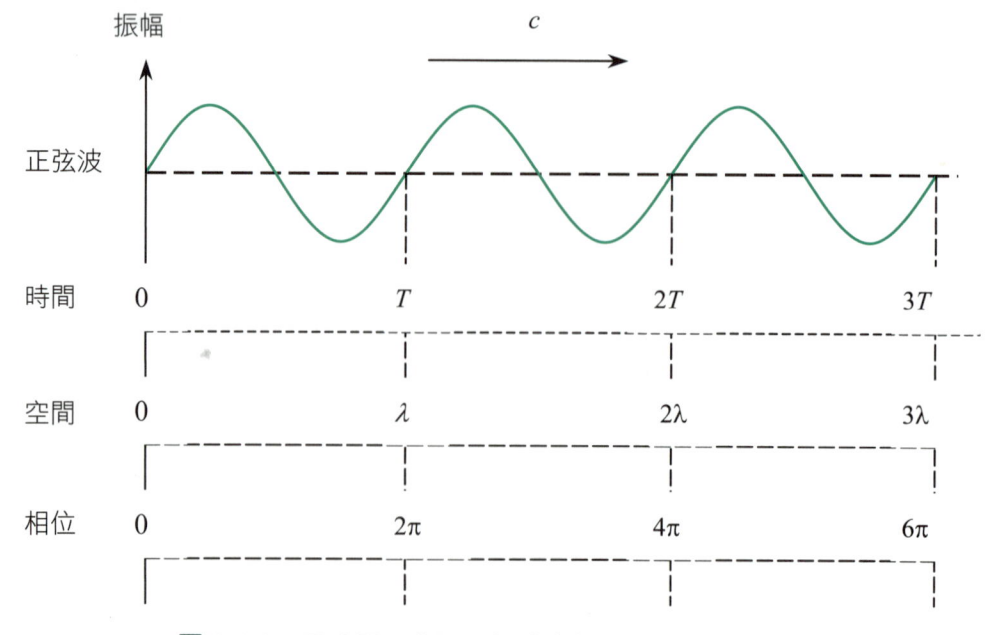

圖 2.1-6 用時間、空間、相位來描述一個正弦波。

個時間週期 T；從空間上來看，一個弦波有一個空間週期叫做「波長」，λ；從相位上來看，一個弦波有一個相位週期 2π。所謂的波前，就是垂直於波前進方向的一個等相位面。既然波前是一個波的基本描述，波之所以為波，就必須具備一個清楚定義的波前；簡單地來說，就是「即使波碰到物質之後，折射波及反射波的波前還是要清楚地存在」，這個要求可以直接推導出著名的司乃爾定律，詳述如下。

圖 2.1-7 描述一入射波、反射波、折射波在兩個介質間的關係圖，其中箭頭表示波前行進的方向，n_1 是第一個介質的折射率，n_2 是第二個介質的折射率。$\overline{AA'}$ 代表入射波碰到物質介面前的最後一個完整波前的位置，$\overline{BB'}$ 是產生反射波之後的第一個完整波前的位置，$\overline{CB'}$ 為折射波產生之後的第一個完整波前的位置。由於波前必須與波行進的方向垂直，從圖 2.1-7 的幾何形狀可以知道，光在 $\overline{AB}$、$\overline{A'B'}$、$\overline{AC}$ 上的傳播時間必須要一樣，否則波前 $\overline{BB'}$ 及 $\overline{CB'}$ 就無法順利形成。據此，以下的時間等式必須要成立，

$$\frac{d \sin \theta_i}{c_0 / n_1} = \frac{d \sin \theta_r}{c_0 / n_1} = \frac{d \sin \theta_t}{c_0 / n_2} \tag{2.1-9}$$

式 (2.1-9) 的直接結果就是司乃爾的反射定律：

$$\theta_i = \theta_r \tag{2.1-10}$$

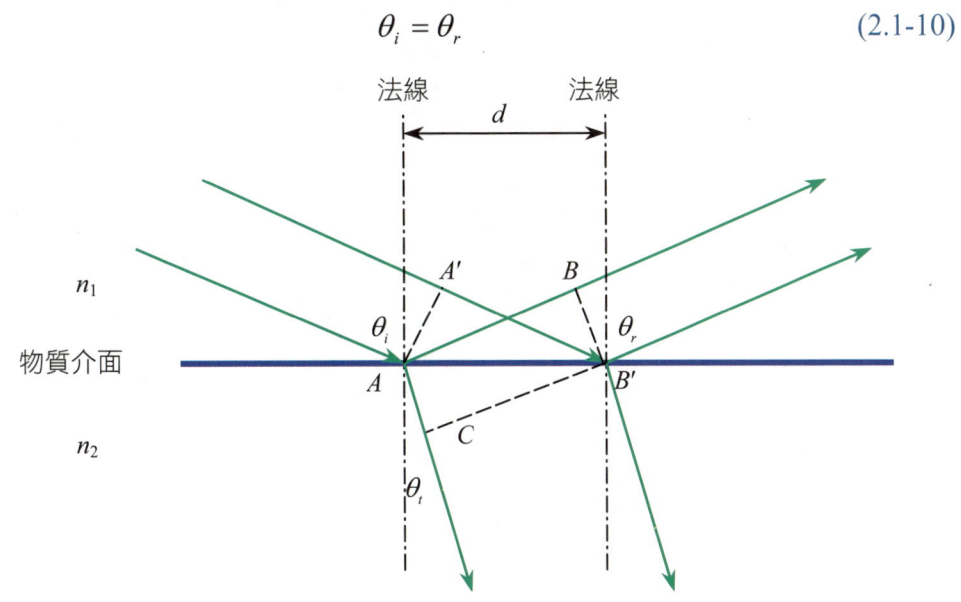

圖 2.1-7 由波前的結構來推導司乃爾反射及折射定律的示意圖 (綠線代表波前行進的方向)。

及司乃爾的折射定律：

$$n_1 \sin\theta_i = n_2 \sin\theta_t \qquad (2.1\text{-}11)$$

因此，光在碰到物質介面時，在第一介質中，反射角必須等於入射角，在進入第二介質時，光會折射一個角度符合式 (2.1-11)。

因為折射率 n 本身是光頻率或波長的函數，即使不同顏色的光在第一介質中有相同的入射角度，在進入第二介質時，不同顏色 (波長或頻率) 的光會因為看得不同的折射率而偏折不同的角度，這種情形叫做**物質色散** (material dispersion)。在一般的玻璃介質中，藍光 (短波長) 看到的折射率比紅光 (長波長) 看到的折射率大，因此藍光的折射角也就較大。彩虹的形成，就是因為太陽光穿過空氣中的小水珠時，不同顏色的光折射到不同的角度所形成的結果。圖 2.1-8 (a) 顯示若將白光射向稜鏡的一側，由於玻璃稜鏡的色散效應，白光經過稜鏡後被分出各種顏色出來，這種現象很容易用教室中的投影機做實驗，如圖 2.1-8 (b) 所示。

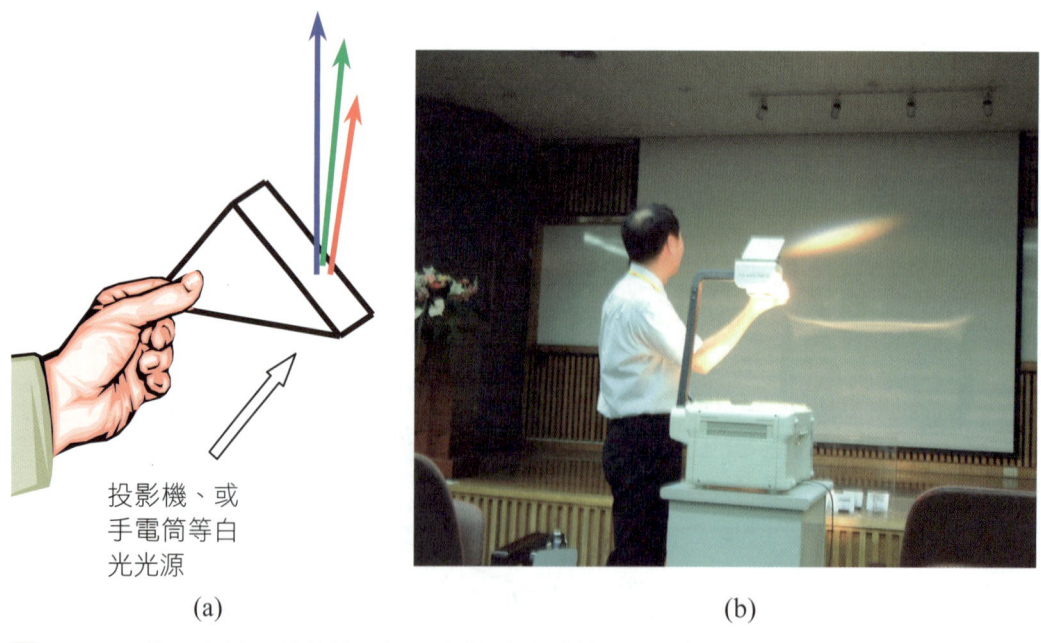

圖 2.1-8　將白光射向稜鏡的一側，由於玻璃稜鏡的色散效應，白光經過稜鏡後被分出各種顏色出來。(a) 圖：示意圖，(b) 圖：將稜鏡放在投影機前將投影燈光透過稜鏡色散分出各種顏色來。

II. 實　驗

一、實驗名稱：光的折射與反射 (Snell's Law of Reflection and Refraction)

二、實驗目的

1. 在束線光學的原理下驗證光波的反射定律及折射定律。
2. 瞭解光如何在介質中行進，驗證內部全反射、稜鏡最小偏向角等現象。

三、實驗原理

　　這個實驗分成三個部分，用來觀察反射現象、折射現象及物質內部光的全反射現象。

1. 反射現象

　　當一個反射鏡旋轉一角度 α 時，其法線亦旋轉一相同的角度 α，然而第二反射光相對於第二法線必須遵循反射定律，於是第二反射光相對於原來之第一反射光將旋轉兩倍 α 的角度；也就是說，反射光束旋轉的角速率為鏡子旋轉角速率的兩倍。由圖 2.2-1 中可以清楚地瞭解到這種現象。

2. 最小偏向角 (minimum deviation/deflection angle)

　　如前所述，光在同一介質中的行進路徑為一直線，可是當遇到不同介質的介面時，會產生折射的現象。任一道光線射入**三稜鏡** (prism) 的任一面，經

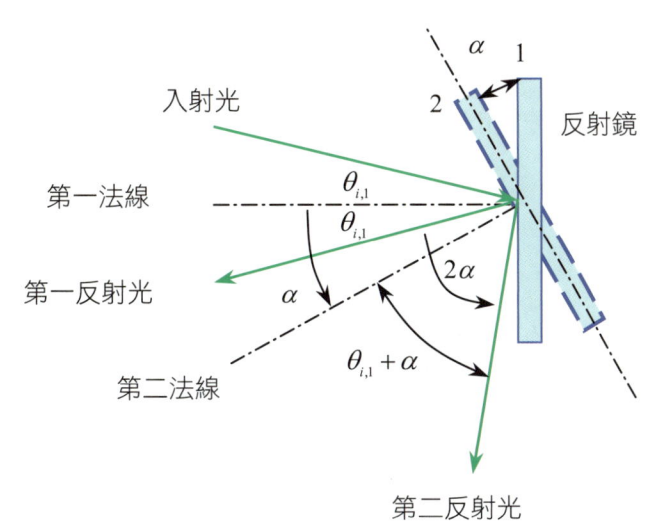

圖 2.2-1　若反射面旋轉一角度 α，反射光會旋轉 2α (光線用綠線表示)。

過兩次折射後，光的行進方向必定會受到影響，其入射光與出射光之間的夾角稱為**偏向角** (deflection angle)。如圖 2.2-2 所示，其中 δ 為偏向角，a 為稜鏡的**頂角** (apex angle)。當我們轉動入射光線時，δ 也會跟著改變，當出射角等於入射角 $\theta_{i1} = \theta_{t2}$ 時，δ 角度最小，即所謂的最小偏向角 δ_m。稜鏡折射的最小偏向角可以由以下的方法計算得到。

- 在 AC 邊界，由折射定律可知： $\sin\theta_{t1} = \dfrac{\sin\theta_{i1}}{n}$

- 在 AB 邊界，由折射定律可知： $\sin\theta_{i2} = \dfrac{\sin\theta_{t2}}{n}$

由圖 2.2-2 的幾何性質可得： $\theta_{t1} + \theta_{i2} = a$

光在第一折射面偏向 d_1 角度，在第二折射面偏向 d_2 角，由圖 2.2-2 可得：

$$d_1 = \theta_{i1} - \theta_{t1}, \quad d_2 = \theta_{t2} - \theta_{i2}$$

於是，總偏向角等於 $\quad \delta = d_1 + d_2 = \theta_{i1} - \theta_{t1} + \theta_{t2} - \theta_{i2} = \theta_{i1} + \theta_{t2} - a$

或者 $\quad \delta = \theta_{i1} - a + \sin^{-1}\left[(n^2 - \sin^2\theta_{i1})^{1/2}\sin a - \sin\theta_{i1}\cos a\right]$

在最小偏向角 $\delta_{\min}$ 的條件下，$\theta_{i1} = \theta_{t2}$ (詳見習題)，可求得稜鏡的折射率：

$$n = \dfrac{\sin\left(\dfrac{a + \delta_{\min}}{2}\right)}{\sin\left(\dfrac{a}{2}\right)} \tag{2.2-1}$$

式 (2.2-1) 經常用來量測一物質的折射率，假如量得稜鏡的前頂角 a 及最小偏向角 δ_m，就可以求得該稜鏡的折射率。

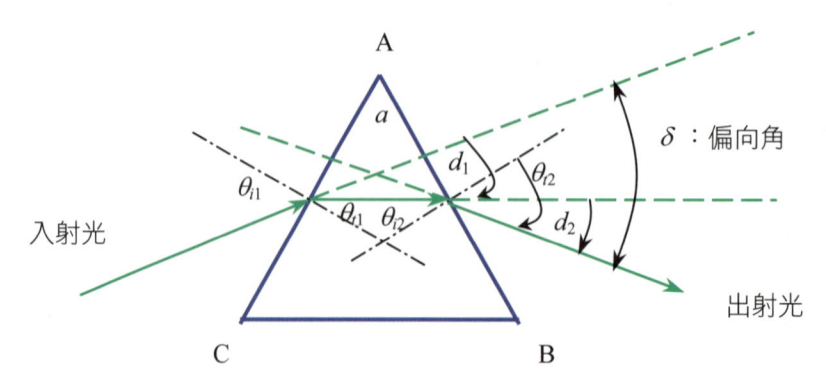

圖 2.2-2　光束線經稜鏡 (藍線) 折射的情形 (光線用綠線表示，法線用黑虛線表示，綠虛線為光線的延伸)。

3. 全反射

真空的折射率等於 1，絕大多數物質的折射率都大於 1，空氣的折射率比 1 大一點點，但是非常接近 1。在此一實驗中，因為雷射光束是在空氣中傳播，根據臨界角公式 $\theta_c = \sin^{-1}(n_2/n_1)$，很難找到一個相對於空氣的光疏介質來直接觀察光束線在空氣中發生全反射的現象。因此，在實驗的安排上，事先將雷射光束從空氣中打進一個折射率大於 1 的透明物質，再經由改變雷射光在空氣中的入射角來調整光束在光密介質中的入射角，以達到觀察全反射的目的。如圖 2.2-3 所示，雷射從圓弧側邊瞄準圓心的方向進入一透明的半圓柱體(入射線 1、2)，由於半徑與圓柱切線方向成一直角，光束線垂直進入圓柱內部時不會形成折射角。當光束線與法線之間的夾角大於臨界角時，光束線就無法穿射該透明物質，而在半圓柱內形成全反射，如入射線 2 所示。但是若入射線未瞄準圓心就射入圓柱體，如入射線 3 所示，則光束進入半圓柱體中時會偏折一個角度，除非完全知道光束線在半圓柱中的路徑，光密介質中的入射角便難以判定，因此做實驗時應該避免這種情形。

圖 2.2-4 是實際實驗中所看到的情形，所使用的雷射是 Nd:YVO$_4$ 的倍頻綠光雷射，波長為 532 nm，半圓柱體是用壓克力塑膠所做成，綠光在壓克力

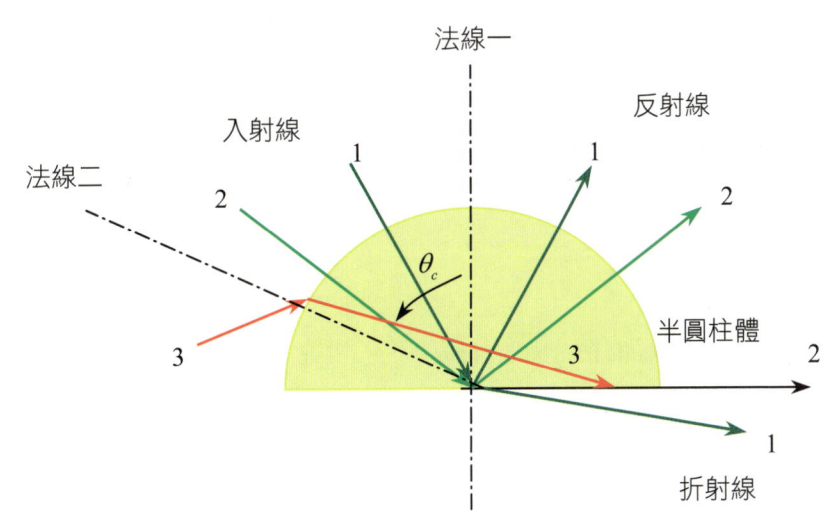

圖 2.2-3　全反射實驗中，光束線進入一個透明半圓柱體的路徑圖。在半圓柱體內，當入射角大於全反射角時，光線就無法穿透半圓柱體，如入射線 2 所示。若將入射線精確地指向半圓柱體的圓心射入時(如射線 1、2 所示，反之，如射線 3 所示)，光束線在進入半圓柱體時不會偏折一個角度，在實驗中量測角度時就會比較容易。

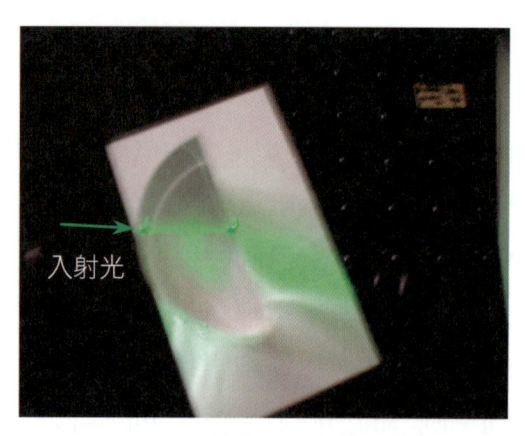

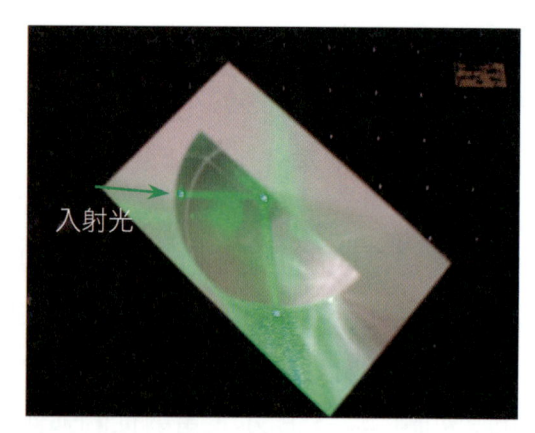

(a) 入射光未發生全反射　　　　　　　(b) 入射光發生全反射

圖 2.2-4　綠光雷射在半圓柱壓克力中 (a) 未發生及 (b) 發生全反射的情形。

塊中**散射** (scattering) 形成的路徑相當明顯，所以當內部全反射發生時就可以很輕易地看出來，如圖 2.2-4 (b) 所示。

四、實驗內容

1. 反射現象

A. 實驗裝置

No.	器材名稱 (中文)	器材名稱 (英文)	建議規格	數量
1	雷射	Laser	Eg. CW frequency doubled Nd^{3+} laser at 532 nm	1
2	雷射夾具	Laser mount	Tilt adjustable laser mount	1
3	$\phi \sim 2''$ 旋轉台	Rotation stage	$\phi = 2''$ with 360° continuous rotation and minimum increment of 1°	1
4	單軸平移台	One axis translation stage	Typical	1
5	垂直升降台	Precision vertical translation stage	> 5 mm travel range with a resolution better than 0.1 mm	1
6	2"支撐棒	Post	2" length	1
7	2"支撐座	Post holder	2" height	1
8	2" × 3"支架底板	Base plate	Eg. 2" × 3" size with two mounting slots	1

A. 實驗裝置 (續)

No.	器材名稱 (中文)	器材名稱 (英文)	建議規格	數量
9	12″ × 12″光學板	Optical breadboard	12″ × 12″ size with 1/4-20 tapped holes separated by 1″ distance	1
10	稜鏡夾	Prism clamp	Typical	1
11	反射鏡	Surface mirror	First surface mirror reflecting at visible wavelengths	1

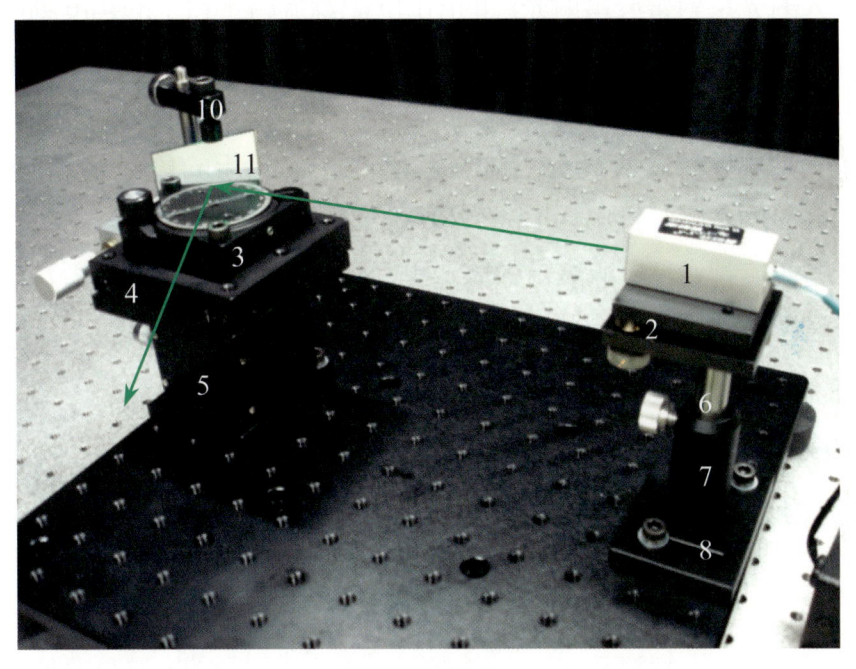

(實驗架設照片)

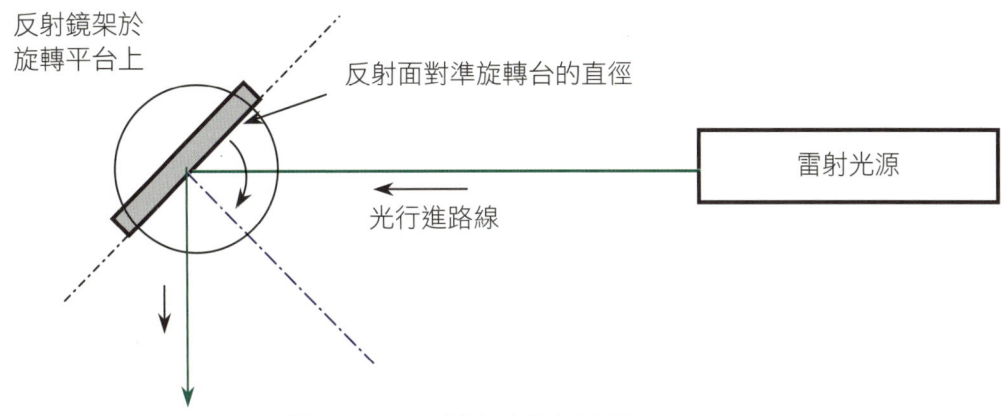

圖 2.2-5　反射實驗的架設圖。

B. 實驗步驟

(1) 如圖 2.2-5，將實驗器材裝設完成。在實驗進行中，若需要讀取雷射束的角度時，可隨時利用精密垂直升降台來微調旋轉台與雷射束的相對高度，當雷射束貼近旋轉台時，會在旋轉台的台面上切出一條光線或一個光點，藉此可以讀出旋轉台上的刻度。

(2) 把反射鏡架在旋轉台上，反射平面需對齊旋轉台的直徑方向，並讓雷射對準旋轉台的圓心，調整旋轉台角度直到反射鏡的位置使反射光與入射光束對齊於雷射光源的出口，記錄旋轉平台上的角度刻度作為校正入射法線之用。必要時可使用單軸平移台作橫向位移，讓雷射束通過旋轉台的轉軸。

(3) 轉動旋轉台以調整反射鏡的鏡面，由旋轉台上的角度讀出入射光、反射光的角度，推出入射光與反射光間的夾角大小。

(4) 轉動旋轉台，多取幾組數據，觀察反射光旋轉的角度是否為旋轉台旋轉角度的兩倍，同時驗證司乃爾反射定律。

2. 最小偏向角

A. 實驗裝置

No.	器材名稱 (中文)	器材名稱 (英文)	建議規格	數量
1	雷射	Laser	Eg. CW frequency doubled Nd^{3+} laser at 532 nm	1
2	雷射夾具	Laser mount	Tilt adjustable laser mount	1
3	$\phi \sim 2''$ 旋轉台	Rotation stage	$\phi = 2''$ with 360° continuous rotation and minimum increment of 1°	1
4	單軸平移台	One axis translation stage	Typical	1
5	垂直升降台	Precision vertical translation stage	> 5 mm travel range with a resolution better than 0.1 mm	1
6	2″ 支撐棒	Post	2″ length	1
7	2″ 支撐座	Post holder	2″ height	1
8	2″ × 3″ 支架底板	Base plate	Eg. 2″ × 3″ size with two mounting slots	1

A. 實驗裝置 (續)

No.	器材名稱 (中文)	器材名稱 (英文)	建議規格	數量
9	12″×12″光學板	Optical breadboard	12″ × 12″ size with 1/4-20 tapped holes separated by 1″ distance	1
10	稜鏡	Prism	45°× 90°×45° or 60°× 60°×60° glass prism with a size fit to the ϕ = 2″ rotation stage	1

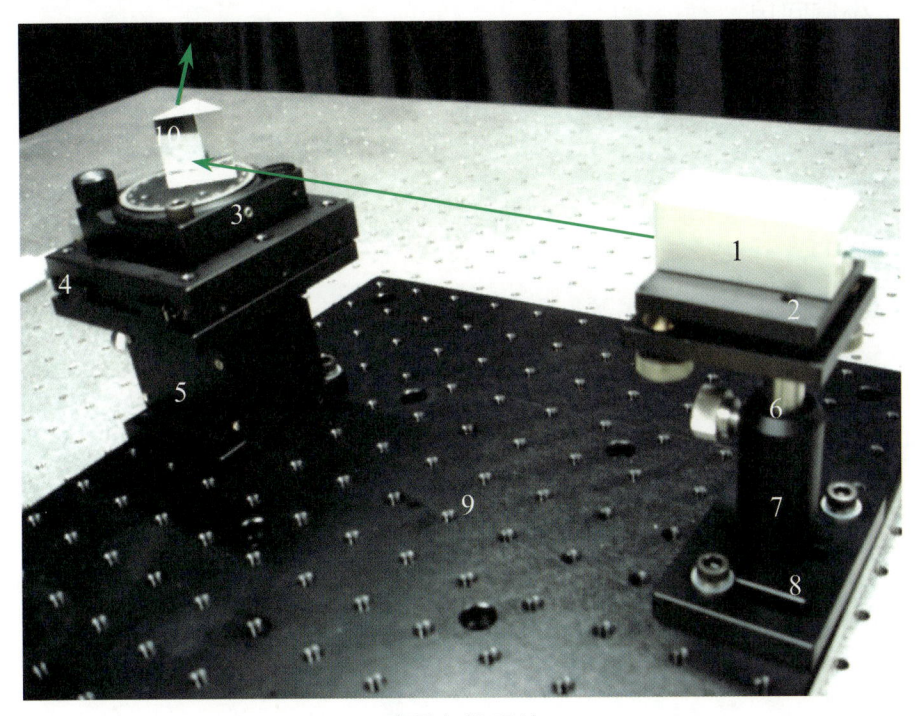

(實驗架設照片)

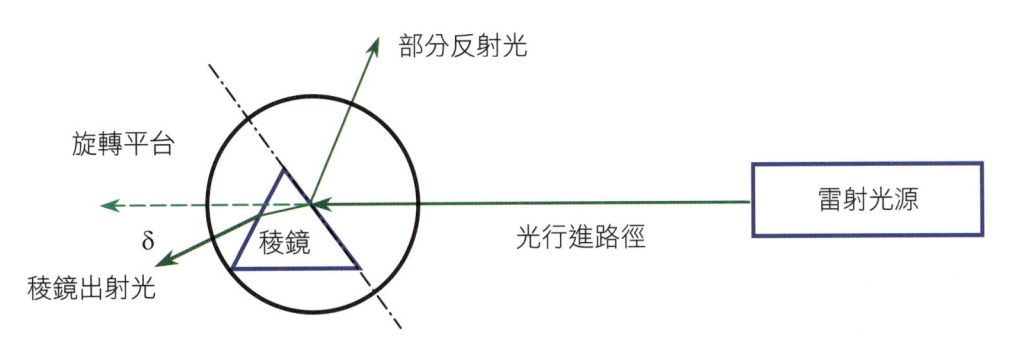

圖 2.2-6　觀察稜鏡最小偏向角，及量測折射率的實驗架構。

B. 實驗步驟

(1) 將實驗器材裝置如圖 2.2-6，把稜鏡放在旋轉平台上，稜鏡反射平面需對齊旋轉台的直徑，並讓雷射對準旋轉台的圓心。

(2) 轉動旋轉台，使稜鏡部分反射光與入射光重合，記錄旋轉平台上的角度，作為校正入射法線之用。

(3) 轉動旋轉台，找出「當持續左旋或右旋時，稜鏡出射光突然改變偏折方向」的那一點，此時的入射光束與出射光束的角度差即為所謂的最小偏向角。

(4) 用量角器量取稜鏡前頂角 (圖 2.2-2 中之 a 角)，利用式 (2.2-1) 求出該稜鏡的折射係數。

3. 內部全反射

A. 實驗裝置

No.	器材名稱 (中文)	器材名稱 (英文)	建議規格	數量
1	雷射	Laser	Eg. CW frequency doubled Nd^{3+} laser at 532 nm	1
2	雷射夾具	Laser mount	Tilt adjustable laser mount	1
3	$\phi \sim 2''$ 旋轉台	Rotation stage	$\phi = 2''$ with 360° continuous rotation and minimum increment of 1°	1
4	單軸平移台	One axis translation stage	Typical	1
5	垂直升降台	Precision vertical translation stage	> 5 mm travel range with a resolution better than 0.1 mm	1
6	2″ 支撐棒	Post	2″ length	1
7	2″ 支撐座	Post holder	2″ height	1
8	2″ × 3″ 支架底板	Base plate	Eg. 2″ × 3″ size with two mounting slots	1
9	12″ × 12″ 光學板	Optical breadboard	12″ × 12″ size with 1/4-20 tapped holes separated by 1″ distance	1
10	~<ϕ<2″ 透明半圓柱體	Transparent half cylinder	Eg. ~<ϕ = 2″ Acrylic or glass half cylinder with a diameter less than the rotation stage.	1

第二章　光的折射與反射　47

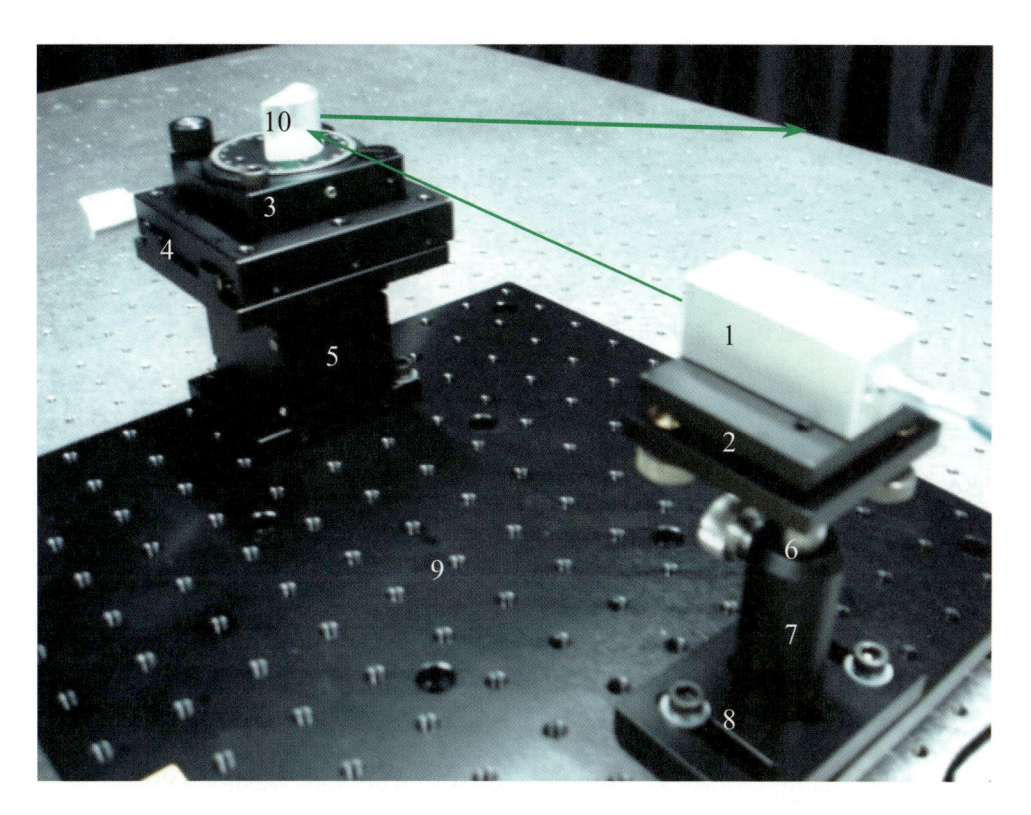

(實驗架設照片)

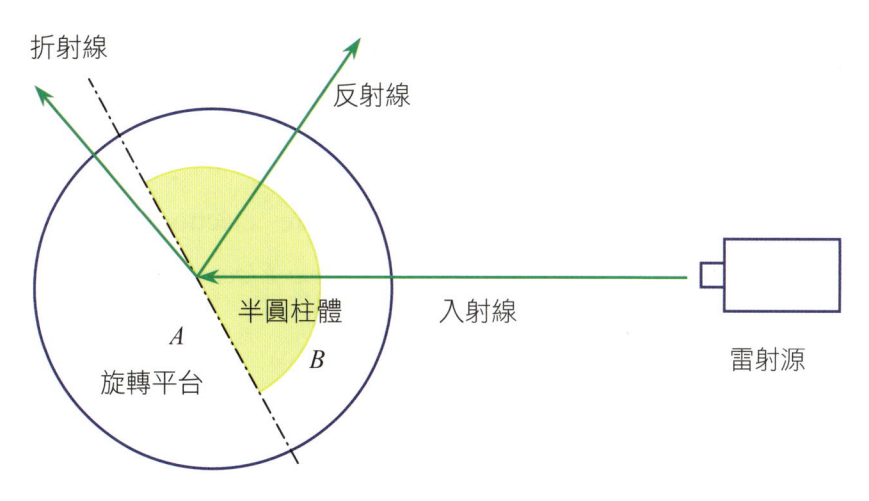

折射線
反射線
半圓柱體
入射線
雷射源
A
B
旋轉平台

圖 2.2-7　內部全反射實驗的架設圖。

B. 實驗步驟

(1) 將實驗器材裝置如圖 2.2-7，先將半圓柱壓克力放在旋轉平台上，讓半圓柱壓克力的圓心對齊旋轉台的圓心，並讓雷射對準旋轉台的圓心。

(2) 將雷射射入半圓柱的直徑平面 (A 面) 上，轉動旋轉台，使部分反射光與入射光重合，記錄旋轉平台的角度，作為校正之用。

(3) 將旋轉平台旋轉 180 度，將圓柱弧面 (B 面) 朝向雷射源，部分反射光應仍與入射光重合。此時記錄旋轉平台上的角度，作為往後校正之用。

(4) 微微轉動旋轉平台，記錄入射線、反射線與折射線。多取幾組數據，直到出現全反射為止。由數據中驗證司乃爾反射及折射定律，即式 (2.1-1)、(2.1-5)。

五、參考資料

1. Fermat's principle:
   i. Eugene Hecht, *Optics* 3rd Ed., pp. 105-109, Addison-Wesley, 1998.
   ii. Francis A. Jenkins and Harvey E. White, *Fundamentals of Optics* 4th Ed., p. 14, McGraw-Hill, 1981.

2. The origin of a refractive index associated with electric dipoles can be found in Chapter 5, *Fundamental of Photonics* by B. E. A. Saleh and M. C. Teich (John Wiley & Sons Inc., 1991).

3. Snell's laws can also be solved from pure electromagnetic boundary conditions, given in Chapter 8, *Field and Wave Electromagnetics* 2nd Ed. by David K. Cheng (Addison Wesley, 1989).

4. Minimum deviation angle of a prism is derived in *Fundamentals of Optics* 4th Ed., Chapter 2 by Francis A. Jenkins and Harvey E. White (McGraw-Hill, 1981).

III. 習 題

1. 之前，我們利用 Hero's principle 證明光在平面上的反射及折射定律。嘗試從證明「當光從一個橢圓球內部表面反射時走的路線」之中，來瞭解 Fermat's principle 中的反曲點條件。

2. 完成從式 (2.1-3, 4) 推導出司乃爾折射定律式 (2.1-5) 的所有步驟。

3. 一個波的波峰與波谷之間相位差多少角度？

4. 折射率從電磁學的觀點上來看，其物理意義是什麼？為何入射光的波長會對折射率的值造成影響？

5. 當光從一個光密介質入射到一個光疏介質時，假使要讓全反射角比較大，第一 (入射) 介質與第二介質之間折射率的差值要比較大還是比較小？

6. 假設水的折射率為 1.3、玻璃的折射率為 1.5、空氣的折射率為 1，如下圖，將一道光從水中打入玻璃再折射進入空氣中，計算光在水中的入射角為多少時，光會在玻璃及空氣的介面產生全反射？此時光在玻璃中的折射角又為何？

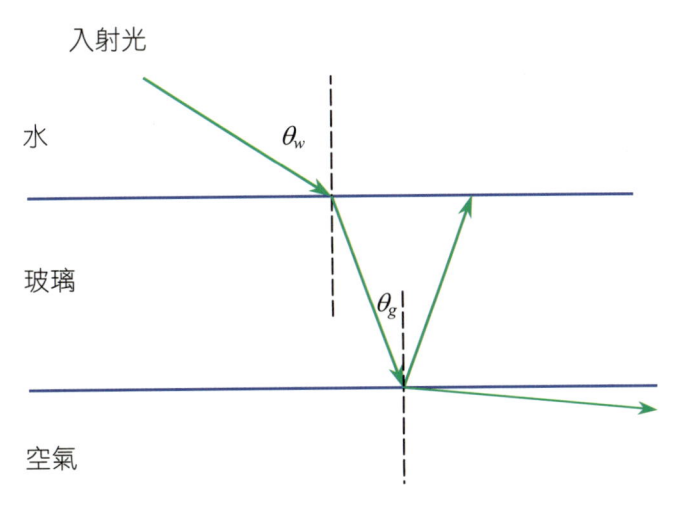

7. 證明一道光線入射一個稜鏡時，產生最小偏向角的條件是：稜鏡的入射角等於出射角，即在圖 2.2-2 中 $\theta_{i1} = \theta_{t2}$。

8. 在「反射現象」的實驗裡，為什麼反射鏡放在旋轉台上時，其反射平面需包含旋轉台的旋轉主軸？

9. 在「最小偏向角」的實驗裡，依據實驗中器材的精度 (尤其是旋轉台能夠解析的角度)，估算利用最小偏向角量取物質折射率的最佳精度。

10. 在使用一個稜鏡作最小偏角實驗時，任一大小的前頂角都可以量到最小偏向角嗎？

第三章　光的偏振特性

Polarization of Light

I. 基本概念

一、光的偏振態

　　光是以電磁波的形式在空間中傳遞，其中波動的物理量就是電場和磁場，這兩個場都是向量，所以當我們在描述光波中的電場和磁場的時候，必須同時標出它們的大小和方向。因為電磁波中的電場和磁場在大小和方向上有一定的對應關係，例如圖 3.1-1 中朝 z 方向傳播的一個平面波，其**電場強度** (E, electric field intensity，圖中紅線) 對**磁場強度** (H, magnetic field intensity，圖中紫線) 的比值等於一個特性值，稱為**波阻抗** (E/H = η, wave impedance)，兩個場的方向互相垂直，並且同時垂直於波的行進方向，於是這種平面波又稱為 **TEM 波** (transverse electromagnetic wave)。光波強度的大小 (intensity in units of power/area) 及方向由以下的 **Poynting vector** 所表示

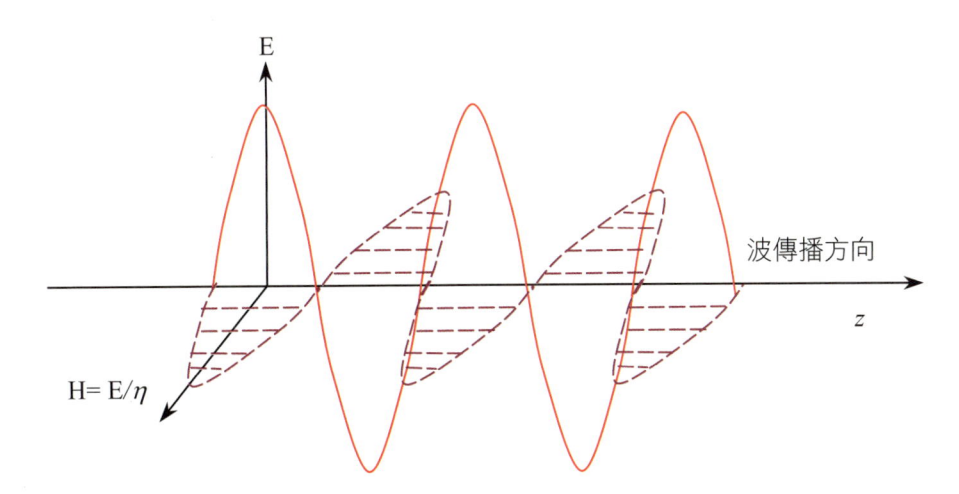

圖 3.1-1　平面波電、磁場與傳播方向的對應向量圖，兩個場的方向互相垂直，並且同時垂直於波的行進方向。

$$\vec{S} = \vec{E} \times \vec{H} \tag{3.1-1}$$

因此,在大部分的問題中,我們只要用電場的強度及方向就可以描述出電磁波在空間中傳播及偏振的特性,於是定義光波的**電場方向**為光的偏振方向。

一個單一頻率的平面弦波在空間中朝 z 方向行進時,其電場在 x-y 平面上可以表示如下

$$E(z,t) = \text{Re}\left[(\hat{x}E_1 + \hat{y}E_2 e^{j\phi}) \times e^{j\omega t - jkz}\right] = \hat{x}E_x + \hat{y}E_y \tag{3.1-2}$$

其中,ω 是光波的角頻率,$k = 2\pi/\lambda$ 是波數,λ 是波長,$\hat{x}, \hat{y}$ 是 x, y 方向上的單位向量。在式 (3.1-2) 中,x-y 平面上的電場已分解成在 x 方向及 y 方向上的分量電場,假設 E_x 的起始相位為 0,這兩個實數場可以分別寫成

$$E_x = E_1 \cos(\omega t - kz) \quad \text{及} \quad E_y = E_2 \cos(\omega t - kz + \phi) \tag{3.1-3}$$

藉由兩者之間不同相對相位角 φ 及相對強度的組合,我們便可得到不同偏振態的光。

光的偏振可分做下列四種形式:

1. 自然光

若 E_x 和 E_y 間無特定關係,或者相對相位角 φ 是一個隨機變數,淨電場在任一位置 z 或任一時間 t 的偏振方向即為隨機,我們將這樣的光稱做**自然光** (natural light) 或**隨機偏振光** (randomly polarized light)。

2. 線性偏振 (linear polarization)

若 $\phi = 0$ 或 π 時,由向量的加法可以得到以下的總電場強度 $E_{total} = (E_x^2 + E_y^2)^{1/2} = (E_1^2 + E_2^2)^{1/2} \cos(\omega t - kz)$,其在 x-y 平面上偏振方向角度為 $\theta = \tan^{-1}(E_y/E_x) = \pm\tan^{-1}(E_2/E_1)$,$\theta$ 角不隨時間改變,在 x-y 平面上的總電場 (紅線) 可表示如圖 3.1-2。因此線性偏振光朝一方向行進時,其電場的偏振方向在 x-y 平面上固定在一角度 θ 上,雖然振幅大小是時間 (t) 及位置 (z) 的函數,但是在 x-y 平面上電場的偏振方向不隨時間或位置而改變。

3. 圓偏振 (circular polarization)

若 $E_1 = E_2 = E_0$ 且 $\phi = \pm\dfrac{\pi}{2}$ 時,可得到 $E_x^2 + E_y^2 = E_0^2$,且偏振角度是時間 (t)

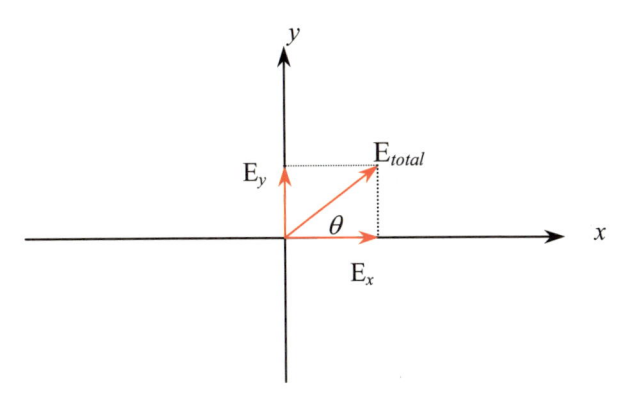

圖 3.1-2 線性偏振光的電場向量圖，電場 E*total* 的方向在 *x-y* 平面上和 *x* 軸夾一 θ 角，該角度不隨時間變化。

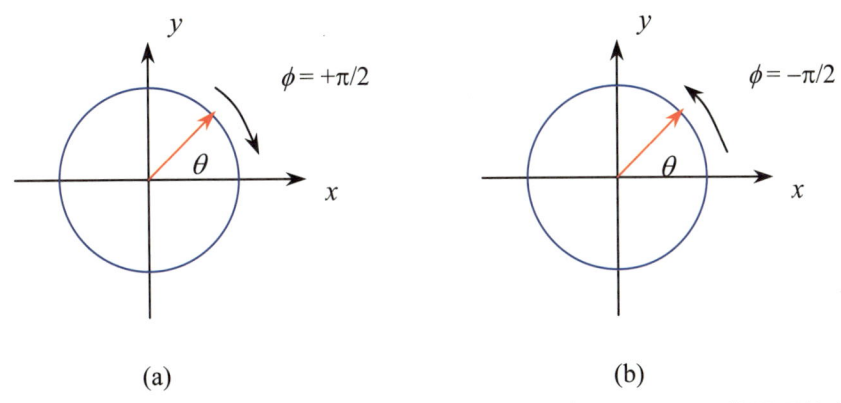

圖 3.1-3 (a) 右旋、(b) 左旋圓偏振光的電場向量圖，電場的圓周旋轉頻率等於光波的頻率。

和位置 (z) 的函數：$\tan\theta = E_y/E_x = \mp\tan(\omega t - kz)$。這表示淨電場向量在任意時間都保持一固定強度，同時沿著 z 軸方向前進，但是若將該向量投影到 x-y 平面上，或是在某一 z 的位置上觀察電場的大小及方向，則可見到該向量隨時間做圓周旋轉，如圖 3.1-3 所示 (電場向量以紅線標示)。相位延遲 ϕ 的正負號決定電場向量的旋轉方向。以下所畫的旋轉方向是當觀察者朝 −z 方向看時，所觀察到的電場旋轉方向。

4. **橢圓偏振** (elliptical polarization)

若 $E_1 \neq E_2$ 且 ϕ 為某一特定角度的時候，x 及 y 方向的電場有以下的關係

$$\left(\frac{E_y}{E_2}\right)^2 + \left(\frac{E_x}{E_1}\right)^2 - 2\frac{E_y}{E_2}\frac{E_x}{E_1}\cos\phi = \sin^2\phi \tag{3.1-4}$$

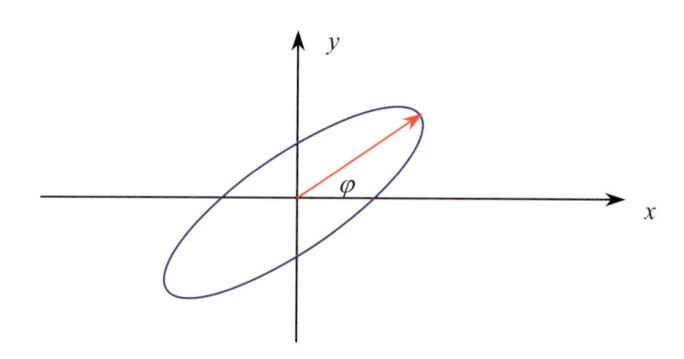

圖 3.1-4　橢圓偏振光的電場向量圖，電場的橢圓旋轉頻率等於光波的頻率。

即電場強度在 x-y 平面上可以用一個橢圓來表示，且由幾何代數可以推知，這個橢圓的軸向與 x 軸的夾角 φ 滿足以下的式子

$$\tan 2\varphi = \frac{2E_1 E_2 \cos\phi}{E_1^2 - E_2^2} \tag{3.1-5}$$

如圖 3.1-4 所示，在任意一個位置 z，光的電場 (紅線) 在 x-y 平面上隨時間作橢圓形旋轉，旋轉的方向與 ϕ 的值有關。因此，圓偏振光實為橢圓偏振光的一個特例。

二、偏振運算法：Jones Calculus

由以上的討論可以發現，決定偏振態的關鍵在於 E_1, E_2 之間的相對值及 E_x, E_y 之間的相對相位 ϕ，和兩個向量場之間的絕對相位無關。因此，在描述一個偏振態時可以用一個**行向量** (column vector) 來表示

$$\mathbf{J} = \begin{bmatrix} E_1 \\ E_2 e^{j\phi} \end{bmatrix} \tag{3.1-6}$$

行向量的第一個值 E_1 代表 x 方向的偏振場，第二個值 $E_2 e^{j\phi}$ 代表 y 方向的偏振場，這個表示法稱為 **Jones vector**。使用這個表示法計算平均光強度時可以作以下的向量運算

$$I = \mathbf{J}^T \mathbf{J}^* = \begin{bmatrix} E_1 & E_2 e^{j\phi} \end{bmatrix} \begin{bmatrix} E_1^* \\ E_2^* e^{-j\phi} \end{bmatrix} = |E_1^2| + |E_2^2| \tag{3.1-7}$$

其中 $\mathbf{J}^T$ 代表 transpose of vector $\mathbf{J}$。若將一個 Jones vector 算出來的光強度歸一化 (normalization) 致使 $I = \mathbf{J}^T\mathbf{J}^* = 1$，即

$$\mathbf{J} = \frac{1}{\sqrt{|E_1^2| + |E_2^2|}} \begin{bmatrix} E_1 \\ E_2 e^{j\phi} \end{bmatrix} \tag{3.1-8}$$

則用 Jones vector 描述偏振態時就有了一個統一的形式，表 3.1 中列出幾個代表性的偏振態及它們的 **Normalized Jones vector** 的表示法。

表 3.1 幾種偏振態及其 Normalized Jones vector 的表示法

偏振態	Normalized Jones vector	圖　示
x 線性偏振	$\begin{bmatrix} 1 \\ 0 \end{bmatrix}$	
y 線性偏振	$\begin{bmatrix} 0 \\ 1 \end{bmatrix}$	
θ 角線性偏振	$\begin{bmatrix} \cos\theta \\ \sin\theta \end{bmatrix}$	
右旋圓偏振 (right-hand circular polarization)	$\dfrac{1}{\sqrt{2}} \begin{bmatrix} 1 \\ j \end{bmatrix}$	
左旋圓偏振 (left-hand circular polarization)	$\dfrac{1}{\sqrt{2}} \begin{bmatrix} 1 \\ -j \end{bmatrix}$	

表 3.1 (續)

偏振態	Normalized Jones vector	圖 示
右旋正橢圓偏振	$\dfrac{1}{\sqrt{a^2+b^2}}\begin{bmatrix} a \\ jb \end{bmatrix}$	
左旋正橢圓偏振	$\dfrac{1}{\sqrt{a^2+b^2}}\begin{bmatrix} a \\ -jb \end{bmatrix}$	

光的能量及偏振態經過一個偏振元件之後有可能會被改變掉，若用 Jones vector 來描述光的偏振態，其入射光與輸出光之間存在以下的關係

$$\mathbf{J}_2 = \mathbf{M}\mathbf{J}_1 \equiv \begin{bmatrix} M_{11} & M_{12} \\ M_{21} & M_{22} \end{bmatrix} \mathbf{J}_1 \tag{3.1-9}$$

上式中，$\mathbf{J}_1$ 是輸入光的偏振態，$\mathbf{J}_2$ 是輸出光的偏振態，矩陣 $\mathbf{M}$ 稱為 **Jones matrix**，其寫法端看偏振元件的特性而定。譬如，若有一個偏振元件會將一道與 x 軸夾角為 θ 的線性偏振光旋轉一個角度 Ψ，則這個偏振元件 (稱為 polarization rotator) 的 Jones matrix 可以寫成

$$\mathbf{M} = \begin{bmatrix} \cos\Psi & -\sin\Psi \\ \sin\Psi & \cos\Psi \end{bmatrix} \tag{3.1-10}$$

因為

$$\begin{bmatrix} \cos\Psi & -\sin\Psi \\ \sin\Psi & \cos\Psi \end{bmatrix} \begin{bmatrix} \cos\theta \\ \sin\theta \end{bmatrix} = \begin{bmatrix} \cos(\theta+\Psi) \\ \sin(\theta+\Psi) \end{bmatrix} \tag{3.1-11}$$

不同的偏振元件有不同的偏振特性。例如，一個**偏振片** (polarizer) 會讓一個特定偏振方向的偏振光通過；一個**相位延遲片** (phase retarder) 會讓 y 方

向的偏振場相對於 x 方向產生一個特定的相位延遲；若這個相位延遲為 $\pm\pi$，這個相位延遲片稱為**半波片(二分之一波片)**，或 **1/2λ 波片** (half-wave plate, HWP)；若這個相位延遲為 $\pm\pi/2$，這個相位延遲片稱為**四分之一波片**，或 **1/4λ 波片** (quarter-wave plate, QWP)。相位延遲的正負號代表 x 及 y 方向光場其相對相速度的快慢，由此也定義出一個相位延遲片的快軸及慢軸，顧名思義，偏振在快軸方向的光其相速度會比偏振在慢軸方向上的光來得快。表 3.2 中列舉一些代表性偏振元件的矩陣表示法。

在做實驗時，通常會將平行於實驗室地面的方向定義成 x 的方向，垂直於地面的方向定義成 y 的方向。但是偏振元件的 xy 軸向卻是由物質的特性來決定的，因此上表中的矩陣也都是以元件的 xy 軸向為參考方向而寫出來的。有時候在實驗中擺置偏振元件時，偏振元件的 xy 軸向並非與實驗室定義的 xy 軸向一致；在這種情形下可以先採用元件的 xy 軸向，及表 3.2 中的簡單矩陣公式作 Jones Calculus 的計算，算完之後再把元件的 xy 軸向作一個座標轉換，換回到實驗室的 xy 座標。例如，在元件的座標系統中輸出

表 3.2　幾種偏振態及其 Jones matrix 的表示法

偏振元件	Jones matrix 表示法
穿透軸在 x 的偏振片	$\begin{bmatrix} 1 & 0 \\ 0 & 0 \end{bmatrix}$
穿透軸在 y 的偏振片	$\begin{bmatrix} 0 & 0 \\ 0 & 1 \end{bmatrix}$
半波片 (half-wave plate)	$\begin{bmatrix} 1 & 0 \\ 0 & -1 \end{bmatrix}$
快軸在 x 的 1/4 波片 (quarter-wave plate, fast axis on x)	$\begin{bmatrix} 1 & 0 \\ 0 & -j \end{bmatrix}$
快軸在 y 的 1/4 波片 (quarter-wave plate, fast axis on y)	$\begin{bmatrix} 1 & 0 \\ 0 & j \end{bmatrix}$
相位延遲片 (y 方向的偏振場比 x 方向多延遲 Γ 的相位)	$\begin{bmatrix} 1 & 0 \\ 0 & e^{-j\Gamma} \end{bmatrix}$

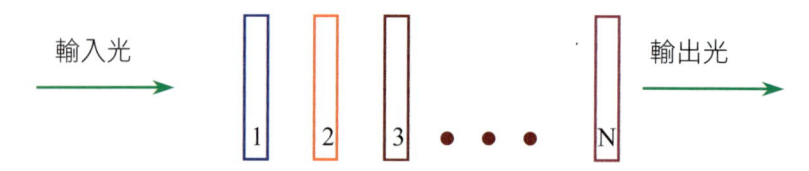

圖 3.1-5　輸入光與輸出光中間擺了 N 個偏振元件。注意圖中與式 (3.1-16) 的編號順序。

光與入射光有以下的關係

$$\mathbf{J}'_2 = \mathbf{M}\mathbf{J}'_1 \tag{3.2-12}$$

其中，元件矩陣 **M** 仍如表 3.2 中的公式，符號 " ′ " (prime) 用來區分在元件的座標系統下計算出來的值。假設元件座標系統與實驗室座標系統存在一個轉換矩陣 **R**，使得

$$\mathbf{J}' = R\mathbf{J} \tag{3.2-13}$$

將式 (3.2-13) 帶入式 (3.2-12) 中可以立即得到

$$\mathbf{J}_2 = \mathbf{R}^{-1}\mathbf{M}\mathbf{R}\mathbf{J}_1 \tag{3.2-14}$$

因此，在實驗室座標系統下計算輸出光與入射光之間的關係時，可以先利用 $\mathbf{R}^{-1}\mathbf{M}\mathbf{R}$ 將表 3.2 中的偏振元件矩陣作一轉換再帶到式 (3.2-14) 之中。若偏振元件的 $x'y'$ 座標平面相對於實驗室的 xy 座標平面旋轉了 θ 角，根據座標轉換原理可以得到

$$\mathbf{R} = \begin{bmatrix} \cos\theta & \sin\theta \\ -\sin\theta & \cos\theta \end{bmatrix} \tag{3.2-15}$$

有了以上的表示法，若將多個偏振元件串接在輸入光與輸出光之間，如圖 3.1-5 所示，則輸出光的偏振態可以很方便地用以下的矩陣運算求出來

$$\mathbf{J}_2 = \mathbf{M}_N \ldots \mathbf{M}_3 \mathbf{M}_2 \mathbf{M}_1 \mathbf{J}_1 \tag{3.1-16}$$

這種矩陣計算方式稱為 **Jones Calculus**。

三、雙折射現象

　　一個晶體物質是由原子或分子團在空間中做週期性排列所形成的結構。當光的電場進入一個晶體物質後，電力會拉動其中離子與電子電荷所形成的

不容易拉動

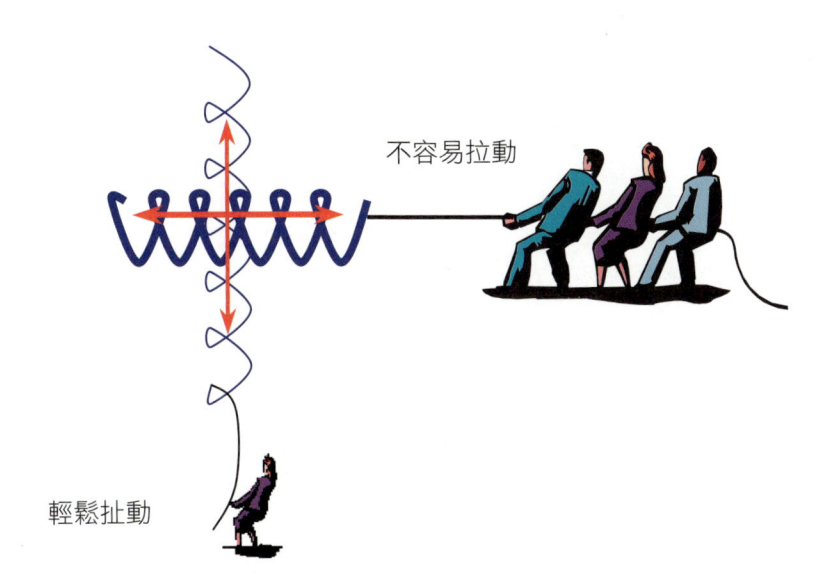

輕鬆扯動

圖 3.1-6 假若將晶體中的電偶極看做是一個個的小彈簧，晶體中不同方向上的彈簧強度、大小可能是不一樣的。因此，不同的偏振方向的光 (依本圖來看，形成拉動電偶極的力是在上下，或左右的方向上)，進入某些晶體時，可能會「看到」不同的折射率。

電偶極，也就是光波中的電場拉動電偶極的難易程度，亦即光在物質中所「看到」的折射率。然而，因為原子或分子團在晶體中排列的對稱性，不同方向上的電偶極強度亦不盡相同；假若將晶體中的電偶極看做是一個個的小彈簧，不同方向上的彈簧強度、大小可能會不一樣的，如圖 3.1-6 所示。因此，不同偏振方向的光，進入某些晶體時，可能會「看到」不同的折射率，這種晶體稱為**雙折射晶體** (birefringence crystal)。通常，一道光進入一個雙折射晶體之後，其偏振方向可分解成兩個互相垂直的偏振方向，分別看到兩個不同的折射率，折射出來的光因此會產生在兩個不同的角度或方向上。

圖 3.1-7 顯示一種雙折射晶體：**碳酸鈣** (Calcite)，或俗稱冰洲石。將此一晶體置於方格紙上，就可以見到經由雙折射產生的雙線現象。透過一個偏振片觀看這兩條線時，可以發現這兩條 (光) 線的偏振方向互相垂直，觀察者只需要在觀察時，同時旋轉這個偏振片，就可以輕易地證實這個現象。另外，將一雷射光射過一個雙折射晶體，通常因雙折射的關係亦可形成兩個輸出光點，再令穿過晶體的雷射光通過一個偏振片，由旋轉偏振片就可以發現該二光點的偏振方向互相垂直。

圖 3.1-7 透過雙折射晶體觀察，一條線會變成兩條線，這兩條線分別來自偏折出來的兩道光，其偏振方向是互相垂直的。

一般的雙折射晶體有一個特定的軸向，沿著這個軸向傳播的電磁波，無論它的偏振方向為何，這個電磁波所看到的折射率是不會改變的，這個軸向稱為晶體的**光軸** (optic axis)。更仔細的分析可以發現，進入一個雙折射晶體的光可區分成兩個互相垂直的偏振方向，這兩個偏振方向的光分別看到兩個不同的折射率。如圖 3.1-8 所示，這兩個偏振方向是以波向量 $\vec{k}$ (圖中藍線)及光軸 c (一般的書經常將光軸定義在 z 方向上) 形成的平面來區分，這個平面稱為**主平面** (principal plane)。若偏振電場的方向在主平面內，如 E_e (圖中紅線)，這個光波稱為 **extraordinary wave**，或簡稱為 **e-wave**；若偏振電場

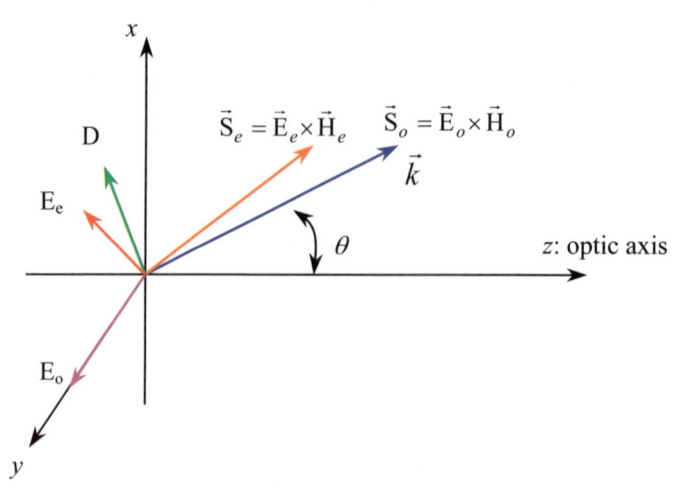

圖 3.1-8 在雙折射晶體中 o-wave 及 e-wave 的場向量關係圖。波向量 $\vec{k}$ 與光軸 z 定義出主平面。偏振在主平面中的光波稱為 e-wave，偏振垂直於主平面的光波稱為 o-wave。

的方向與主平面垂直，如 E$_o$(粉紅線)，這個光波稱為 **ordinary wave**，或簡稱為 **o-wave**。當光的波向量朝光軸 z 方向 (光軸方向) 傳播時，由於對稱性的關係，不管偏振方向為何，光波只看到一個折射率，假設為 n_0；當光波朝，x 軸方向傳播時，主平面為 x-z 平面，則偏振在 y 軸方向上的波為 o-wave，這個波會看到一個折射率 n_0；但是偏振在光軸 z 方向上的 e-wave 則會看到另一個折射率 n_e。假使光的波向量 $\vec{k}$ 和光軸形成一個夾角 θ，偏振垂直於主平面的 o-wave 依然看到n_0的折射率，但是偏振在主平面中的 e-wave 則看到一個與θ角有關的折射率 $n_e(\theta)$，由下式計算

$$\frac{1}{n_e^2(\theta)} = \frac{\cos^2\theta}{n_o^2} + \frac{\sin^2\theta}{n_e^2} \tag{3.1-17}$$

如前所述，一個平面波的電場方向 $\vec{E}$ 與磁場方向 $\vec{H}$ 是互相垂直的，且能量的傳播方向在 Poynting vector $\vec{S}$ 上。在一個**等向** (isotropic) 物質裡，$\vec{S}$ 與波向量 $\vec{k}$ 的方向相同，因此 $\vec{E}$ 和 $\vec{H}$ 互相垂直又同時與 $\vec{S}$ 及 $\vec{k}$ 垂直，但是 $\vec{S}$ 與 $\vec{k}$ 互相平行。在一個物質裡，電場的強度會受到電偶極的影響，因此在計算物質中電場的強度時會定義出另一個物理量：**電通密度場** (electric flux density) $\vec{D} = \varepsilon_0 \vec{E} + \vec{P}$，其中 ε_0 是個常數，$\vec{P}$ 是個與**偶極有關的向量** (volume density of dipole moment，稱為 polarization density vector)。在一個等向物質裡，$\vec{D}$ 與 $\vec{E}$ 在同一個方向上，它們的關係只差一個常數倍$\vec{D} = \varepsilon_0 \vec{E} + \vec{P} = \varepsilon\vec{E}$，因此 $\vec{D}$ 也與$\vec{S}$及$\vec{k}$ 垂直。值得注意的是，在一個雙折射晶體中，o-wave 的各個場向量間仍然符合以上所說的方向關係，但是$\vec{D}$與$\vec{E}$的關係必須寫成$\vec{D} = \tilde{\varepsilon}\vec{E}$，其中$\tilde{\varepsilon}$是個 3×3 的矩陣，因為一個外加電場有可能會扯動不同方向的偶極、而且各個方向的偶極反應不盡相同。因此在一個雙折射物質中，e-wave 的電場 E$_e$和電通密度場 D$_e$，並非在同一個方向上，然而電磁學的基本要求是：電通密度場 D$_e$ 與波向量$\vec{k}$必須互相垂直。因此 e-wave 的能量傳播方向$\vec{S}_e = \vec{E}_e \times \vec{H}_e$ (圖 3.1-8 中的橘色線) 與波向量$\vec{k}$間的方向並非在同一方向上，這種現象稱為 **Poynting-vector walkoff**。

由以上雙折射晶體的特性可以用來製作相位延遲片。如圖 3.1-9 所示，將一個雙折射晶體切成一厚度為 d 的薄片，讓晶體的光軸 c 沿著圖中 y 的方向 (注意，圖 3.1-9 中並未刻意地將光軸 c 定義在 z 方向上)。假設入射光

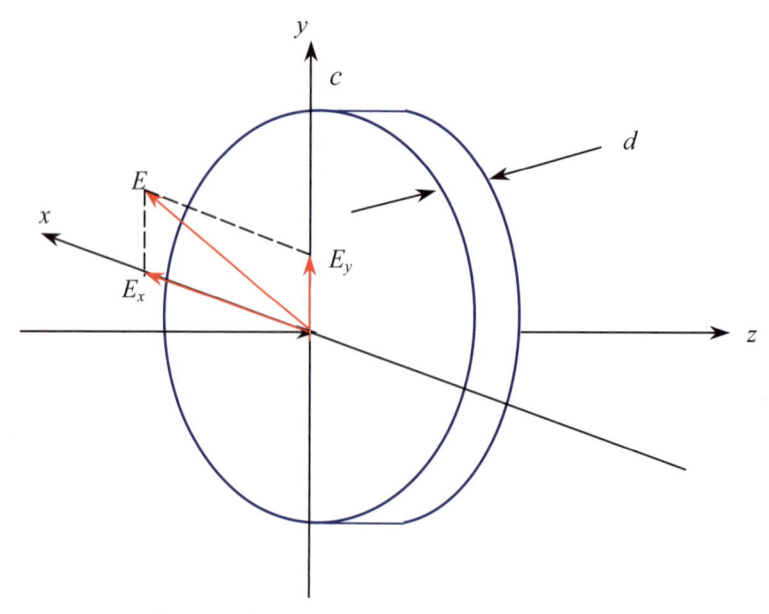

圖 3.1-9 一個雙折射晶體可以用來製造相位延遲片。將雙折射晶體切成薄片狀，讓晶體的光軸線沿著 y 方向，一道偏振光通過該晶體之後，偏振場 E_x, E_y 分別看到不同的折射率而產生相位差。

場在晶體入射表面上的偏振方向同時存在 x 及 y 方向的向量 E_x, E_y，則 E_x 是一個 ordinary wave 的光場，看到折射率 n_0，E_y 是一個 extraordinary wave 的光場，看到折射率 n_e。通過晶體之後，兩個方向的光場分別成為 $E_x \exp(-jk_0 n_0 d)$ 及 $E_y \exp(-jk_0 n_e d)$，其中 k_0 為光波在真空中的波數，則通過這片晶體所造成的相位差為

$$\Gamma = k_0 d(n_e - n_0) \tag{3.1-18}$$

若相位差 $\Gamma = \pi$，這片晶體的厚度為

$$d = \frac{\lambda_0}{2(n_e - n_0)} \tag{3.1-19}$$

這片相位延遲片則稱為二分之一波片；另一方面，若 $\Gamma = \pi/2$，這片晶體的厚度為

$$d = \frac{\lambda_0}{4(n_e - n_0)} \tag{3.1-20}$$

這片相位延遲片則稱為四分之一波片。

II. 實　驗

一、實驗名稱：光的偏振

二、實驗目的

瞭解光的偏振形態及其特性，並學習控制光的偏振態。

三、實驗原理

實驗原理分兩部分來介紹，第一部分為光的偏振控制，第二部分為偏振對入射、反射、穿射光的影響。

1. 偏振控制

一般而言，想要得到偏振光最方便的方法就是使用偏振片，**吸收式高分子偏振片** (俗稱 Polaroid polarizer) 有一特定的軸向讓偏振光通過 (一般稱為**穿透軸** transmission axis)，光的偏振若垂直於該穿透軸則會被偏振片吸收。因此，想要得到線性的偏振光，可讓自然光通過一個偏振片即可。但是，若想要得到各種不同形式的偏振光，就必須搭配不同的偏振控制元件了；稍後將會再介紹另一種常用的光學元件，叫作「相位延遲片」來處理、改變、控制光的偏振態。

(1) 吸收式高分子偏振片 (Polaroid polarizer)

如前面所述，當光通過偏振片時，只有偏振方向平行於穿透軸的光才可以通過，也因此若光的偏振方向並非平行於偏振片的穿透軸時，其強度在通過偏振片時會被衰減，手中若有兩片偏振片就很容易觀察到這種現象。一般光源所發出來的光的偏振態類似自然光的**隨機偏振** (random polarization)，這代表在一特定時間、特定位置上量得任一偏振方向的機率是一樣的，譬如圖 3.2-1，將一片偏振片放在投影機的光源之上，大約只有一半的光線可以穿透這片偏振片，這時將第二片偏振片置於第一片之上，並且讓第二片的穿透軸與第一片互相垂直，放置偏振片的地方將變成一片黑暗。若身邊沒有一個投影機可以立即作這一個實驗，一個簡單的方法，就是如圖 3.2-2 一般將兩片偏振片部分重疊在一起，左圖中的兩個穿透軸在同一方向上，右圖中的兩個穿透軸互相垂直，這時可以很清楚地看到右圖偏振片重疊的部分明顯地變黑，因為光線無法同時穿透這兩片穿透軸互相垂直的偏振片。

64 近代實驗光學

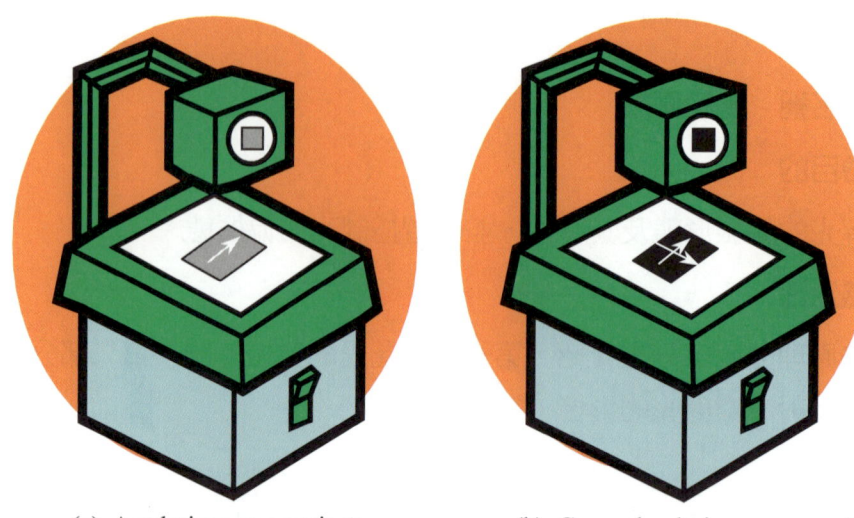

(a) A polarizer on a projector   (b) Crossed polarizers on a projector

圖 3.2-1 將偏振片放在投影機上時 (a) 一個偏振片會遮掉 1/2 的自然光強度，(b) 兩個互相垂直的偏振片會遮掉所有自然光的強度。圖中的箭頭指向偏振片的穿透軸。

(a)   (b)

圖 3.2-2 (a) 兩片偏振片的穿透軸在同一方向上時部分光線仍然可以通過，(b) 兩片偏振片的穿透軸互相垂直時所有的光線都無法通過，中間重疊的部分變成黑色。

我們假設一開始光已經偏振在某一個方向上，其強度定義為 $I_0 \equiv E_0^2$，其中對線性偏振光來講 $E_0 = (E_x^2 + E_y^2)^{1/2}$。若光的偏振方向和穿透軸有一夾角 θ（如穿透軸在圖 3.1-2 中 x 軸的方向上），則通過偏振片後的光強度，可以很輕易地由向量投影或 Jones calculus 推算出來

$$I = I_0 \cos^2 \theta \tag{3.2-1}$$

此關係我們稱做 **Malus's Law**。

(2) 相位延遲片 (Phase retarder)

　　從對雙折射晶體的瞭解我們可以知道：一個雙折射晶體中有一個特定的晶軸 (或稱為光軸)，而不同偏振態的光經過此晶體時，偏振方向垂直於晶軸和偏振方向平行於晶軸的光，會看到不同的折射率，因此光的**相速度** (phase velocity) 也會有所不同。因為這兩種偏振態在雙折射晶體中傳播時會形成相位差的關係，出射光的淨偏振態會產生改變。利用晶體上述的性質，我們可以設計出一些光學元件，以符合實驗上改變偏振的需求。在這個實驗裡要介紹的是常用到的**相位延遲片** (phase retarder)。任何一個相位延遲片，或簡稱波片，均有一快軸、一慢軸，且該二軸互相為垂直，當光的偏振沿著快軸方向時，光看到的折射率比較小，其相速度就比較大；反之，當光的偏振沿著慢軸方向時，光看到的折射率就比較大，其相速度就比較小。我們以光偏振的水平分量和垂直分量來做分類，假設波片的快、慢兩軸分別置於水平、垂直的方向上。若一相位延遲片造成該二偏振態之間的相位差為 π 時，我們稱之為 1/2 波長相位延遲片，或半波片；若相位差為 $\pi/2$ 時，我們稱之為 1/4 波長相位延遲片，或四分之一波片。HWP 因為將水平跟垂直兩分量的相位差改變 180°，因此可以旋轉入射光的偏振角度，如果我們將一線性入射光的偏振方向和快軸 (或慢軸) 形成 θ 的夾角，則經過 HWP 後光的偏振方向將被旋轉 2θ，如圖 3.2-3 所示，這種情形很容易用 Jones calculus 驗證。

　　QWP 因為將兩偏振分量的相位差改變 90°，因此當一線性偏振光進入該相位延遲片之後，我們所得的光將會變為橢圓偏振光。如果入射光的偏振方向與 QWP 的軸成 45° 角，則出射光可以得到圓偏振態；反之，一個圓偏振光通過一片 QWP 會變成為一個線性偏振光。值得留意的是，若快、慢軸的水平、垂直位置互換，會造成偏振旋轉方向的改變 (為什麼？這些結果都可以用 Jones calculus 來驗證)。

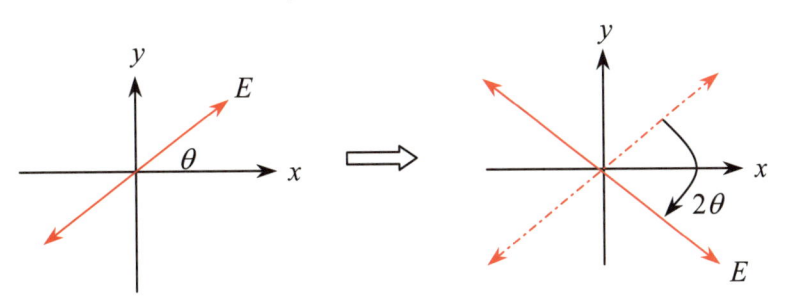

圖 3.2-3　半波片旋轉線性偏振光兩倍的角度，x 及 y 軸對應到波片的快軸和慢軸。

2. 偏振對入射、反射、穿射光的影響

當一道光入射進入一個物體時,會在物體表面上產生反射及穿射光。一般將入射光和反射光所構成的平面定義為入射面,由 Snell's law of reflection and refraction,我們得知:若入射角度為 θ_i、反射角度為 θ_r、穿射角為 θ_t,則 $\theta_i = \theta_r$,且 θ_i 和 θ_t 間滿足 $n_1 \sin\theta_i = n_2 \sin\theta_t$,其中,$n_{1,2}$ 是介質 1, 2 的折射率,如圖 3.2-4 所示。

相對於**入射平面** (plane of incidence, 由共平面的波向量定義出來),一般可以將入射光的偏振組態分為下列兩種情況來討論。第一種稱為 **TE** (transverse electric) 或 **s-偏振態** (s-polarization):電場 E 的方向垂直於入射面,因此,磁場 (H) 的方向在入射平面上,如圖 3.2-5 所示。另一種為 **TM** (transverse magnetic) 或 **p-偏振態** (p-polarization):磁場 (H) 的方向垂直於入射面,電場 (E) 的方向在入射平面上,如圖 3.2-6 所示。

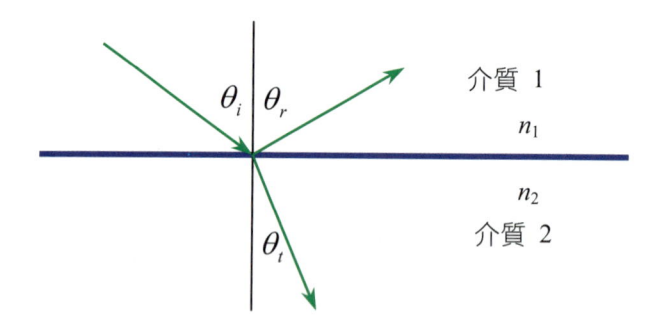

圖 3.2-4　光從一介質進入另一介質時形成的反射、穿射示意圖。

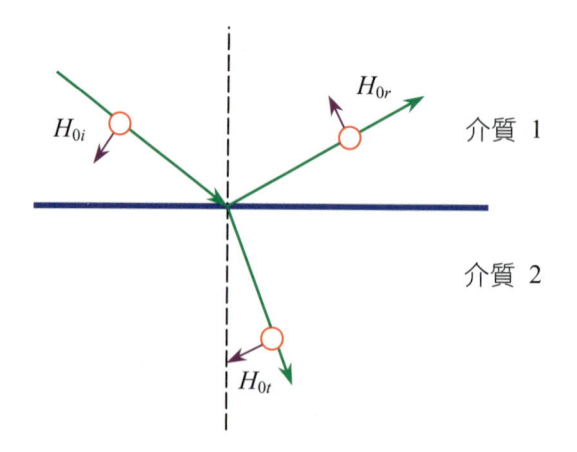

圖 3.2-5　TE 或 s-偏振態:磁場在入射平面上。圖中,紅色圈代表電場在垂直於紙面的方向上,紫色代表磁場的方向,綠色代表波向量的方向。

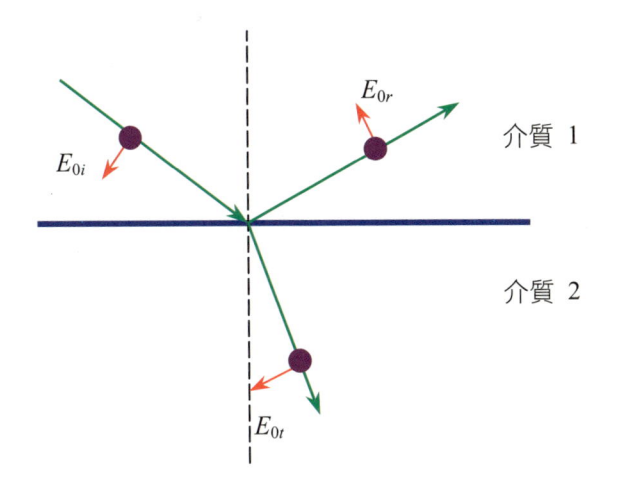

圖 3.2-6 TM 或 p-偏振態：電場在入射平面上。圖中，紅色代表電場的方向，紫色圓點代表磁場在垂直於紙面的方向上，綠色代表波向量的方向。

當一道電磁波打入一個物質時，電磁波中的電場會拉動物質中的**電偶極** (electric dipole)，因為電流沿電偶極的軸向震盪，電偶極就像是一個受激發的天線一樣發出電磁輻射，稱為**偶極輻射** (dipole radiation)。圖 3.2-7 是一個沿 z 軸方向震盪的電偶極在產生輻射時，其輻射強度的極座標圖。由圖 3.2-7 可以看出，一個偶極天線的輻射強度分佈從 z 方向上看像是一個中間凹陷的甜甜圈；值得注意的是，沿著偶極的軸向，或者沿著偶極的電荷震動方向 (z) 上，沒有任何的電磁輻射產生，就如同沿一短天線方向上的電流震盪不會在天線軸向上產生輻射一樣。這個物理現象，會影響到反射光和穿射光的偏振態。

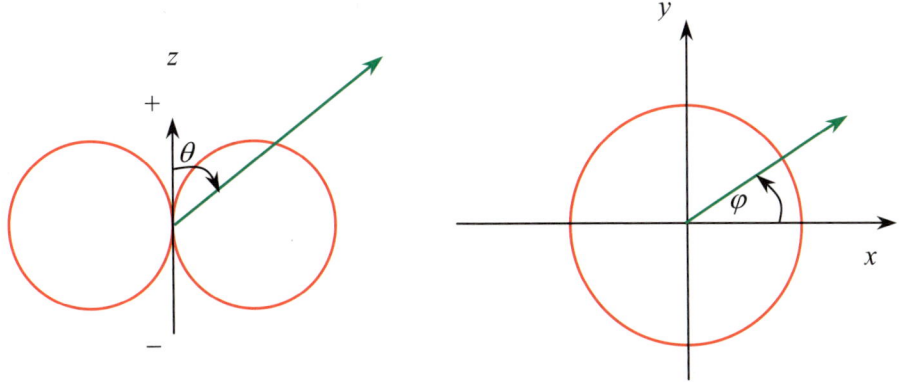

圖 3.2-7 沿 z 軸方向震盪的電偶極在產生輻射時，其輻射強度的極座標圖。從三維空間上來看，偶極輻射強度分佈像是一個中間凹陷的甜甜圈。注意，沿著偶極震動的方向上沒有電磁輻射。

當 TM 入射光以某一角度 θ_B 入射時，若 Snell's law of reflection and refraction 要求反射光與穿射光的夾角剛好是 90° 時，由以上的討論知道，因偶極輻射原理中特定的方向條件，全部的 TM 光會穿射進入介質 2 中，且在介質 1 中沒有任何反射光。此入射角度 θ_B 稱做**布魯斯特角** (Brewster Angle)，其大小為

$$\theta_B = \tan^{-1}(n_2/n_1) \tag{3.2-2}$$

這個結果將在以下推導。

同樣地，因為偶極輻射原理中特定的方向條件，對於 TE 或 s-偏振態的入射光不會存在一個布魯斯特角。對於任一入射面來講，自然光中同時具有 TM 及 TE 組態的光成分，當自然光以布魯斯特角入射一介面時，只有 TE 組態的光會被反射出來，此時反射光和穿透光形成 90° 角，即 $\theta_r + \theta_t = 90°$，如圖 3.2-8 所示。

反射光和入射光間強度的比例我們稱之為**反射率** (R, reflectance)，穿射光和入射光間強度的比例我們稱之為**穿透率** (T, transmittance)，由能量守恆我們可以知道 $R + T = 1$。

反射率與穿透率的推導在一般電磁學或光學的書中都有詳述，在此，我們直接給予反射率的公式，穿透率的公式則可以從能量守恆中求得。偏振光和反射率間的關係我們可以分做下面兩種偏振態來討論。

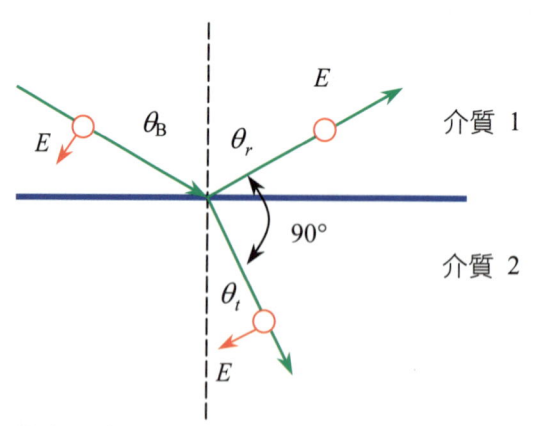

圖 3.2-8 當自然光以布魯斯特角入射一介面時，反射光為 TE 偏振態，穿射光為 TM 偏振態加上一部分的 TE 偏振態，反射角與穿射角的和為 90 度。圖中，紅色代表電場的方向。

(1) 入射光為 TM 或 p-偏振態

由電磁理論我們可以推導出**反射係數** (reflection coefficient) 為

$$r_{//} \equiv \left(\frac{E_{0r}}{E_{0i}}\right)_{//} = \frac{\tan(\theta_i - \theta_t)}{\tan(\theta_i + \theta_t)} \tag{3.2-3}$$

其中，E_{0i}, E_{0r} 分別為入射與反射電場的振幅，如圖 3.2-6 中的標示。又反射率為反射係數的平方，

$$R_{//} = r_{//}^2 = \frac{\tan^2(\theta_i - \theta_t)}{\tan^2(\theta_i + \theta_t)} \tag{3.2-4}$$

注意，入射角 θ_i 與折射角 θ_t 的關係由司乃爾折射定律所規範。

(2) 入射光為 TE 或 s-偏振態

由電磁理論我們也可以推導出**反射係數**為

$$r_{\perp} \equiv \left(\frac{E_{0r}}{E_{0i}}\right)_{\perp} = \frac{\sin(\theta_i - \theta_t)}{\sin(\theta_i + \theta_t)} \tag{3.2-5}$$

又反射率為反射係數的平方，所以得到

$$R_{\perp} = r_{\perp}^2 = \frac{\sin^2(\theta_i - \theta_t)}{\sin^2(\theta_i + \theta_t)} \tag{3.2-6}$$

由於司乃爾折射定律告訴我們 $\theta_i \neq \theta_t$，從上面的式子中我們可以發現，$r_{\perp} \neq 0$ 或 $R_{\perp} \neq 0$；但是當入射角為 $\theta_i + \theta_t = \pi/2$ 時，或 $\theta_i = \theta_B = \tan^{-1}(n_2/n_1)$ 時，$r_{//} = R_{//} = 0$。這個角度我們便稱作布魯斯特角。

由上述的討論我們可以將兩種偏振光的反射率與入射角的變化繪製成圖 3.2-9，其中第一物質的折射率假設為 $n_1 = 1$，第二物質的折射率為 $n_2 = 1.5$ (如一般的玻璃)；注意，TM 偏振的入射光在入射角為 56.3° 時沒有反射光，這個角度就是從空氣入射玻璃的布魯斯特角；而且，一般來說，TE 反射光的強度都比 TM 反射光的強度要強一些；當垂直入射時，TE 與 TM 偏振光變成為無法分別的 TEM 偏振光，在可見光的波長範圍內，空氣、玻璃介面上垂直入射的反射率約略為 4%。

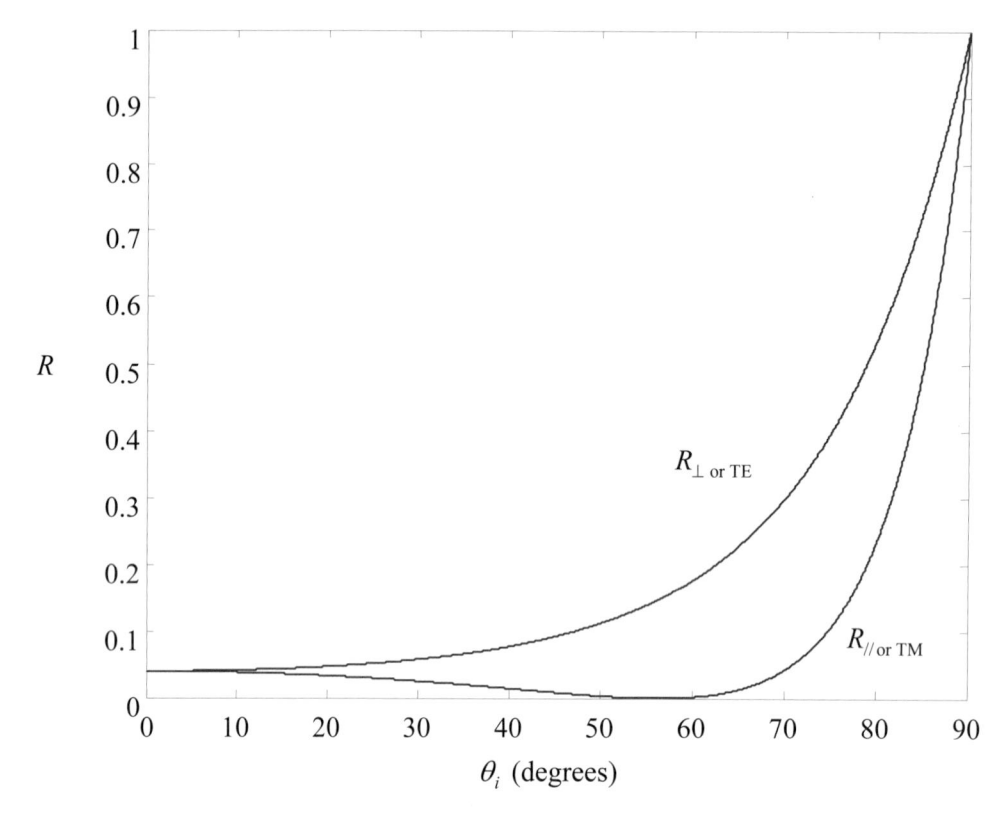

圖 3.2-9　TM, TE 偏振光反射率與入射角的關係圖，第一、二物質的折射率分別假設為 $n_1 = 1$ 及 $n_2 = 1.5$。注意，TM 偏振入射波存在一個布魯斯特角，在此角度上 TM 光不會被反射。

假如將第一物質的折射率和第二物質的折射率互換，即 $n_1 = 1.5$、$n_2 = 1$，然後如圖 3.2-9 一般將兩種偏振光的反射率與入射角的變化再次繪圖，結果與圖 3.2-9 不同的地方是：在入射角大於 41.8° 時，不管是 TE 或 TM 偏振光都會發生全反射，反射率等於一；此外，對 TM 偏振光來講，布魯斯特角會移到 33.7° 的位置。

當光打到物質表面時會有部分反射、部分穿透的情況發生。圖 3.2-9 清楚地告訴我們，光在入射一個物質表面時，並不是所有不同偏振態的反射光強度都是一樣的，不同偏振態的光在不同入射角度下的反射情形是不同的。一般而言，因為布魯斯特角的關係，從表面反射的自然光中，TE 偏振態的強度較 TM 偏振態強一些。因此，利用偏振片做成的太陽眼鏡通常是將偏振片的穿透軸設計在垂直於地面的方向上，以濾掉從地面上反射回來的大量水平 (TE) 偏振光。

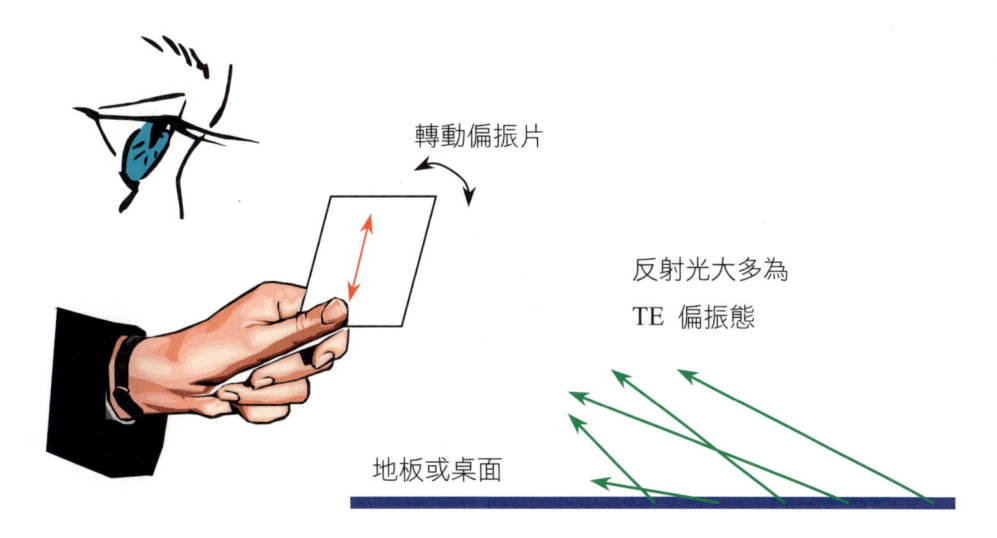

圖 3.2-10　表面反射光中，TE 偏振態的強度較 TM 偏振態強一些。旋轉偏振片，當觀察到最暗的情形時，偏振片的穿透軸即在垂直方向上。

當拿到一個偏振片時，偏振片上不見得會標示它的穿透軸。一個簡單的方法判斷偏振片穿透軸的方向就是利用圖 3.2-10 所描述的方式作一檢測：大多數物質的表面反射光含有較多 TE 偏振的強度。因此只要透過偏振片觀察從桌面上反射回來的光強度，同時旋轉偏振片，即可得知偏振片的穿透軸。對觀察者而言，TE 偏振在水平方向上，旋轉偏振片，當觀察到最暗的情形時，偏振片的穿透軸即在垂直方向上。

四、實驗內容

1. Malus's Law

A. 實驗裝置

No.	器材名稱 (中文)	器材名稱 (英文)	建議規格	數量
1	雷射	Laser	Eg. CW frequency doubled Nd^{3+} laser at 532 nm	1
2	雷射夾具	Laser mount	Tilt adjustable laser mount	2
3	偏振片	Polarizer	Eg. A Polaroid polarizer plate mounted on a rotation holder with 360° continuous rotation	2
4	光強度偵測計	Light intensity meter	Eg. A typical silicon photodetector connected to a multimeter	1

A. 實驗裝置 (續)

No.	器材名稱 (中文)	器材名稱 (英文)	建議規格	數量
5	2″ 支撐棒	Post	2″ length	4
6	2″ 支撐座	Post holder	2″ height	4
7	2″ × 3″ 支架底板	Base plate	Eg. 2″ × 3″ size with 2 mounting slots	4
8	12″ × 18″ 光學板	Optical breadboard	12″ × 18″ size with 1/4-20 tapped holes separated by 1″ distance	1

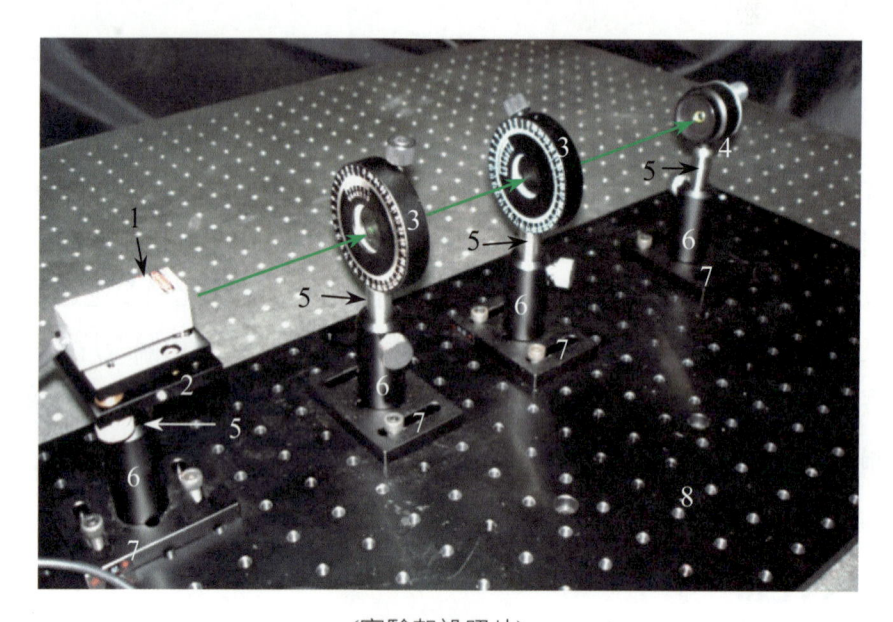

(實驗架設照片)

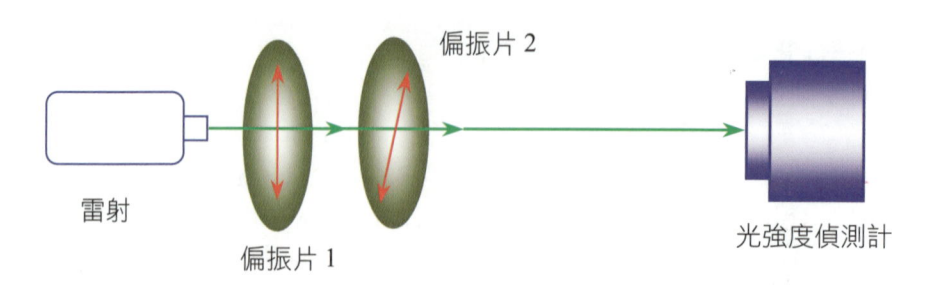

圖 3.2-11　Malus's Law 實驗架設圖。

B. 實驗步驟

(1) 確定雷射光的方向與桌面成水平,並將雷射光導入一個光強度偵測計。

(2) 首先放入偏振片 1,旋轉偏振片的穿透軸,使光強度偵測計量到最大值。

(3) 將偏振片 2 放到偏振片 1 之後,轉動偏振片 2,使光強度偵測計量到最大值,記錄下最大的光強度。這時,兩偏振片的穿透軸應該已經在同一方向上了(為什麼?)。

(4) 緩慢轉動偏振片 2,每十度記錄光的強度,直到偏振片 2 與偏振片 1 的穿透軸互相垂直成九十度,將光的強度與偏振片角度關係繪製成一極座標圖。並以此驗證 Malus's Law。

2. 相位延遲片

A. 實驗裝置

No.	器材名稱 (中文)	器材名稱 (英文)	建議規格	數量
1	雷射	Laser	Eg. CW frequency doubled Nd^{3+} laser at 532 nm	1
2	雷射夾具	Laser mount	Tilt adjustable laser mount	1
3	偏振片	Polarizer	Eg. A Polaroid polarizer plate mounted on a rotation holder with 360° continuous rotation	2
4	光強度偵測計	Light intensity meter	Eg. A typical silicon photodetector connected to a multimeter	1
5	2" 支撐棒	Post	2″ length	5
6	2" 支撐座	Post holder	2″ height	5
7	2″×3″ 支架底板	Base plate	Eg. 2″ × 3″ size with 2 mounting slots	5
8	12″×18″ 光學板	Optical breadboard	12″ × 18″ size with 1/4-20 tapped holes separated by 1″ distance	1
9	1/2 波長相位延遲片	Half-wave plate (1/2 λ retarder)	A typical one operated at 532 nm and mounted on a rotation holder with 360° continuous rotation	1

A. 實驗裝置 (續)

No.	器材名稱 (中文)	器材名稱 (英文)	建議規格	數量
10	1/4 波長相位延遲片	Quarter-wave plate (1/4 λ retarder)	A typical one operated at 532 nm and mounted on a rotation holder with 360° continuous rotation	1

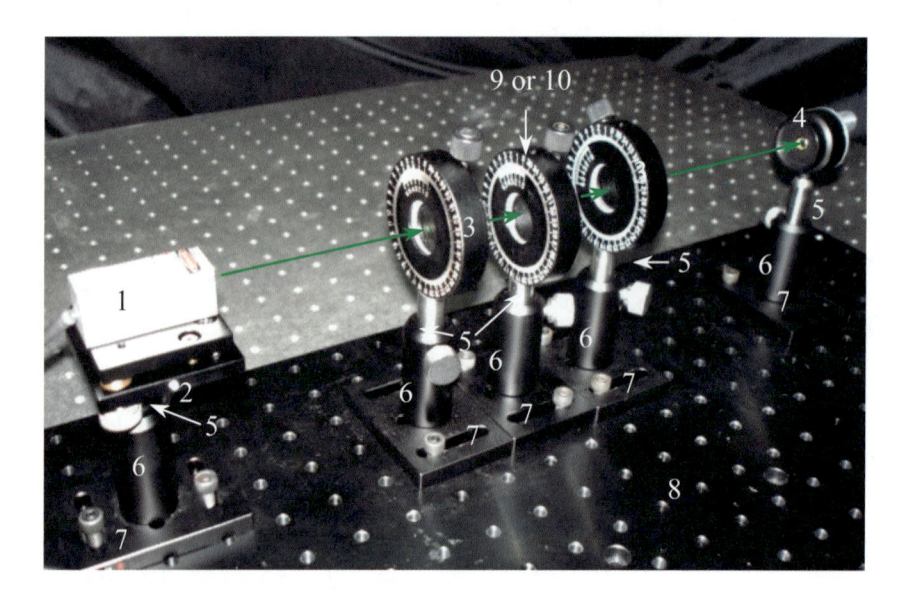

(實驗架設照片)

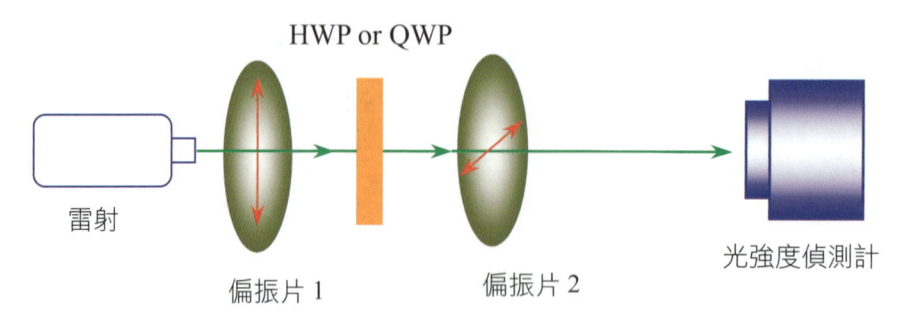

圖 3.2-12 相位延遲片實驗架設圖。

B. 實驗步驟

(1) 確定雷射光與桌面成水平，並將雷射光導入光強度偵測計。

(2) 首先放入偏振片 1，旋轉偏振片的穿透軸，讓光強度偵測計量到最大值。

(3) 在偏振片 1 後繼續放置偏振片 2，轉動偏振片，使光強度偵測計量到最小值。這時偏振片 2 的穿透軸應該已和偏振片 1 互相垂直了。

(4) 在偏振片 1、2 間放置一個 1/2 波長的相位延遲片 (HWP)，轉動 HWP 直到穿透偏振片 2 的雷射光強度變成最小值，若偏振片品質很好，應該可以調到完全看不到穿透光。此時，HWP 之前的雷射偏振方向應該已和 HWP 之快軸或慢軸平行了。

(5) 觀察 HWP 轉動偏振的現象：轉動 HWP 一個小角度 θ，則在光強度偵測計上又可以見到一個光點，這時轉動偏振片 2 直至光點再度消失，記錄下偏振片 2 所轉的角度。

(6) 轉動 HWP，使 HWP 的軸與入射雷射的偏振方向形成一角度 θ(依序 = 30°、45°、60°，取三組數據)，接著轉動偏振片 2 一圈，每 10° 量測光偵測計上光強度值，將光強度偵測計上的光強度值與偏振片 2 的角度值畫成一個極座標圖形。

(7) 重複步驟 (1-3)，將偏振片 1、2 之穿透軸重新調成垂直，將 HWP 換成 QWP，利用步驟 (4) 的技巧使 QWP 的快軸或慢軸與偏振片 1 之穿透軸平行或垂直。

(8) 轉動 QWP 使其軸與入射雷射光的偏振方向成一角度 θ(依序 = 30°、45°、60°，取三組數據)，慢慢的轉動偏振片 2 一圈，每轉 10° 就記錄光偵測計上光強度對角度的關係，將光強度偵測計上的光強度值與偏振片 2 的角度值畫成一個極座標圖形。

3. 偏振光和反射率的關係、及量測布魯斯特角

A. 實驗裝置

No.	器材名稱 (中文)	器材名稱 (英文)	建議規格	數量
1	雷射	Laser	Eg. CW frequency doubled Nd^{3+} laser at 532 nm	1
2	雷射夾具	Laser mount	Tilt adjustable laser mount	1
3	偏振片	Mounted polarizer	A Polaroid polarizer mounted on a rotation holder with 360° continuous rotation	2
4	光強度偵測計	Light intensity meter	A silicon photodetector connected to a multimeter	1

A. 實驗裝置 (續)

No.	器材名稱 (中文)	器材名稱 (英文)	建議規格	數量
5	2" 支撐棒	Post	2" length	5
6	2" 支撐座	Post holder	2" height	5
7	2"×3" 支架底板	Base plate	Eg. 2"×3" size with 2 mounting slots	3
8	12"×18" 光學板	Optical breadboard	12"×18" size with 1/4-20 tapped holes separated by 1" distance	1
9	1/2 波長相位延遲片	Mounted half-wave plate (1/2 λ retarder)	A typical one operated at 532 nm wavelength and mounted on a rotation holder with 360° continuous rotation	1
10	稜鏡	Prism	Eg. glass or acrylic prism with 45°×45°×90° angles and a size fit into the φ = 2" rotation stage	1
11	φ～2" 旋轉台	Rotation stage	φ = 2" with 360° continuous rotation and minimum increment of 1°	1
12	稜鏡夾	Prim clamp	Typical	1
13	傾度可調稜鏡座	Prism base	Tilt-adjustable prism base	1

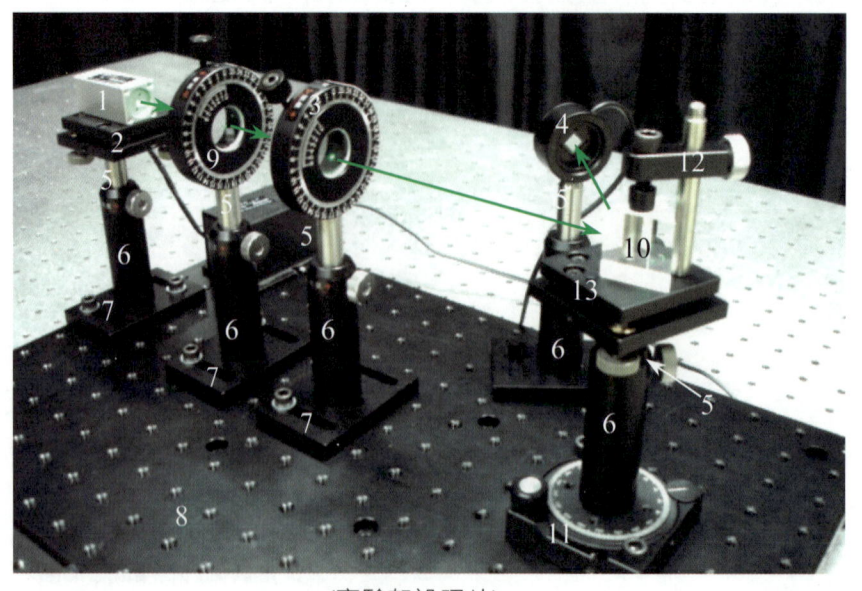

(實驗架設照片)

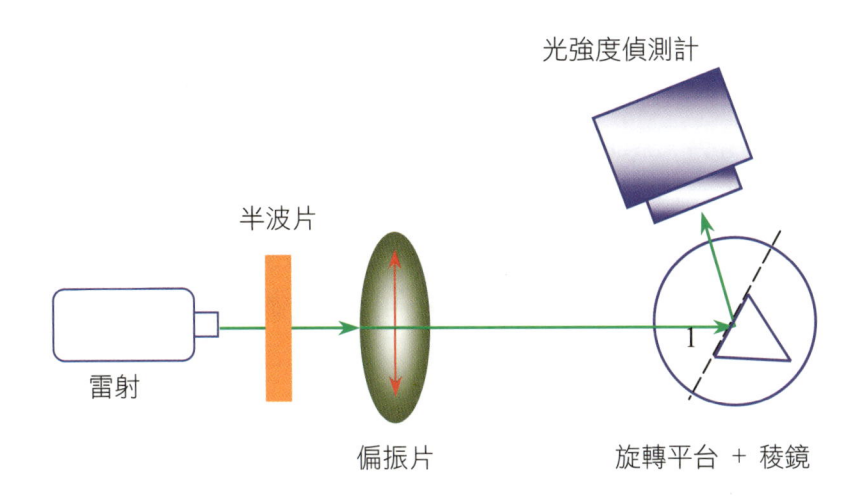

圖 3.2-13　偏振光和反射率的關係，及布魯斯特角實驗架設圖。

B. 實驗步驟

(1) 將一稜鏡放置在旋轉平台上，使稜鏡面 (圖 3.2-13 中標示 1) 與旋轉平台面的圓心對齊，轉動旋轉平台，直到反射光與入射光重合，讀取旋轉平台上的角度以作為往後校正之用。

(2) 由以上的兩個實驗，你應該有能力在雷射光路徑上用一個半波片及一個偏振片任意控制一個線偏振雷射的偏振方向。例如，先將偏振片的穿透軸轉到水平方向，再轉動雷射與偏振片之間的半波片直到偏振片之後的光強度偵測計量到一個最大值，這時後絕大多數的雷射能量都在水平偏振方向上。

(3) 調整雷射的偏振到水平方向後，用光偵測計記錄偏振片後方的雷射強度 I_i。

(4) 轉動旋轉平台，每旋轉 10°，用光偵測計量取不同反射角度下反射光的強度值 I_r，記錄此時的入射角度 θ，然後將 $R_{//}$ 對入射角度作圖 ($R = I_r / I_i$)；做圖時，同時把理論曲線畫上去。注意，在布魯斯特角時，應該看不到任何反射光；假使看到有一點反射光，這表示入射光的偏振方向並非完全平行於入射面，這時可微調偏振片的角度，去除所有的反射光。做了這一個校正步驟後量到的數據才會準確。

(5) 當 $R_{//} = 0$ 時所對應的入射角度就是布魯斯特角。將入射角度維持在布魯斯特角上，轉動偏振片 45°，使雷射光的偏振方向與水平線成 45°，利用另一片偏振片判斷此時反射光的偏振狀態為何？並解釋之。

(6) 重複步驟 (2)，但是用半波片及偏振片組，使雷射的偏振方向垂直於桌面，用光偵測計記錄偏振片後的雷射強度 I_i。

(7) 重複步驟 (4)，然後將 $R_\perp$ 對入射角作圖；做圖時，同時把理論曲線畫上去做一比較。

五、參考資料

1. The basic picture of light polarization is given in *Field and Wave Electromagnetics* 2nd Ed., Sec. 8-2.3, David K. Cheng, Addison Wesley, 1989.

2. The radiation pattern of a dipole antenna can be found in *Field and Wave Electromagnetics* 2nd Ed., Chapter 11, David K. Cheng, Addison Wesley, 1989.

3. A detailed introduction on the polarization of light and its control can be found in *Optics* 3rd Ed., Chapter 8, Eugene Hecht, Addison-Wesley, 1998.

4. A graduate entry-level description of polarization-dependent interaction and control of lights and matters is given in *Fundamental of Photonics*, Chapter 6, B. E. A. Saleh and M. C. Teich, John Wiley & Sons Inc., 1991.

5. A graduate-level description and analysis of material birefringence can be found in *Optical Waves in Crystals*, Chapter 4, Amnon Yariv and Pochi Yeh, John Wiley and Sons, 1984.

III. 習　題

1. 在一個空間定點上量測一個橢圓偏振光或一個圓偏振光的電場方向時，電場的旋轉頻率有沒有可能和光波的頻率不一樣？

2. 若將實驗室的水平及垂直方向分別訂為正交座標系中的 x 及 y 軸，將一個偏振片的穿透軸擺在與 x 軸夾 θ 角的位置上，求出這個偏振片在實驗室座標系中的 Jones matrix。

3. 將一個相位延遲片放置在兩個穿透軸互相垂直的偏振片之間，同時相位延遲片的軸線與偏振片的穿透軸形成 45° 的夾角。假設這個相位延遲片的 Jones matrix 如表 3.2 所列，求出一道偏振在第一個偏振片穿透軸方向的光通過這三個元件之後的穿透率。

4. 將一線性偏振光入射一個 $1/4\lambda$ 波片，在 (1)、(2) 的情形下會形成怎樣的偏振態？
   (1) 讓光的偏振方向相對於波片的快軸在順時鐘方向 45° 角上。
   (2) 讓光的偏振方向相對於波片慢軸在順時鐘方向 45° 角上。

5. 如下圖，在一個偏振片之後依序放一個四分之一波片及一個反射鏡，用 Jones calculus 證明：若偏振片的穿透軸和波片的快軸或慢軸形成 45° 的夾角，光線入射偏振片及波片之後其反射光無法通過偏振片。這是一個**光隔斷器** (optical isolator) 的結構。

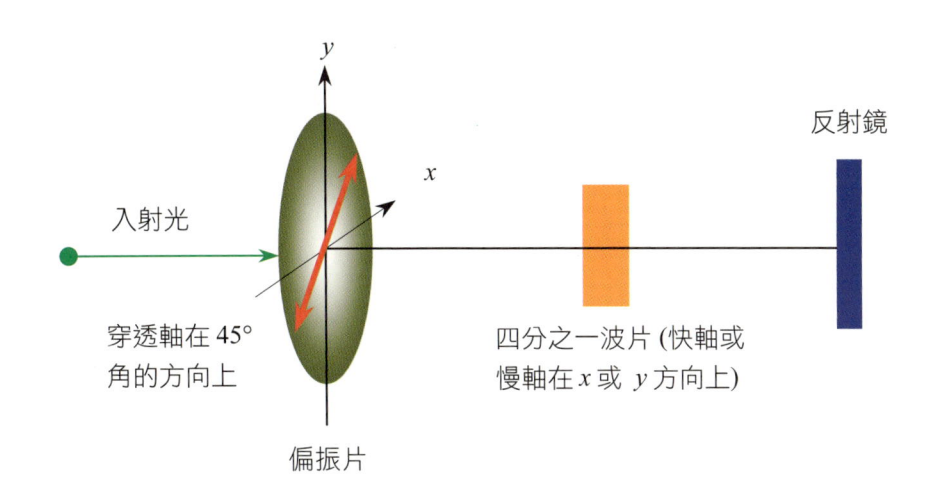

6. 一個雙折射晶體有以下的折射率：$n_o = 2.0$, $n_e = 2.2$、且其光軸在 z 方向上。

    (1) 若一道光的波向量 ($\vec{k}$) 沿著 z 方向走，這道光看到的折射率為何？

    (2) 若一道光的波向量沿著 x 方向走，且其偏振方向在 y 的方向上，這道光看到的折射率為何？

    (3) 若一道光的波向量沿著 y 方向走，且其偏振方向在 z 的方向上，這道光看到的折射率為何？

    (4) 若一道光的波向量沿著 $\frac{1}{2}\hat{x} + \frac{\sqrt{3}}{2}\hat{z}$ 方向走，

    　i. Ordinary wave 的偏振方向為何？它所看到的折射率值是多少？

    　ii. Extraordinary wave 的 electric flux density (D) 的方向為何？它所看到的折射率值是多少？

7. 利用圖 3.2-7 解釋為何 TE 波沒有布魯斯特角？

8. 一道 1-Watt 的自然光在真空中以布魯斯特角打在一片平滑的玻璃塊上，玻璃的折射率為 1.5。

    (1) 這個布魯斯特角的值是多少？

    (2) 反射光的偏振方向為何？是 p-偏振還是 s-偏振？

    (3) 反射光的功率為何？

9. 波長如何影響相位延遲片的功能？

10. 在進行第 1、2 個實驗時，偏振片 1 的功能為何？若不使用偏振片 1，是否也可進行實驗？為何第 3 個實驗不需要如前兩個實驗中用到偏振片 1？

第四章　透鏡像差

Lens Aberration

I. 基本概念

　　由上兩章的討論及實驗中可以瞭解到，光碰到物質時會遵循司乃爾反射定律及折射定律。經由光反射與折射的特性，不同的光學元件可依照用途的需要去設計製造。

　　反射率很大的物質表面可用來製成反射面鏡，例如，圖 4.1-1 中列舉了一些常見的反射鏡片，如果光的繞射效應可以忽略，則光束線的行進方向及位置可以精確地由幾何邊界條件，及司乃爾反射及折射定律預測出來，這一類的光束計算就是所謂的**幾何光學** (geometric optics)。在圖 4.1-1 中，值得注意的是，平行光射向拋物面鏡上會聚在一個焦點上，但是對球面鏡而言，遠軸 (遠離光軸線) 平行光 (紅線) 的聚焦點和近軸 (接近光軸線) 平行光 (綠線) 的聚焦點在光軸線上的位置是不同的，這種現象在利用球面反射鏡 (或球面透鏡) 成像時，會造成所謂的**球面像差** (spherical aberration)。

　　鏡子經常用來做反射及成像之用。成像的基本物理意義可由一個點光源來描述：假設一個物體非常地小，類似一個點光源，發出的光朝向四面八方各個角度都有，理想的成像元件所形成的像，也應該是一個小點，而且原來物點所發出四面八方的光應該要全聚到那個像點上，如同圖 4.1-1 (a) 中的 A-A′ 點所示，其中 A 是物點，A′ 是像點。因為平行光可視為是由一個位於無限遠的點光源所發出，所以拋物面鏡的焦點可視為位於無限遠處的點光源所成的像。然而，球面鏡無法將所有平行光 (接近或遠離光軸線) 都聚在一點上，因此用球面鏡成像會有所謂的像差問題。但是球面鏡因為製造容易，仍然被廣泛地採用於許多不需要精度，或遠軸光較不重要的的光學系統中。由圖 4.1-1 (c) 可知，大部分離光軸線不遠的平行入射光，它們多多少少還是聚

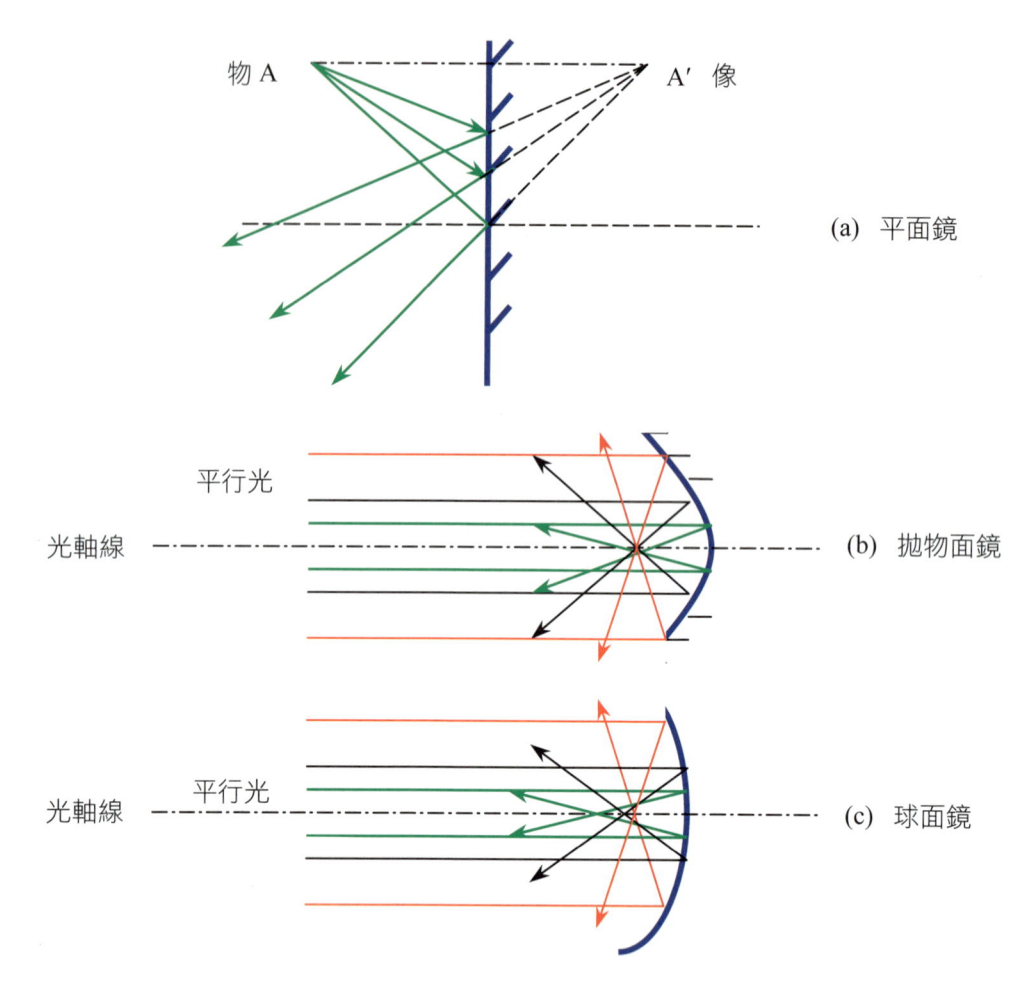

圖 4.1-1 一般常見的三種反射面鏡。(a) 平面鏡將一個物體在其鏡像對稱點上成像，一道平行光經 (b) 拋物面鏡反射後會聚焦到一點上，但是經 (c) 球面鏡反射後，因為球面像差的關係，遠軸光 (紅線) 與近軸光 (綠線) 不會聚到光軸線上的同一點。

集在一個焦點上，雖然會有一些像差，但是不是很嚴重，這種只討論**近軸** (paraxial) 光效果的光學叫做**近軸光學** (paraxial optics)。

利用司乃爾折射定律，將一個透光的物質 (如玻璃) 做成如圖 4.1-2 中所示的一個球面聚焦透鏡，也可形成類似曲面鏡聚焦，或成像的光學效果，只是原來反射的光變成穿透的光。一個球面透鏡就像是一個球面反射鏡一樣，也會產生類似的像差，例如，遠軸平行穿透光 (紅線)，與近軸平行穿透光 (綠線) 在光軸線上形成的焦點位置不一樣；但是在近軸的條件下，平行入射光線大致上還是會聚焦在一點上，因此一個球面透鏡仍是一個相當好

平行光束

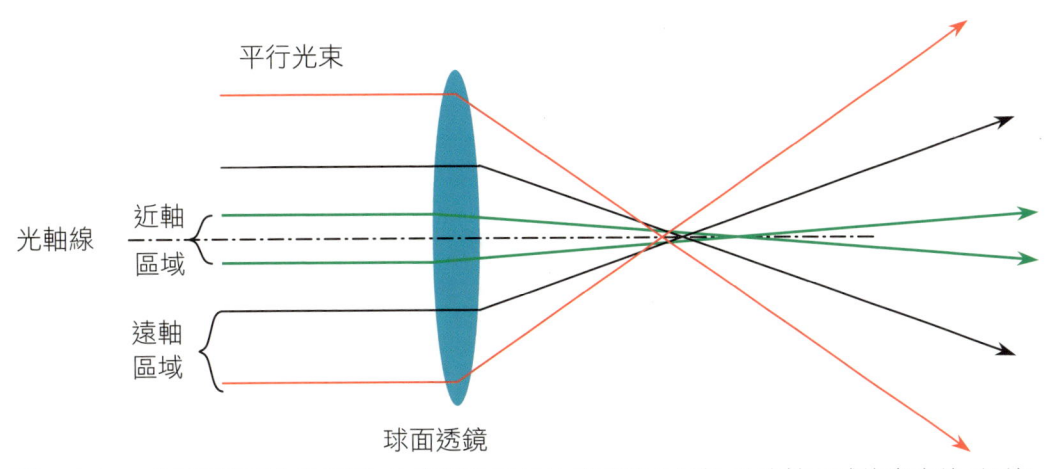

圖 4.1-2 球面透鏡聚焦的情形。注意近軸區域的光束線 (綠線) 及遠軸區域的光束線 (紅線) 並不聚焦在同一位置上。

的光學元件。相對於其它曲面的透鏡，球面透鏡製作較容易，球面透鏡依然大量地使用在一般不需要精度，或遠軸光較不重要的光學系統中。

要瞭解球面透鏡的像差問題可以從圖 4.1-3 這個簡化的例子裡得到一些概念。圖 4.1-3 中有一束光垂直入射到一個平凸透鏡，當這道平行入射光接觸到透鏡的第一面時，根據司乃爾折射定律，這道光不會改變方向，但是當這道光碰到這個透鏡的第二面時，會因為第二介面是曲面的關係而改變方向。假設平凸透鏡的折射率是 n 放於真空中，其第二個介面的曲率為 R，入射光的高度為 d、入射角為 θ_i、穿透光的穿透角為 θ_t。入射角與穿透角之間的關係是由司乃爾折射定律來決定，即

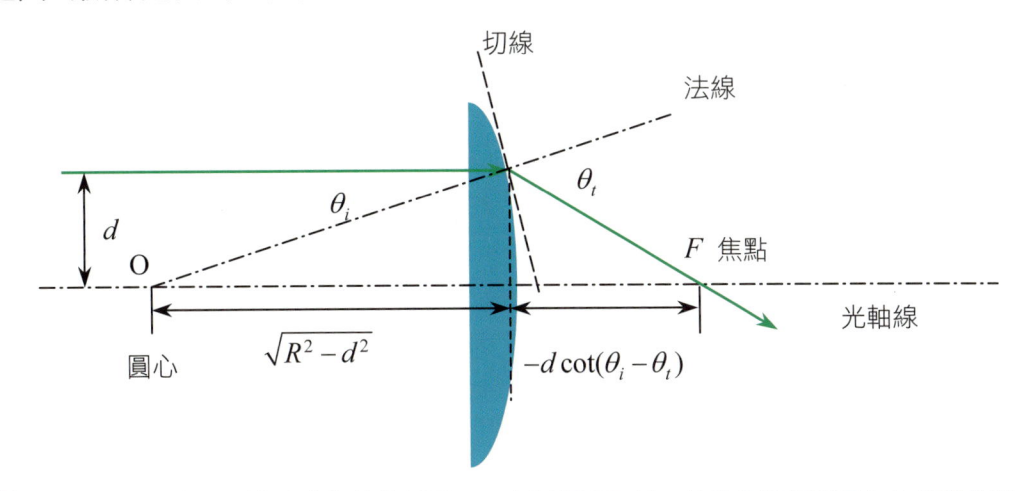

圖 4.1-3 一個球面透鏡形成像差的例子：一束平行光入射一片平凸透鏡所產生的焦點位置會和入射光束的高度有關。

$$n\sin\theta_i = \sin\theta_t \qquad (4.1\text{-}1)$$

從三角幾何上可以很快地算出 $\sin\theta_i = d/R$，因此 $\sin\theta_t = nd/R$。同時從幾何上也可以得到從透鏡曲面圓心 O 到焦點 F 之間的距離為

$$L = d\cot\theta_i - d\cot(\theta_i - \theta_t) \qquad (4.1\text{-}2)$$

對於一個理想的透鏡來講這段距離應該是不會因為入射光的高度 d 而改變的，因為一個理想的透鏡只有一個焦點及一個圓心 O。若定義焦距為

$$f = L - R = d\cot\theta_i - d\cot(\theta_i - \theta_t) - R \qquad (4.1\text{-}3)$$

並將 f 對 d 在不同的 R 之下作圖，可以得到圖 4.1-4 的曲線，圖中假設透鏡的材質是玻璃，折射率為 1.5。從圖 4.1-4 中可以很清楚地得到三個結論：

1. 入射光的高度 d 會改變這個透鏡的焦距，實際上也移動了焦點的位置。
2. 透鏡的曲率半徑越小，焦距隨 d 變化的情形越嚴重。

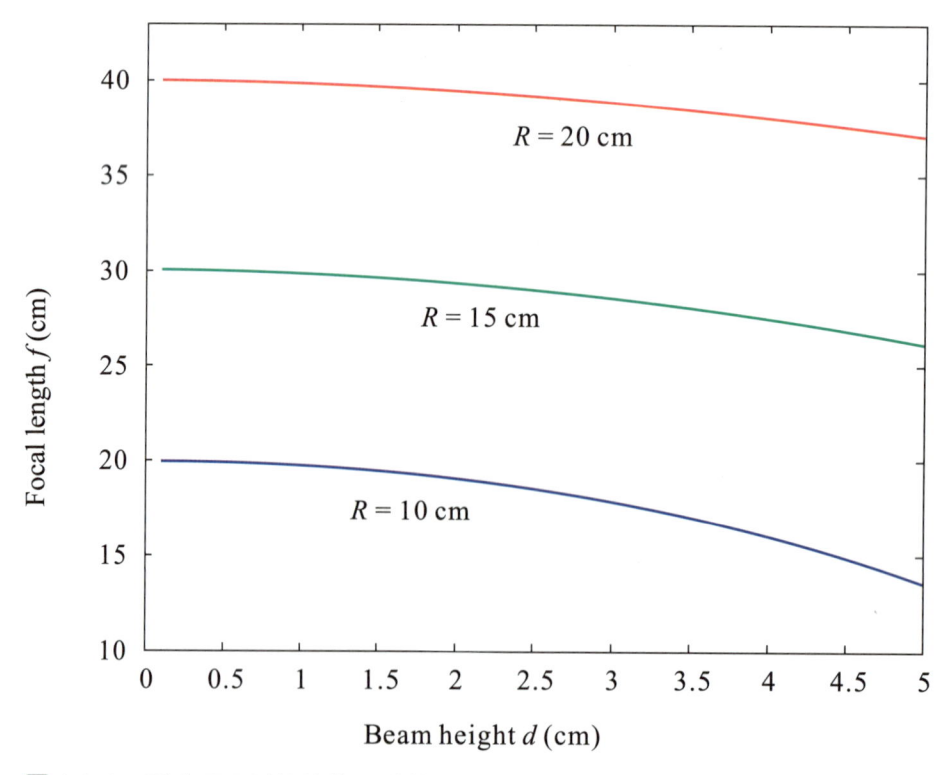

圖 4.1-4　圖中平凸透鏡的焦距隨著平行入射光的高度 d 改變的情形。透鏡的曲率半徑越小，焦距隨 d 變化的情形越嚴重。

3. 當 d 很小的時候，焦距的變化比較不明顯。

基於以上的三點結論可以知道，一個球面透鏡不是一個理想的透鏡，這種偏離理想透鏡的情形稱為**像差** (aberration)。

由以上的例子中可以學習到，曲面越平緩 (R 越大) 的球面透鏡像差越不明顯，同時 d 越小的話球面像差也比較小。究其原因，乃是因為 d/R 的值變小，使得入射角 θ_i 及穿透角 θ_t 都變小，這時候焦距也不會對 d 那麼敏感。在光學的應用上，同時符合 d/R、θ_i、$\theta_t \ll 1$ 的條件稱為**近軸近似** (paraxial approximation)。

在幾何光學中，符合近軸近似條件下，利用球面透鏡雖然可以得到較接近理想的成像。但是，滿足近軸近似條件必須要求成像光束的孔徑、角度小，這樣的限制在實際應用中有時候會遇到一些問題，例如要將高發散角的半導體雷射作聚焦或讓顯微鏡得到完整清晰的成像，就需要加大透鏡的孔徑，或相當於要處理遠軸的光線，這樣一來，近軸光學的條件就無法成立。因此，在一般的光學系統中，球面鏡所形成的像差問題，是一個值得研究的重要課題。

如前面舉的例子，透鏡能夠偏折光線，形成聚焦的效果，其理論基礎完全是司乃爾折射定律所致

$$n_1 \sin\theta_i = n_2 \sin\theta_t \qquad (4.1\text{-}4)$$

其中，n 是物質的折射率 (下標 1, 2 是指入射及穿射物質)，θ 角是光線與邊界面法線的夾角 (下標 i, t 是指入射及穿透角)。所謂的近軸條件即是假設 θ 角很小，而將司乃爾折射定律簡化成

$$n_1\theta_i \approx n_2\theta_t \qquad (4.1\text{-}5)$$

因為當 θ 角很小時，正弦函數的泰勒展開式為：

$$\sin\theta = \theta - \theta^3/3! + \theta^5/5! \cdots \qquad (4.1\text{-}6)$$

若僅保留 $\sin\theta$ 展開式中的第一項 θ，就可以從式 (4.1-4) 得到式 (4.1-5)。在討論幾何光學時，通常都利用近軸近似簡化數學式子後才得到如成像、放大

率、焦距等的幾個基本公式。但若考慮到 sinθ 展開式中的其它高階項，在光學上就會產生其它的效果，譬如在成像應用上就無法形成理想的影像，這種偏離理想成像的效果稱為像差。一般來說，像差又可分為**單色像差** (monochromatic aberration) 和**色像差** (chromatic aberration) 兩種。所謂色像差除了會產生單色像差的問題之外，各個顏色的光成像的位置及角度都不一樣，這種現象乃導因於**物質色散** (material dispersion) 的特性，即不同顏色的光在物質中會看到不同的折射率，因此不同顏色的光經過同一片透鏡時也會有不同的焦距。

在實際的成像應用中，像差所造成的結果經常就是造成影像的模糊，一般看到的現象是近軸部分的影像比較清晰，但是遠軸部分的影像則呈現模糊；反之，離光軸線較遠的影像清晰時，光軸線附近的成像就變得模糊。圖 4.1-5 (a) 是一般天花板上的日光燈照片；圖 4.1-5 (b) 是用一個直徑 10 公分，焦距 20 公分的球面透鏡置於日光燈下約兩公尺處所形成的像。從圖 4.1-5 (b) 中可以很明顯地看出來，球面透鏡造成日光燈像兩端的模糊及扭曲，因為物體 (日光燈) 兩端發出來的光比較難符合近軸條件，因此兩端像差的問題也就比較嚴重。

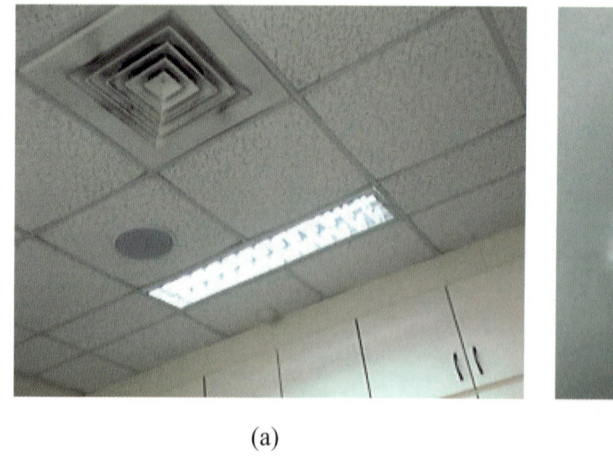

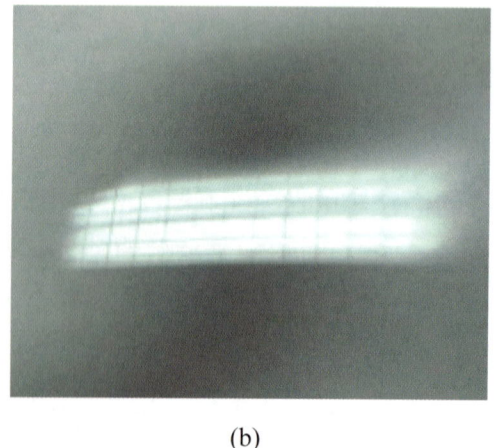

(a)　　　　　　　　　　　　(b)

圖 4.1-5　(a) 是一般天花板上的日光燈照片，(b) 是用一個直徑 10 公分，焦距 20 公分的球面透鏡置於日光燈下約兩公尺所形成的像，可以很明顯地看出來，球面透鏡造成日光燈像兩端的模糊及扭曲。

II. 實　驗

一、實驗名稱：透鏡像差實驗

二、實驗目的

觀察透鏡可能產生的**球面像差** (spherical aberration)、**像散** (astigmatism) 及**彗形像差** (coma) 的現象並瞭解其原理。

三、實驗原理

任何偏離理想成像的現象基本上都稱為像差。瞭解產生各種像差的原理，並設法把它們減小到最低限度，是設計各種光學儀器的重要課題。在大部分的成像問題中，若只考慮到 $\sin\theta$ 展開式中的前兩項，就可以瞭解絕大多數的像差問題，將式 (4.1-6) 保留到第三階近似項 $\theta^3/3!$ 所討論出來的成像理論稱為**第三階理論** (third-order theory)。根據第三階理論，單色相差包括五種，本實驗將著重討論其中的三種：球面像差、彗差及像散。色像差不在本實驗的討論範圍，但是只要將一個短焦距的透鏡，如圖 4.1-5 一般，置於一白光光源之下成像，就不難看到一個有色彩的模糊影像，因為不同顏色的光成像在不同位置上，這就是所謂的色像差。

1. 球面像差 (spherical aberration)

由光軸線上一個物點發出的光線形成一道較大的光束經過一個球面透鏡，經該透鏡不同的同心圓環帶折射後造成的像點不會交於光軸線上的同一點，這種現象叫做球面像差，簡稱為球差。圖 4.2-1 以平行入射光為例，從

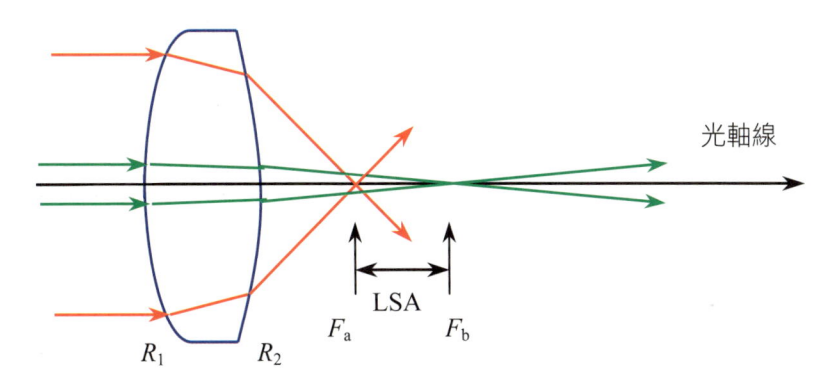

圖 4.2-1　一般透鏡的球面像差。近軸光 (綠線) 與遠軸光 (紅線) 不聚焦在同一點上，近軸光焦點與遠軸光焦點間的距離稱為「縱向球差」。

透鏡遠軸透射的光線 (紅線) 形成焦點 F_a，與從近軸透射光線 (綠線) 形成的焦點 F_b，因為球差的關係並不會聚在同一點上，其間的距離叫做**縱向球差** (longitudinal spherical aberration or LSA)。對於一個有球差的成像元件來說，當物點是一個點光源時，該點光源發出的近軸光與遠軸光也會在這個成像元件後頭的不同位置上形成像點，球差值是會隨著物點位置的不同而不一樣的。當 F_a 比 F_b 靠近透鏡時稱為正球差、反之稱為負球差，正球差比較常見於凸面鏡，負球差經常發生在一個凹透鏡上。因為球差的關係，焦點的位置會變得不明顯，若在 F_a 與 F_b 之間取一截面並前後移動此一截面，形成最小圓形的截面稱之為**最小模糊圈** (circle of least confusion)。在有球差出現的情形下，最小模糊圈是用該透鏡成像聚焦時可以得到的最小焦點；在成像時，最小模糊圈也是該透鏡所能得到的最好像點。

若要完全消除一個球面透鏡的球差，通常需要一些技巧。從第二章的實驗中知道，當穿過一個稜鏡的入射光等於出射光的角度時，存在一個最小偏向角，因此，使入射光的入射角和經過透鏡的出射角盡可能地接近是減小球差的一種方法。譬如圖 4.2-2 中透鏡以平行光入射時，只要把平凸透鏡反過來使用，就可以大大地改善聚焦平行光時所產生的球面像差。但是入射光若不是平行光時，用凸平透鏡就不見得能夠大幅度地消除像差。

假設將一個透鏡置於空氣中，透鏡焦距 f 和 n、R_1、R_2 這三個參數，根據**造鏡者公式** (lens makers' formula) 有以下的關係：

$$(n-1)(1/R_1 - 1/R_2) = 1/f \qquad (4.2\text{-}1)$$

其中，如果曲率中心在入射邊，R 必須變成負數。顯然，透鏡的縱向球差與透鏡的折射率 n，及透鏡兩面的曲率半徑 R_1、R_2 是有關係的。故對給定的一個折射率 n，同樣焦距的透鏡可以用不同曲率半徑 (R_1, R_2) 的組合製作出來，調整這兩個曲率半徑的值，可以適度地減小球差。

譬如，凸透鏡的球差是正的，凹透鏡的球差是負的，所以把凸、凹兩個透鏡黏合起來，組成一個**雙合透鏡** (doublet lens)，也可以抵銷大部分球面像差。

近年來由於製鏡技術日益精進，非球面透鏡或反射鏡已經可以工業生產，雖然相對於球面鏡較為昂貴，這種非球面鏡經常用於非近軸光學的應用中，如半導體雷射的聚焦，或顯微鏡的物鏡等。

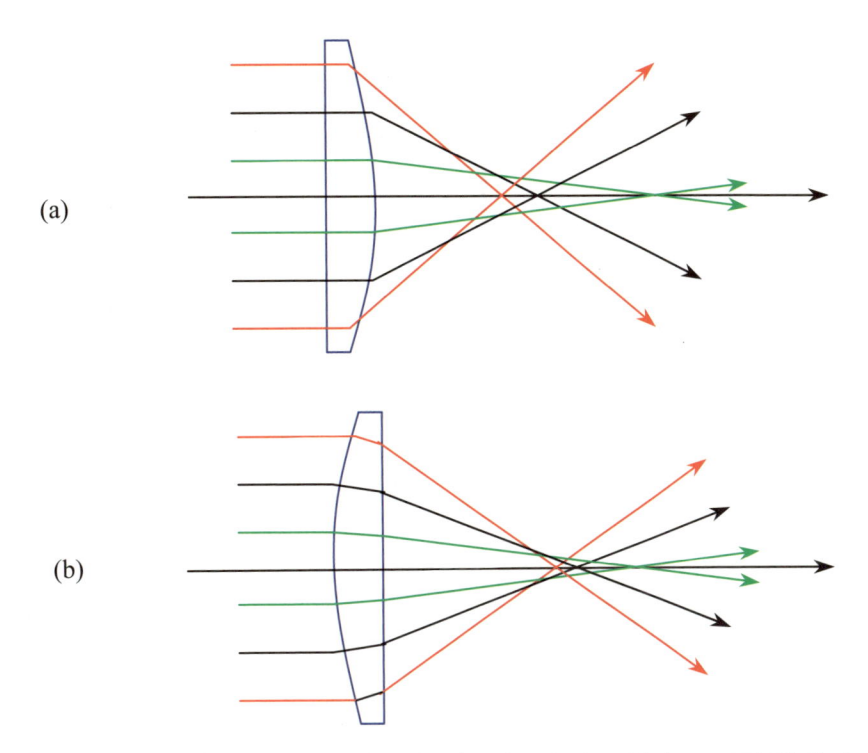

圖 4.2-2　平凸及凸平透鏡的球面像差[1]。當平行光入射時，凸平透鏡的球面像差較小。注意近軸光 (綠線) 與遠軸光 (紅線) 不聚焦在同一點的現象。

2. 彗形像差 (coma)

根據第三階理論，一個稍微偏離光軸線的物點經過球差為零的成像鏡組之後還是會有像差的情形發生。因為一個偏軸物點發出的斜向光束經該過成像鏡組之後在像平面上不是成像在一個點上，而是會形成狀如彗星一般拖著長尾巴的亮紋，這種像差的現象稱為彗形像差。分析彗形像差時可以想像一個透鏡以軸心為中心劃分出許多環形區域，如圖 4.2-3 中，軸外物點的光線經過透鏡不同環形區域後所形成的像不會在同一點上，在圖 4.2-3 (a) 的例子裡，物點在無限遠處，遠軸光線 (紅線) 所形成的像點 I_a 比近軸光線 (綠線) 所造成的像點 I_b 離光軸線近，這種情況稱為負彗形像差；在圖 4.2-3 (b) 的例子裡，物點在有限遠處，其中遠軸光線所形成的像點比近軸光線所造成的像點離光軸線遠，這種情況稱為正彗形像差。一個透鏡會形成正或負彗形像

---

[1] When the author was at Stanford University, he once heard from the Nobel laureate, Steven Chu (朱隸文), saying that a student in an optics class at least has to learn the proper use of plano-convex lens.

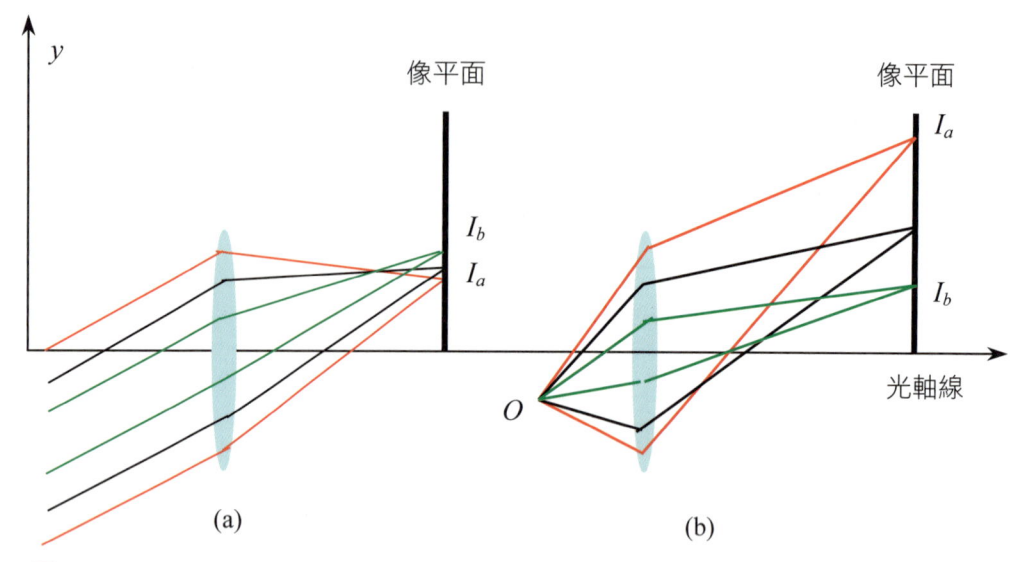

圖 4.2-3 彗形像差示意圖，軸外物點發出的遠軸光 (紅線) 其成像位置與近軸光 (綠線) 的成像位置不一樣。(a) 負彗形像差，(b) 正彗形像差。

差端視透鏡面的設計而定。然而，形成彗形像差的主要情形，簡單地說，就是當光束斜向入射一個圓形對稱的鏡組時，破壞了鏡組系統的對稱性，同時違反了適用式 (4.1-5) 的近軸條件。

根據以上的討論，若在透鏡面上放置一如圖 4.2-4 (a) 的同心環光柵，可以看到軸外光點所產生的光線通過不同環帶時，所有像點連結成一個如圖 4.2-4 (b) 所示環環相套的彗形圖。因為透鏡上的每個環帶都形成一個彗星圓，且半徑越大的環帶所形成的彗星圓半徑也越大，因此近軸光束在像平面上會形成一個特別小，光強度最大的尖端圓，這個尖端圓拖著一個大尾巴，看似一個彗星，故稱為彗差，圖 4.2-4 (c) 是實驗中所看到的情形。注意，在圖 4.2-4 (a)、(b) 中，顏色及字母標示的對應關係。

3. 像散 (astigmatism)

第三階理論中所描述的第三種像差稱為像散。即使是將球面像差、彗形像差完全消除掉，球面透鏡仍然有所謂的像散的問題。此一現象也是起因於大角度光束，或嚴重遠離光軸線的物點所造成的結果。像散的理論基礎也是導因於式 (4.1-6) 中的第二項 $\theta^3/3!$，分析起來相當複雜，我們僅在以下描述其現象。

(a)　　　　　　　　　　　　　　(b)

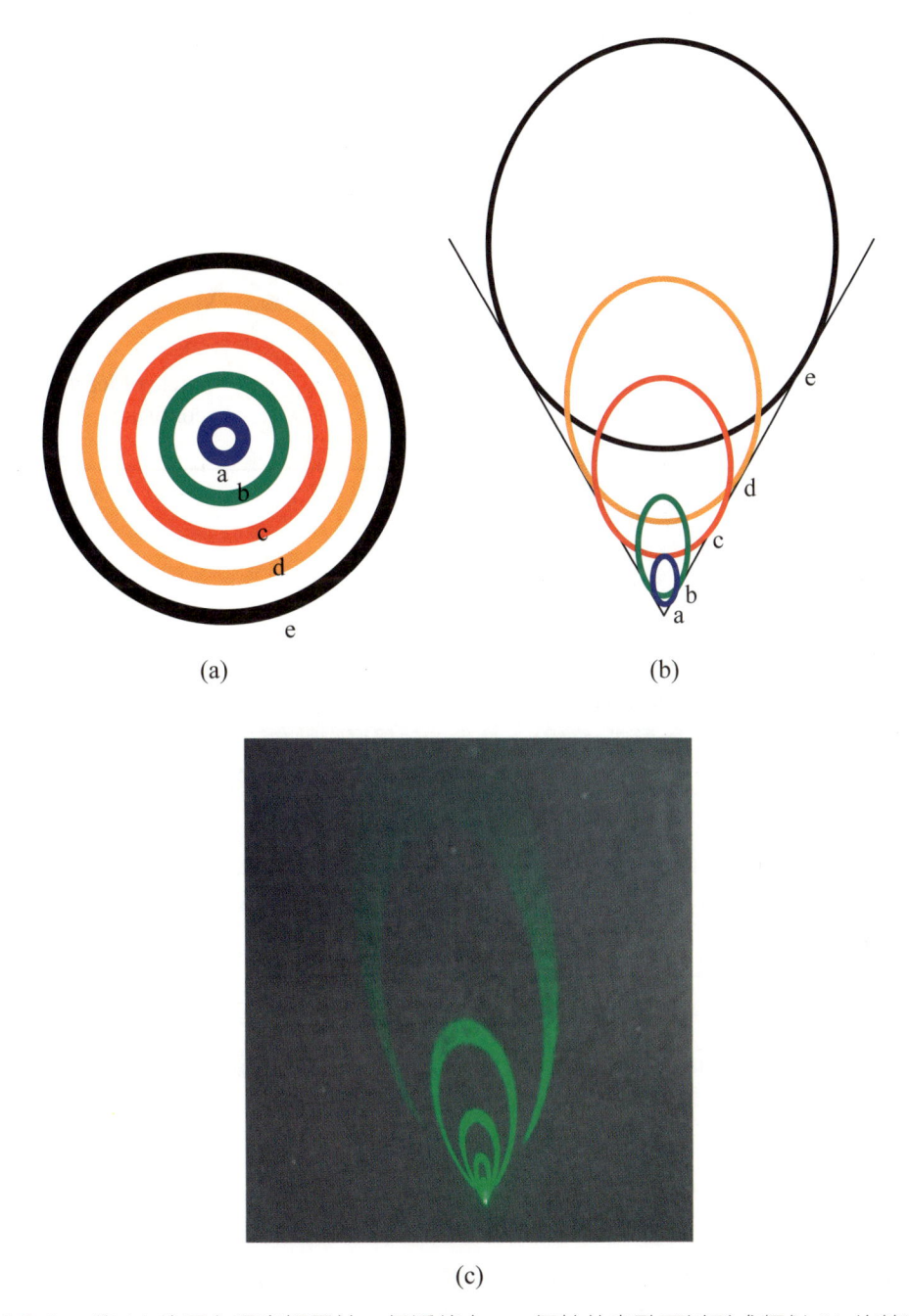

(c)

圖 4.2-4　將 (a) 的同心環光柵置於一個透鏡上，一個軸外光點可以形成類似 (b) 的彗形圖。(c) 實驗中觀察到的彗差照片。注意圖中顏色及字母標示的對應關係。

　　假設一個光學透鏡已經完全沒有球像差及彗形像差的問題了，如圖 4.2-5 所示，一個不在軸線上的點狀物體 O 在透鏡 (藍色圓圈) 後的成像位置 (指縱向位置)，仍然會因像散的關係在兩個垂直平面上形成不同的像，這兩

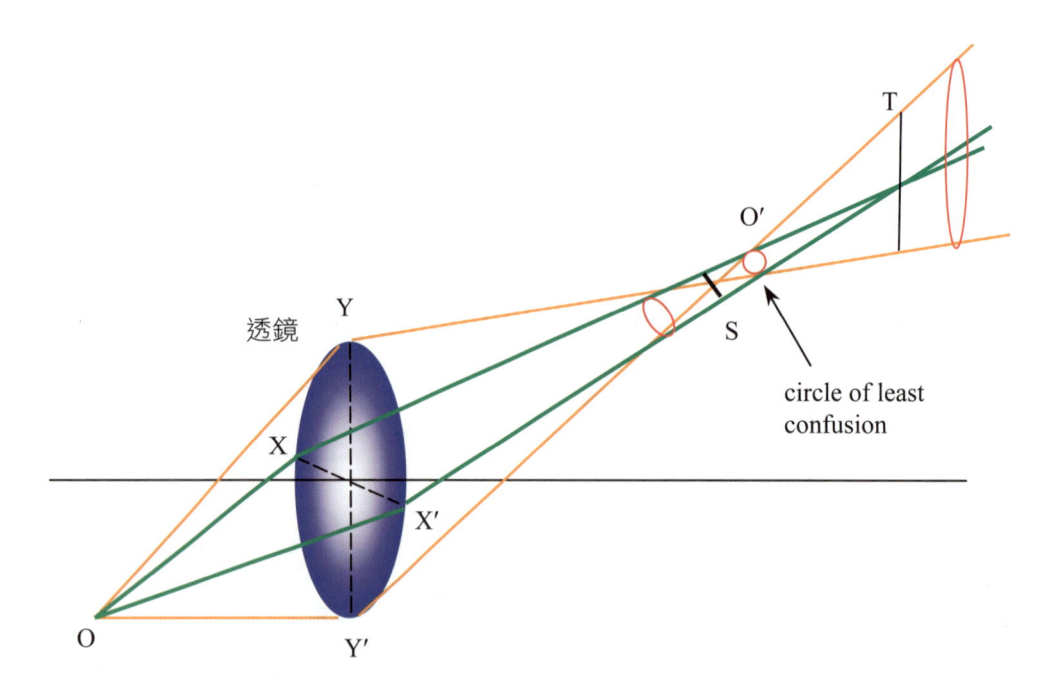

圖 4.2-5 像散示意圖。Tangential plane 是由 OYY′ 三點所形成 (橘線)，Sagittal plane 是由 OXX′ 三點所形成 (綠線)，像散的效果讓物點在該二平面上的成像情形有所不同，分別在 T 與 S 的位置形成一條線，而非一個點。

個像已經不是點狀，而是兩條互相垂直的線。參考圖 4.2-5，Tangential plane 是由 OYY′ 三點所形成，Sagittal plane 是由 OXX′ 三點所形成，像散的效果讓物點在該二平面上的成像位置有所不同，分別在 T 及 S 的位置形成一條線，而非一個點。T 與 S 中間有一最小圓光點 O′，稱為**最小模糊圈** (circle of least confusion)，這個最小模糊圈是在有像散的情形下能夠得到最好的像點。

四、實驗內容

本實驗的內容主要包含觀察球面像差、像散及彗形像差，用到的主要元件包括一十字透洞投影片、一同心環投影片、一個 $f = 20$ cm 的雙凸透鏡 (直徑 10 cm)、一個 $f = 20$ cm 的平凸透鏡 (直徑 10 cm)、一個 $f = 30$ cm 的雙凸透鏡 (直徑 5 cm)、一個 60X 的顯微鏡物鏡、一個雷射光源。十字透洞投影片及同心環投影片的形狀分別如圖 4.2-6 (a、b) 所示。為能清楚地看到透鏡像差，前兩個實驗需要一大直徑的平行雷射光。通常雷射擴束的倍數在 5~10 倍以內的話，很容易用一凹透鏡及一凸透鏡組成一個擴束鏡組 (下一章中有詳述)。這實驗中所需的擴束倍率約在 20 倍左右，我們用一 60X 的物鏡及一焦距 $f = 20$ cm，直徑 10 cm 的雙凸透鏡形成一個望遠鏡的擴束鏡組。

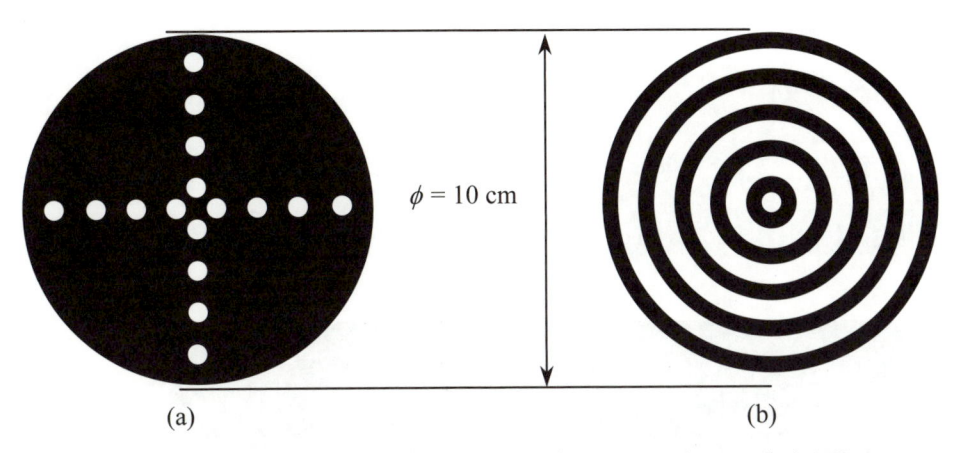

圖 4.2-6　(a) 十字透洞投影片，相鄰兩透洞間隔為 1.0 cm，每一洞的直徑為 3 mm。(b) 同心環投影片。

1. 球面像差

A. 實驗架設

No.	器材名稱 (中文)	器材名稱 (英文)	建議規格	數量
1	雷射	Laser	Eg. CW frequency doubled Nd^{3+} laser at 532 nm	1
2	雷射夾具	Laser mount	Tilt adjustable laser mount	1
3	屏幕固定架	Screen mount	Eg. a plate holder	1
4	3″ 支撐棒	Post	3″ length	4
5	2″ 支撐座	2″ post holders for two lenses	2″ height	2
6	4″ 支撐座	Post holders for laser and microscope objective lens	4″ height	2
7	60X 顯微鏡物鏡	Microscope objective lens	A typical one with 60X magnification	1
8	物鏡固定座	Objective lens mount	Typical	1
9	1.5-m 光學軌道	Optical rail	1.5-m length	1
10	滑座	Rail carriers for laser, mirror, and screen	Typical	5
11	雙凸正透鏡，焦距 200 mm	Double convex positive lens	Double convex, 4″ diameter, $f = 200$ mm	1
12	平凸正透鏡，焦距 200 mm	Plano-convex positive lens	Plano-convex 4″ diameter, $f = 200$ mm	1

A. 實驗架設 (續)

No.	器材名稱 (中文)	器材名稱 (英文)	建議規格	數量
13	φ = 4" 鏡座	φ = 4" lens mount	Typical lens mount with an aperture diameter of φ = 4"	2
14	透洞投影片	Slide with crossed dots	Refer to Fig. 4.2-6 (a)	1

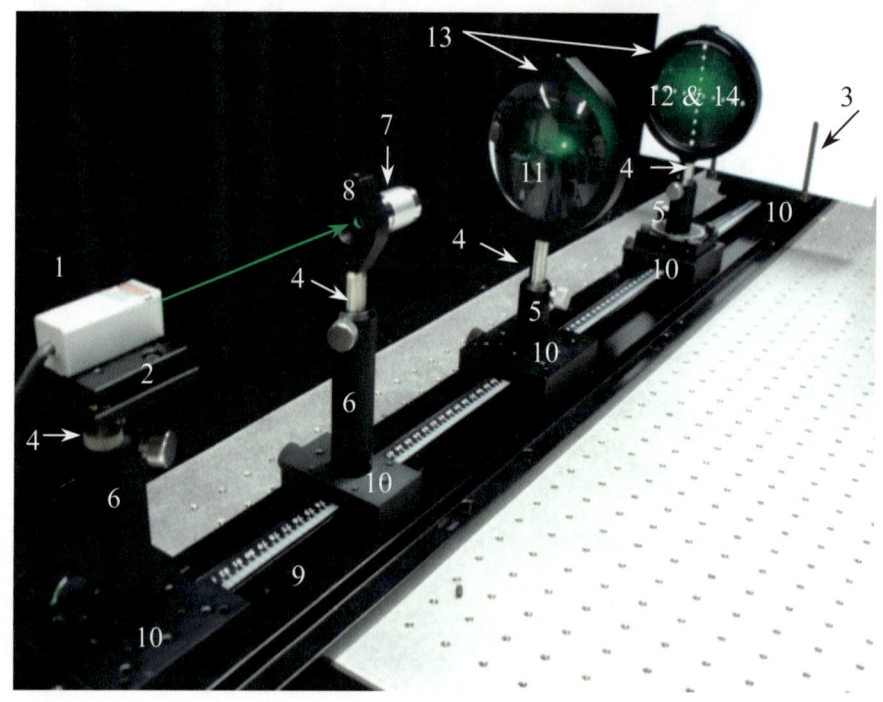

(實驗架設照片)

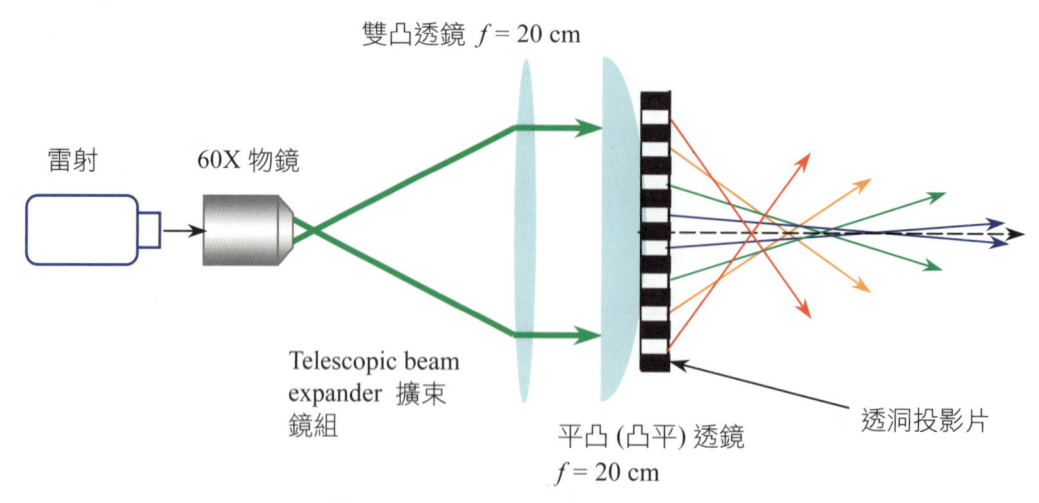

圖 4.2-7　球面像差實驗架設圖。

B. 實驗步驟

(1) 安排實驗裝置如圖 4.2-7 所示，並使平行擴束之後之雷射光垂直入射一直徑 10 cm、$f = 20$ cm 的平凸透鏡。

(2) 將圖 4.2-6 (a) 中所示之十字透洞投影片置於該平凸透鏡前面。

(3) 在焦平面附近前後移動一屏幕，觀察、記錄光束經平凸透鏡不同孔徑折射後的焦點位置，注意十字透洞投影片外緣的圓孔和內緣的圓孔在光軸線上聚成一點的位置不同，可用一個數位相機記錄觀察到的結果，量測此一平凸透鏡的 LSA。

(4) 將透鏡翻轉到另一面成為一個凸平透鏡，然後重新做步驟 (1-3)。量測此一凸平透鏡的 LSA。從實驗結果中判斷平凸或是凸平透鏡的球差較為嚴重。

2. 彗形像差

A. 實驗架設

No.	器材名稱 (中文)	器材名稱 (英文)	建議規格	數量
1	雷射	Laser	Eg. CW frequency doubled Nd^{3+} laser at 532 nm	1
2	雷射夾具	Laser mount	Tilt adjustable laser mount	1
3	屏幕固定架	Screen mount	Eg. A plate holder	1
4	3" 支撐棒	Post	3″ length	3
5	2" 支撐座	Post holders for two lenses	2″ height	1
6	4" 支撐座	Post holders for laser and microscope objective lens	4″ height	2
7	60X 顯微鏡物鏡	Microscope objective lens	A typical one with 60X magnification	1
8	物鏡固定座	Objective lens mount	Typical	1
9	1.5-m 光學軌道	Optical rail	1.5-m length	1
10	滑座	Rail carriers for laser, mirror, and screen	Typical	4
11	φ~2" 旋轉台	Rotation stage	φ = 2″ with 360° continuous rotation and minimum increment of 1°	1
12	平凸正透鏡，焦距 200 mm	Plano-convex positive lens	Plano-convex lens with 4″ diameter and $f = 200$ mm	1

A. 實驗架設 (續)

No.	器材名稱 (中文)	器材名稱 (英文)	建議規格	數量
13	φ = 4" 鏡座	4" lens mount	Typical lens mount with an aperture diameter of φ = 4"	1
14	同心環投影片	Slide with concentric rings	Refer to Fig. 4.2-6 (b)	1

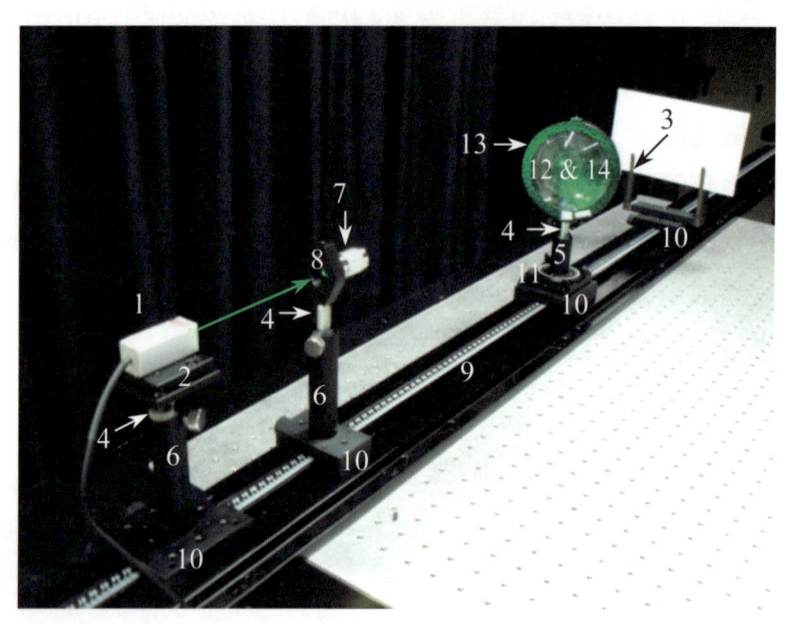

(實驗架設照片)

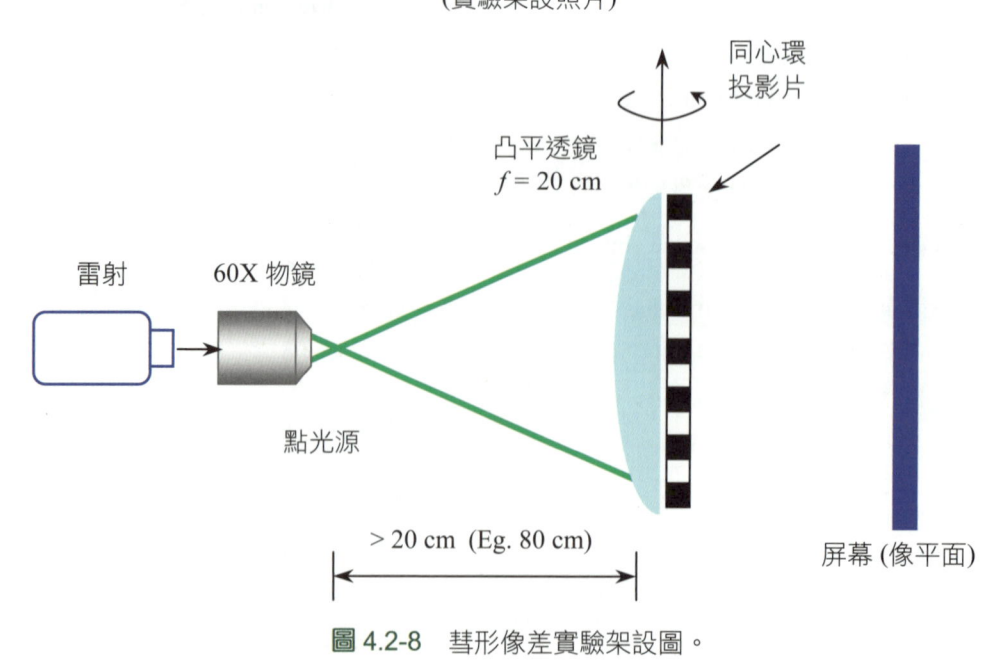

圖 4.2-8　彗形像差實驗架設圖。

B. 實驗步驟

(1) 安排實驗裝置如圖 4.2-8，但是使用一個直徑為 10 cm、$f = 20$ cm 的凸平透鏡置於 60X 物鏡後方大於 20 cm (譬如 80 cm) 處。

(2) 將同心環投影片貼於凸平透鏡上，並設置一個觀察屏幕在透鏡後方的像平面位置上，先前後移動屏幕直到找到像點為止。

(3) 轉動透鏡主軸一個小角度，使物鏡產生的點光源偏離光軸線，然後觀察其像平面是否與圖 4.2-4 (b, c) 類似，可用一個數位相機記錄觀察到的結果。

(4) 設法找出屏幕上之條狀影像在投影片所對應到的環帶。

(5) 轉動透鏡主軸至不同角度，描述、解釋彗形圖中彗星圓之移動情形。

3. 像散
A. 實驗架設

No.	器材名稱 (中文)	器材名稱 (英文)	建議規格	數量
1	雷射	Laser	Eg. CW frequency doubled Nd^{3+} laser at 532 nm	1
2	雷射夾具	Laser mount	Tilt adjustable laser mount	1
3	屏幕固定架	Screen mount	Eg. A plate holder	1
4	3" 支撐棒	Post	3" length	3
5	2" 支撐座	Post holders for two lenses	2" height	1
6	4" 支撐座	Post holders for laser and microscope objective lens	4" height	2
7	60X 顯微鏡物鏡	Microscope objective lens	A typical one with 60X magnification	1
8	物鏡固定座	Objective lens mount	Typical	1
9	1.5-m 光學軌道	Optical rail	1.5-m length	1
10	滑座	Rail carriers for laser, mirror, and screen	Typical	4
11	$\phi \sim 2$" 旋轉台	Rotation stage	$\phi = 2$" with 360° continuous rotation and minimum increment of 1°	1
12	雙凸正透鏡，焦距 300 mm	Double-convex positive lens	Double-convex lens with 2" diameter and $f = 300$ mm	1
13	2" 鏡座	2" lens mount	Typical lens mount for $\phi = 2$" optics	1

98 近代實驗光學

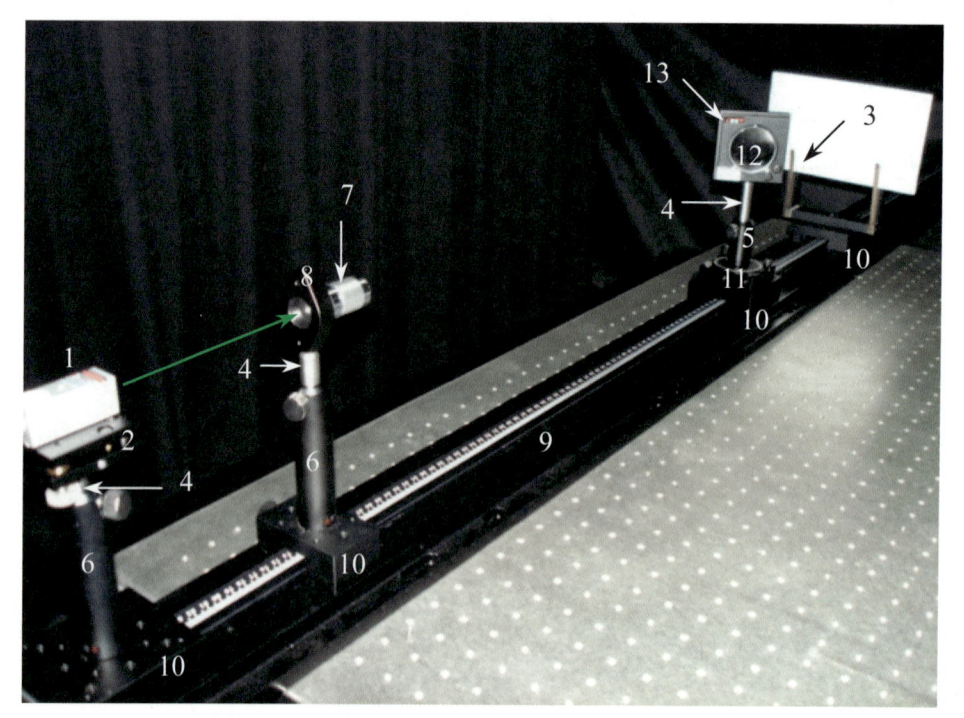

(實驗架設照片)

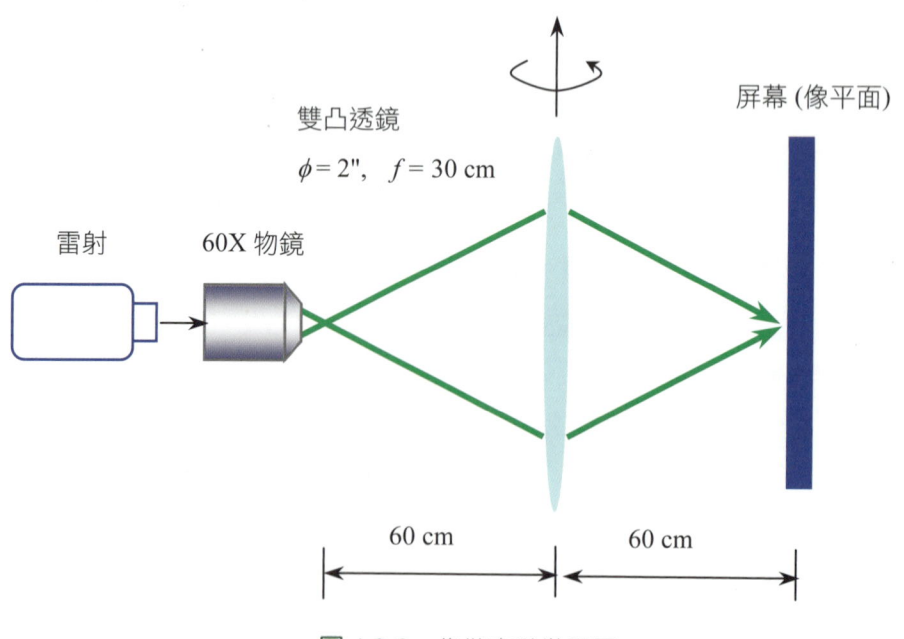

雙凸透鏡
$\phi = 2"$, $f = 30$ cm

屏幕 (像平面)

雷射   60X 物鏡

60 cm   60 cm

圖 4.2-9 像散實驗裝置圖。

B. 實驗步驟

(1) 安排實驗裝置如圖 4.2-9，但是使用一直徑 5 cm、$f = 30$ cm 的雙凸透鏡置於 60X 物鏡前大於 30 cm 處；不使用任何投影片。使用一個較小直徑雙凸透鏡的原因是，希望遠軸的光所造成的球差不要影響像散的觀察。

(2) 設置一觀察屏幕於 $f = 30$ cm 的雙凸透鏡之後，移動觀察屏幕直到找到像點為止。

(3) 轉動透鏡主軸一小角度使入射雷射偏離光軸線，然後移動像平面觀察產生的現像是否與圖 4.2-6 相似。

(4) 轉動透鏡主軸至不同角度，量取 T 與 S 及最小模糊的位置，找出角度與它們的關係。

五、參考書籍

Two popular references on lens aberration are

1. Eugene Hecht, *Optics* 3rd Ed., Chatper 6, Addison Wesley, 1998.

2. F.A. Jenkins and H.E. White, *Fundamentals of Optics* 4th Ed., McGraw-Hill, 1981.

III. 習　題

1. 從本章的討論中可以曉得，當一道平入射光垂直入射到一個球面正透鏡時會有球面像差，為什麼在畫圖 4.1-2、4.2-1 及 4.2-2 時，遠軸入射光的焦距永遠會比近軸入射光要短？有沒有什麼樣的正透鏡及入射條件會產生例外的情形？

2. 在式 (4.1-3) 中若讓 $d/R \ll 1$，是否可以推導出造鏡者公式 (4.2-1)？

3. 眼睛的散光和像差有何關係？用什麼樣的眼鏡可以矯正眼睛的散光？

4. 在治療白內障病人時經常要植入一個球面人工水晶體，有時候如果手術失敗的話，人工水晶體的光軸線與眼球的光軸線會不一致，這時病人在看東西時會有什麼樣的像差？

5. 像散與彗差的主要不同點在哪裡？

6. 對一道平行入射光來講，一個雙凸球面鏡和一個凸平球面透鏡比起來，哪一個球面像差比較嚴重？假設這兩面透鏡的三個凸面的曲率半徑都一樣。

7. 假若入射光並非一個平面波，而是一強烈聚焦或發散的球面波，平凸或凸平透鏡的球面像差哪一個比較明顯？

8. 在彗形像差實驗中為何用一個凸平透鏡？若改成平凸透鏡效果為何？

9. 在觀察彗形像差和像散時，為什麼經常會在屏幕上看到與圖 4.2-4 及圖 4.2-5 相當不同且複雜的圖像，如下圖？這些圖經常是在垂直方向上保持對稱，但是在水平方向上顯得相當不對稱。

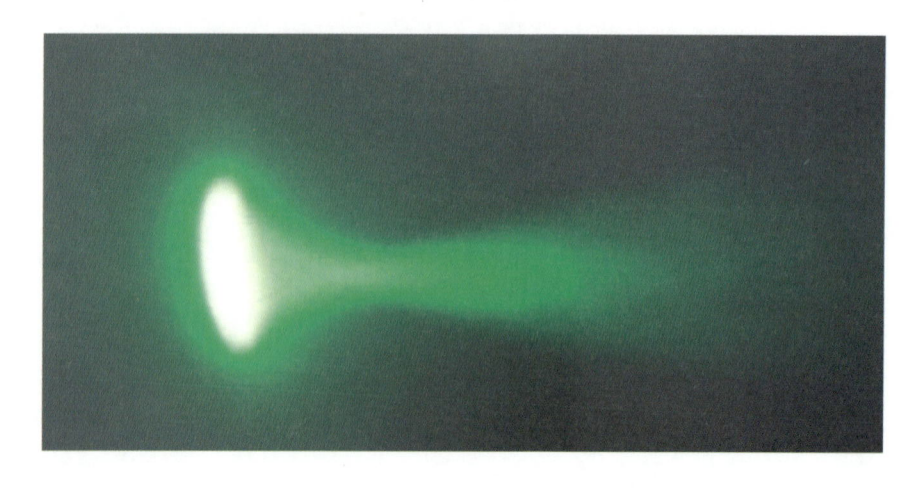

第五章　薄透鏡成像原理
Thin-lens Imaging

I. 基本概念

一、造鏡者公式

　　透鏡有聚焦、擴束、成像等功能。從正 (焦距) 透鏡左方送出一道向右行進的平行光，會聚焦到透鏡右方的一個焦點，透鏡到這個右焦點的距離叫做右焦距。假如這個透鏡所在的環境是左右對稱，即透鏡左右環境的折射率相同，這個透鏡的右焦距和左焦距會是一樣的。一個負 (焦距) 透鏡也有焦點，只是這個焦點並不真實存在，若從凹透鏡左方發出一道平行光，所有的輸出光束看似從這負透鏡前面的一個「焦點」發出來。圖 5.1-1 顯示一個透鏡的簡圖，其中，具有折射率 n_2 的一光學透鏡置於一左邊折射率為 n_1，右邊為 n_3 的環境中。該薄透鏡的兩個表面曲率半徑左邊為 R_1 右邊為 R_2。

　　在幾何光學中，必須定義曲率半徑的正負號來區別一個鏡片的凹面或凸面：讓光束由左向右行進，向右看時，若看到鏡面為凸面，在這裡定義凸面的曲率半徑為正，反之為負；根據此一定義，圖 5.1-1 中的第一透鏡面 (左

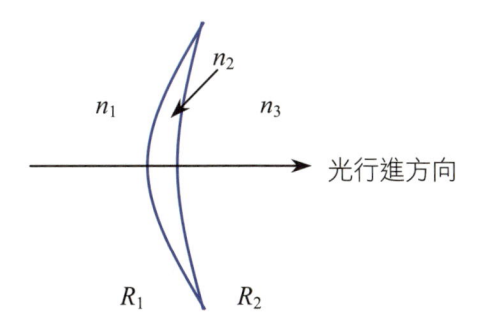

圖 5.1-1　薄透鏡示意圖。其中，具有折射率 n_2 的一光學透鏡置於一折射率左邊為 n_1，右邊為 n_3 的環境中。該薄透鏡的兩個表面曲率半徑左邊為 R_1，右邊為 R_2。

面) 的曲率半徑為正，第二透鏡面的曲率半徑也是正的。一個透鏡的焦距可從**造鏡者公式** (lens maker's formula) 知道，根據先前對曲率半徑正負號的定義，從幾何光學中可以推導出以下的造鏡者公式 (詳見習題)

$$\frac{1}{f'} = \frac{n_3 - n_2}{n_3 R_2} + \frac{n_2 - n_1}{n_3 R_1} \tag{5.1-1}$$

其中，f' 是右焦距，R_1, R_2 分別是左及右鏡面的曲率半徑，n 是物質的折射率。若透鏡的左右兩邊是同一個物質 $n_1 = n_3$，造鏡者公式可以簡化成

$$\frac{1}{f'} = \frac{n_2 - n_1}{n_1}(\frac{1}{R_1} - \frac{1}{R_2}) \tag{5.1-2}$$

對大部分置於空氣中的玻璃透鏡而言，$n_1 = 1, n_2 = 1.5$。若計算出來的焦距 f' 為正，則表示該透鏡是一個正透鏡，反之，是一個負透鏡。

二、單一薄透鏡成像公式

在討論成像前，還得多介紹一些正負號的定義，這些定義雖然在不同的光學的書籍中會略有不同，但是使用時，只要是將同一套定義從頭用到尾就不會出錯。我們在這裡定義

1. 光由左往右前進定義為向正方向傳播。
2. 物體若放在透鏡的左方，其物距為負，反之為正。
3. 像若形成在透鏡的右方，其像距為正，反之為負。
4. 若是光線與光軸線相交,且相交的銳角是由光線順時鐘方向朝光軸線方向旋轉掃出來的，這個銳角定義為正，反之為負。

推導薄透鏡成像公式的方式有許多種，最常見的方法就是從數學上相似三角形的觀念出發，尋求一個簡單的幾何推導過程。首先，我們來看看下面這個計算薄透鏡成像的示意圖 (圖 5.1-2)，值得注意的是，若透鏡太厚，光在透鏡中的傳播路徑便無法忽略，光在透鏡裡的傳播路徑就必須做進一步的考慮。

根據圖 5.1-2，從 ABC 與 A'OC 這兩個相似三角形可以得到

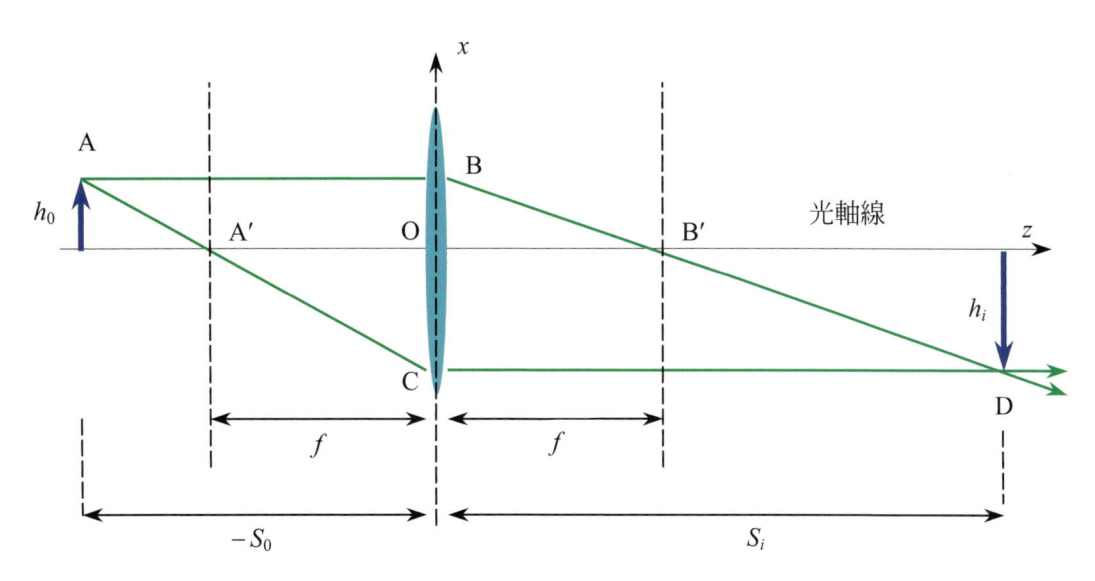

圖 5.1-2　薄透鏡成像示意圖：一個正立物體置於光軸線上 A 處，透過一個正透鏡，根據成像公式 (5.1-5) 會形成一個倒像在光軸線上 D 處。

$$\frac{h_0 + h_i}{-S_0} = \frac{h_i}{f} \tag{5.1-3}$$

從 BCD 與 BOB′ 這兩個相似三角形中，可以得到另一個關係式

$$\frac{h_0 + h_i}{S_i} = \frac{h_0}{f} \tag{5.1-4}$$

將這兩個式子相加，再同時除以 $h_0 + h_i$，就可以得到以下所謂的**薄透鏡成像公式** (thin-lens imaging formula)。

$$\frac{1}{-S_0} + \frac{1}{S_i} = \frac{1}{f} \tag{5.1-5}$$

物高對物高的比值 h_i / h_0 稱為**放大率** (magnification)，從圖 5.1-2 的幾何相似形，可以得到此項比值亦等於像距對物距的比，也就是

$$M = \frac{h_i}{h_0} = \frac{S_i}{S_0} \tag{5.1-6}$$

注意，在圖 5.1-2 的薄透鏡系統中，S_0 是負的，S_i 是正的，M 為負數表示像對於物而言是倒立著的。

三、多透鏡系統

參考圖 5.1-3 的座標定義，在幾何光學中每一道光束可用兩個參數來描述：光束線相對於光軸線 z 的橫向位移 x 及光束線與光軸線 z 的夾角 $x' = dx/dz$。位於輸入平面 I 的一道輸入光束及位於輸出平面 II 的一道輸出光束之間的關係，可用以下的矩陣來表示

$$\begin{bmatrix} x_2 \\ x'_2 \end{bmatrix} = M \begin{bmatrix} x_1 \\ x'_1 \end{bmatrix} \equiv \begin{bmatrix} A & B \\ C & D \end{bmatrix} \begin{bmatrix} x_1 \\ x'_1 \end{bmatrix} \tag{5.1-7}$$

其中，下標 1、2 分別代表輸入、輸出光束的參數，M 矩陣稱為**轉換矩陣** (transfer matrix)。

若輸入、輸出平面之間只是一段光束自由傳播的距離 l，由圖 5.1-3 中可以輕易地看出，矩陣 M 的形式為

$$M = \begin{bmatrix} 1 & l \\ 0 & 1 \end{bmatrix} \tag{5.1-8}$$

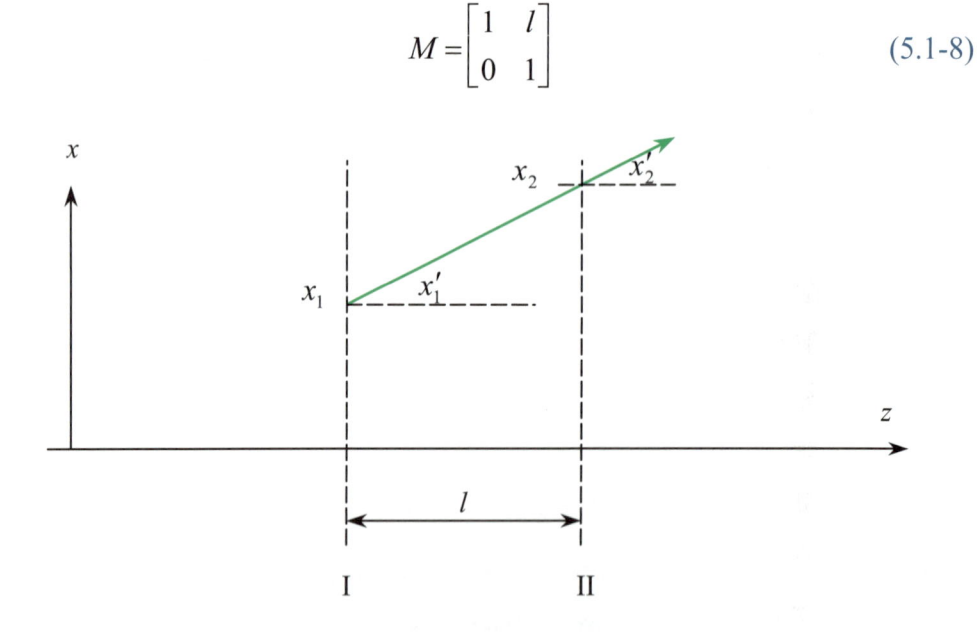

圖 5.1-3 一道光束可用光束線相對於光軸線 z 的橫向位移 x 及光軸線 z 的夾角 $x' = dx/dz$ 來描述。圖中所繪為一道光束從輸入平面 I 自由傳播一段距離 l 到輸出平面 II。

參考圖 5.1-4 (a)，讓入射光從第一物質進入第二物質，這兩個物質形成的界面是個平面，若入射物質的折射率是 n_1，第二物質的折射率是 n_2，在近軸條件之下，可以將司乃爾折射定律 $n_1 \sin\theta_i = n_2 \sin\theta_t$ 簡化成 $n_1\theta_i = n_2\theta_t$，或者 $x_2' = (n_1/n_2)x_1'$，同時入射位置與出射位置一樣 $x_2 = x_1$，因此

$$M = \begin{bmatrix} 1 & 0 \\ 0 & n_1/n_2 \end{bmatrix} \tag{5.1-9}$$

是描述當光束從折射率為 n_1 的物質進入 n_2 的物質界面時的轉換矩陣。

假使這兩個物質界面形成一個曲率半徑為 R 的曲面，如圖 5.1-4 (b) 所示，從圖中的幾何形狀可以知道 $x_2 = x_1$、$\theta_i = x_1' + \varphi$、$\theta_t = x_2' + \varphi$，由司乃爾折射定律又可以得到 $n_1 x_1' + n_1 \varphi = n_2 x_2' + n_2 \varphi$，於是得到輸出角度與輸入角度之間的關係

$$x_2' = \frac{n_1}{n_2} x_1' + \frac{n_1 - n_2}{n_2} \varphi = \frac{n_1}{n_2} x_1' - \frac{n_1 - n_2}{n_2} \frac{x_1}{R}$$

注意，$\varphi = -x_1/R$ 中的負號是根據之前角度符號的定義。綜合以上的結論，可以得到

$$\begin{bmatrix} x_2 \\ x_2' \end{bmatrix} = \begin{bmatrix} 1 & 0 \\ -\dfrac{n_2 - n_1}{n_2 R} & \dfrac{n_1}{n_2} \end{bmatrix} \begin{bmatrix} x_1 \\ x_1' \end{bmatrix} \tag{5.1-10}$$

因此描述一道光束進出一個曲面的矩陣為

$$M = \begin{bmatrix} 1 & 0 \\ -\dfrac{n_2 - n_1}{n_2 R} & \dfrac{n_1}{n_2} \end{bmatrix} \tag{5.1-11}$$

對一個薄透鏡來講，光束的輸入點及輸出點是一樣的，所以 $x_2 = x_1$；然而輸出角度與輸入角度之間有一個通式 $x_2' = Cx_1 + Dx_1'$。C 跟 D 的值可以代入兩個例子去解出來：首先讓輸入光以 x_1' 的角度入射薄透鏡的中心點 (即 $x_1 = 0$)，顯然 $x_2' = Dx_1' = x_1'$ 或 $D = 1$；再來假設一道平行入射光 (即

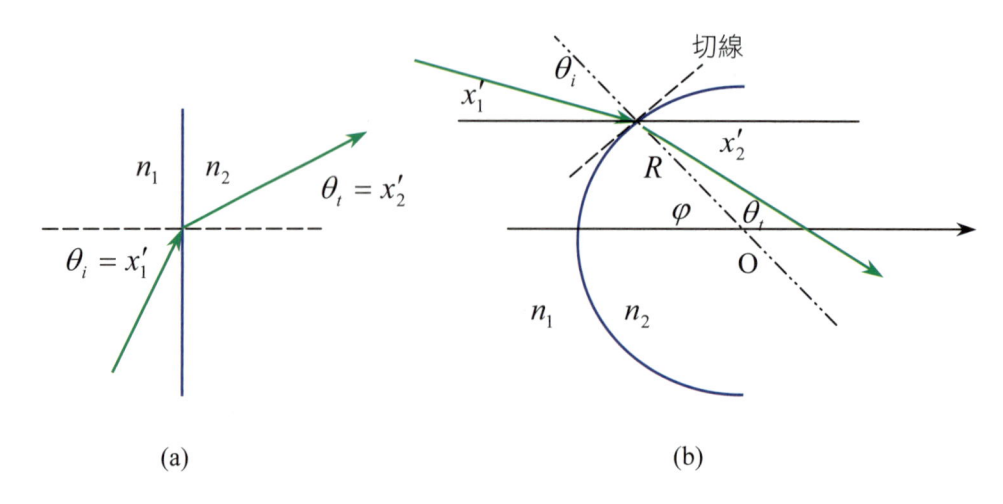

圖 5.1-4　解一道光束進出兩個物質界面的 ABCD 矩陣的示意圖。(a) 平面界面，(b) 曲面界面。

$x_1' = 0$），則輸出光將以 $x_2' = Cx_1 = -(1/f)x_1$ 的角度射向焦點，或者 $C = -1/f$。因此描述一個薄透鏡的矩陣可以寫成

$$M = \begin{bmatrix} 1 & 0 \\ -1/f & 1 \end{bmatrix} \tag{5.1-12}$$

有上述的矩陣數學工具之後，一道光束的行進就可以用矩陣相乘來表示。例如在圖 5.1-5 中的一個薄透鏡的系統可以由以下的式子描述

$$\begin{bmatrix} x_2 \\ x_2' \end{bmatrix} = \begin{bmatrix} 1 & s' \\ 0 & 1 \end{bmatrix} \begin{bmatrix} 1 & 0 \\ -1/f' & 1 \end{bmatrix} \begin{bmatrix} 1 & s \\ 0 & 1 \end{bmatrix} \begin{bmatrix} x_1 \\ x_1 \end{bmatrix} \equiv \begin{bmatrix} A & B \\ C & D \end{bmatrix} \begin{bmatrix} x_1 \\ x_1' \end{bmatrix} \tag{5.1-13}$$

注意，上式中 $s < 0$。這種分析方式通稱為 **ABCD 矩陣** (ABCD matrix) 法。

根據上一章中的成像定義可以知道：一個像點的 x 位置與物點發出的光的角度無關，於是設定式 (5.1-13) 中的 $B = 0$ 就可以得到成像的條件，

$$\frac{1}{s} - \frac{1}{s} = \frac{1}{f'} \tag{5.1-14}$$

又，讓 $B = 0$，像的線性放大率可從 A 中得到

$$A = \frac{x_2}{x_1} = \frac{s'}{s} \tag{5.1-15}$$

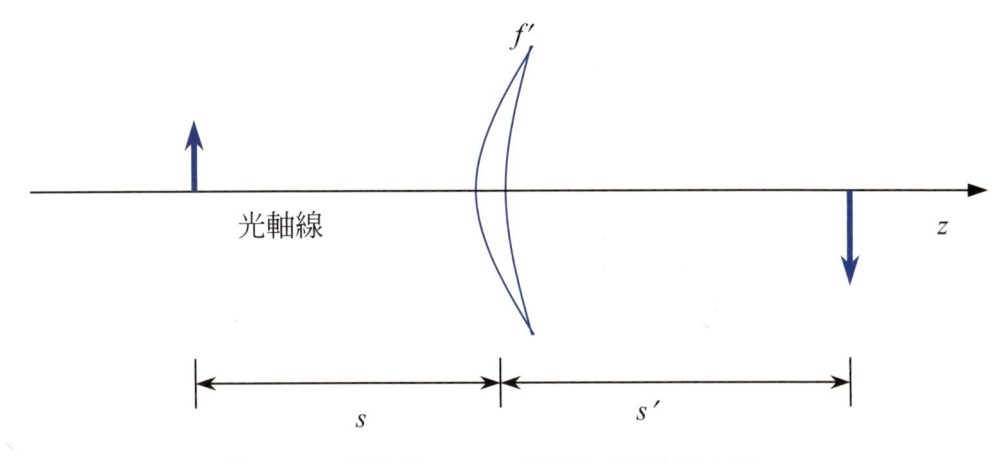

圖 5.1-5 計算式 (5.1-13) 薄透鏡系統的示意圖。

假使一個光學系統中含有許多光學透鏡，輸出光束和入射光束之間的關係可依式 (5.1-13) 的做法做矩陣的連續相乘，而得到所謂的 ABCD 矩陣。在做 ABCD 矩陣乘積時，顯然存在一輸入平面 I 及一輸出平面 II，如圖 5.1-6 中的粗藍線所示。面對一個光學系統，吾人最有興趣知道的可能就是它的焦距。要瞭解一個光學系統的右焦距的話，可以朝該光學系統由左至右發出一道平行光，即令

$$\begin{bmatrix} x_2 \\ x_2' \end{bmatrix} = \begin{bmatrix} A & B \\ C & D \end{bmatrix} \begin{bmatrix} x_1 \\ x_1' \end{bmatrix} \quad (5.1\text{-}16)$$

中的 $x_1' = 0$，就得到 $x_2' = Cx_1$。由圖 5.1-6 的幾何形狀可以輕易地看出，一個光學系統的焦距可定義為

$$f_{sys}' = -x_1/x_2' = -1/C \quad (5.1\text{-}17)$$

其中的負號是為了跟先前角度的符號定義相吻合。

繼續參考圖 5.1-6，在一個多透鏡系統中，所謂的 **cardinal planes** 可以完整地描述此一系統，cardinal planes 包含六個平面：左、右**主平面** (principal plane)，左、右**焦平面** (focal plane)，左、右**結點平面** (nodal plane)。焦平面，顧名思義，就是垂直於光軸線，包含焦點的平面；要找到右主平面位置可向輸入平面發射一道平行光，輸出光束會通過該光學系統的焦點，將平行輸入

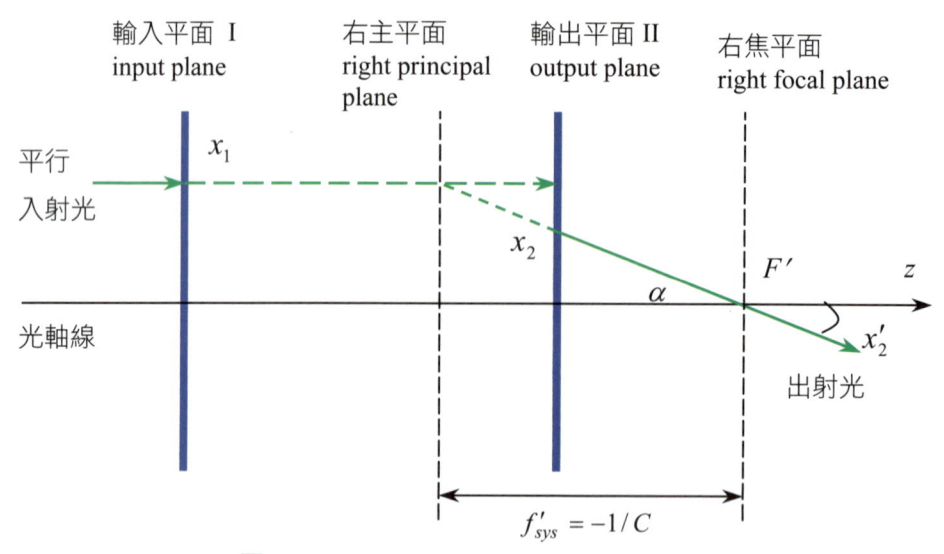

圖 5.1-6　Cardinal Planes 的相對位置。

光束往系統內 (右方) 延伸 (虛線)，並將輸出光束往回 (左方) 延伸 (虛線)，兩條線的交點處就是右主平面的位置；若一道光束以一入射角入射一個光學系統的左結點平面，輸出光束會從右結點平面以相同的角度射出。對一個薄透鏡來講，這六個平面都垂直於光軸線，重疊在鏡心。實驗上，可利用以上的描述輕易地找到一個光學系統的各個 cardinal plane。

　　若已知一個光學系統的 ABCD 矩陣，六個 cardinal planes 的相對位置可以由其個別的物理特性利用式 (5.1-16) 推導出以下的公式：

1. 右 (左) 焦平面與 右 (左) 主平面的距離 $= - (+) \dfrac{1}{C}$。若這個值為正，則右 (左) 焦平面在右 (左) 主平面的右邊。

2. 右主平面與輸出平面間的距離 $= \dfrac{1-A}{C}$ (詳見習題)，若此值為正，則主平面在輸出平面的右邊；反之，在輸出平面的左邊。左主平面與輸入平面間的距離 $= \dfrac{D-1}{C}$，若此值為正，則主平面在輸入平面的右邊。

3. 假如此一光學系統放置的環境是左右相同的，即光束從一物質中輸入，亦輸出到同一物質，則左右結點平面的位置與左右主平面的位置一樣。

　　若知道一個光學系統中所有 cardinal planes 的相對位置，就可以將一組合透鏡系統當作是一薄透鏡系統來處理。在以下的實驗原理中，我們會介紹一個雙透鏡的例子。

II. 實　驗

一、實驗名稱：薄透鏡成像原理

二、實驗目的

藉由此一實驗瞭解使用薄透鏡做雷射平行擴束及縮束的技巧，並測量未知單一透鏡和透鏡組的焦距、成像及放大率，最後加以驗證成像公式。

三、實驗原理

1. 擴束、縮束原理

若我們所使用的平行光束太小，在某些實驗中不適合使用時，我們可以利用以下望遠鏡組方法，將平行光束的截面績放大或縮小到我們所需要的大小。為方便起見，圖 5.2-1 用**擴束** (beam expansion) 做例子，若要將雷射光做縮束的動作，只要調整焦距的參數，或者讓一道雷射光朝反方向傳播就可以了。假設入射光近似一道平行光，利用兩個凸透鏡〈焦距分別為 f_1，f_2〉串連排列，讓兩個透鏡形成如圖 5.2-1 一般共焦點的安排。

由三角幾何相似形的原理，可以從圖 5.2-1 得到平行光束直徑的放大倍率為

$$M = \frac{d_2}{d_1} = \frac{f_2}{f_1} \tag{5.2-1}$$

光束面積放大倍率則為平方倍

$$M^2 \tag{5.2-2}$$

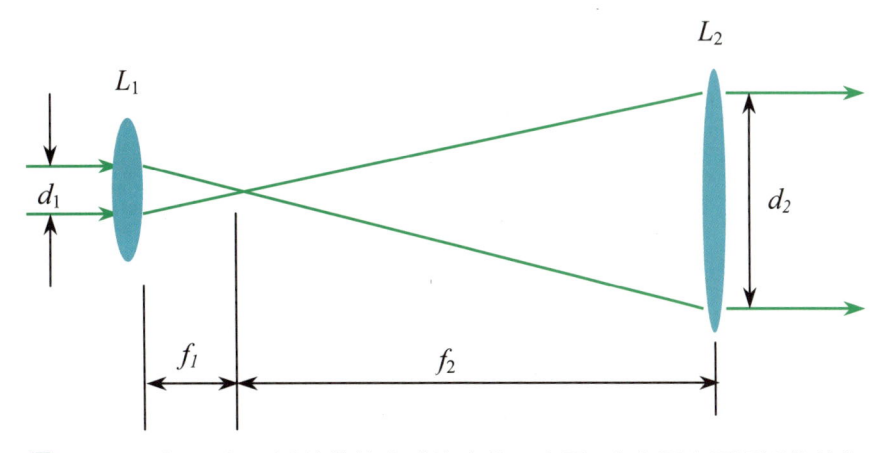

圖 5.2-1 利用兩個凸透鏡做擴束或縮束的示意圖 (注意圖中兩個透鏡共焦點的安排)。

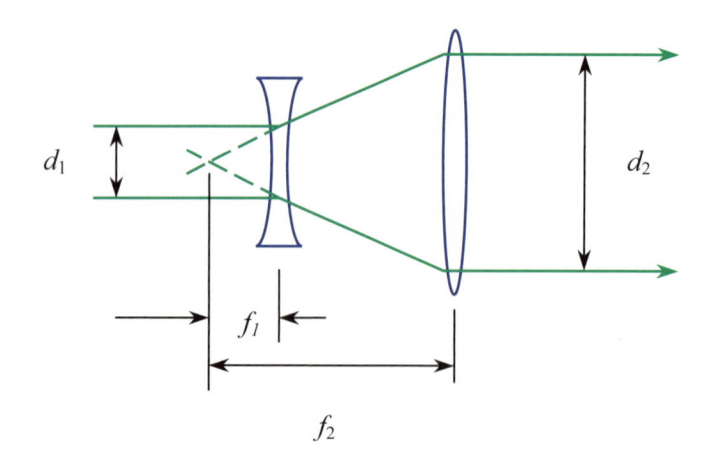

圖 5.2-2 利用一個凸透鏡、一個凹透鏡做擴束或縮束的示意圖 (注意圖中兩透鏡共焦點的安排)。

在實際應用上經常將其中一個凸透鏡換成凹透鏡以節省空間，如圖 5.2-2 所示，亦可得到相同的擴束效果。

2. 刀口法 (knife-edge method) 量測正透鏡焦距

在實驗室中經常會有不知焦距的凸 (正) 透鏡到處流浪，假如該透鏡的焦距不是很長，在實驗技巧上，可將實驗室中天花板上的日光燈管近似為位於無限遠處的物體，利用此一未知透鏡將遠處光源成像在一張白紙上，只要量一下透鏡與成像白紙間的距離，就知道該透鏡的焦距了。這個原理可由 (5.1-5) 式中看出來，令 S_0 趨近於無限大，S_i 就等於 f 了。

若要較精確地得知一個凸透鏡的焦距，吾人可用所謂的刀口法來量測。如圖 5.2-3 所示，假設在一個正透鏡左邊，上方發出一道平行於光軸線的紅光束，下方亦發出一道平行於光軸線的藍光束，因為透鏡聚焦的關係，兩道光束交會於 F 點，之後，兩道光束再繼續前進，打在後方屏幕上，形成一個藍點及一個紅點。以焦點 F 為分界，若將一刀片朝 1 及 1′ 的位置橫向切去，紅點將會被切掉；若將一刀片朝 2 及 2′ 的位置橫向切去，藍點將會被切掉；但是，若將刀片朝 3 及 3′ 的位置，即焦點的位置橫向切去，紅點及藍點的亮度將會同時減弱。因此，吾人可以得到一個結論，當一個刀片剛好橫向切到一個光束的焦點時，屏幕上的光會從對稱的兩側同時暗下來；依據此一原理，可以得到一個透鏡的焦點位置，進而量到一個透鏡的焦距。

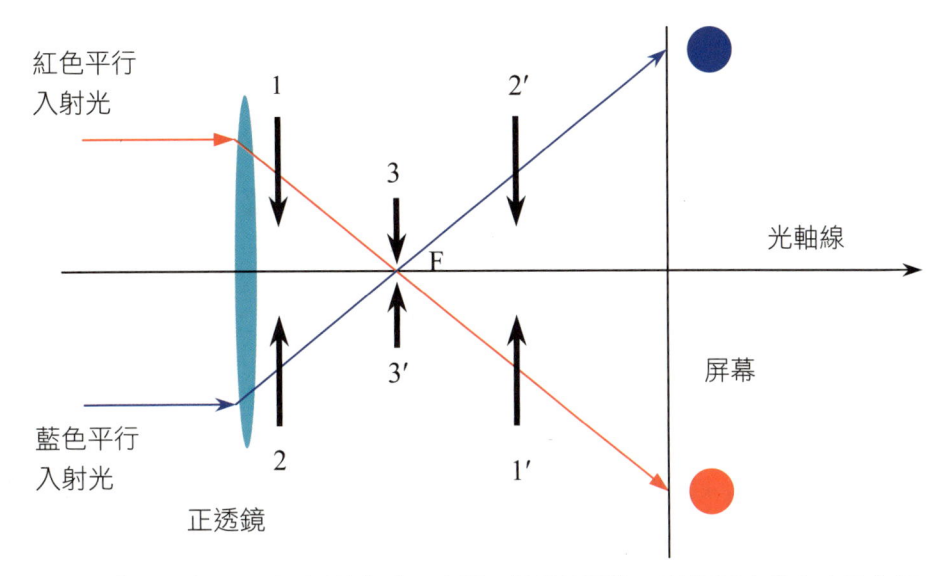

圖 5.2-3 「刀口法」量測正透鏡焦點示意圖，粗黑箭頭為刀片切下去的方向及位置，只有在 F 點 (焦點) 上用刀片切下，才會讓紅點及藍點同時暗下來。

3. 量測負透鏡的焦距

和正透鏡不一樣的是，一個負透鏡的焦距無法利用先前的方法輕易得知。在作實驗時，還是經常會需要知道未知負透鏡的焦距，由於負透鏡所成的像為虛像，無法用直接的成像方法觀察到像的位置，而我們所使用的方法就是再藉助一個已知焦距的正透鏡來將負透鏡形成的虛像變成一個實像後，最後由成像公式求得一個負透鏡的焦距。在圖 5.2-4 中，一個未知的凹透鏡〈焦距 f_1〉的虛像經由一個已知的凸透鏡〈焦距為 f_2〉可形成一個實像。

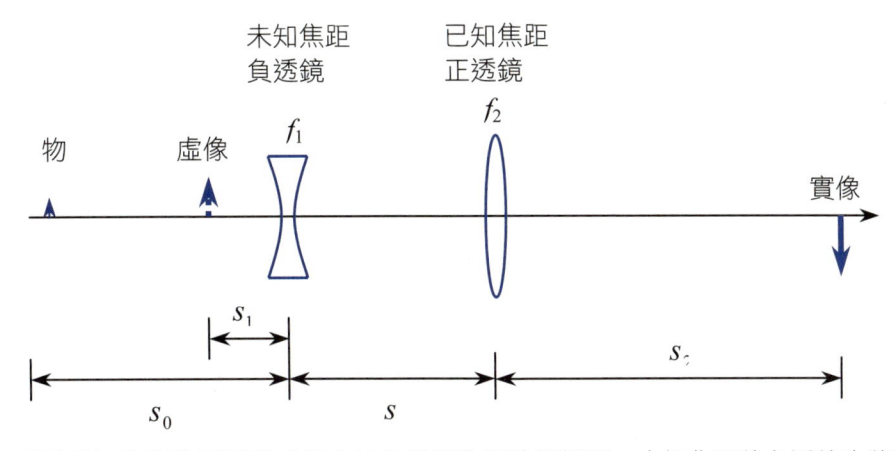

圖 5.2-4 利用已知焦距的正透鏡求得未知負透鏡焦距的解說圖。未知焦距的負透鏡先將物體形成一個虛像，再用一個已知正透鏡將這個虛像形成一個可以量測的實像。

由圖 5.2-4 可知，物體與虛像的位置有以下的關係

$$\frac{1}{-S_0} + \frac{1}{S_1} = \frac{1}{f_1} \tag{5.2-3}$$

根據以下的關係，這個虛像可由凸透鏡形成一個實像，

$$\frac{1}{S_2} + \frac{1}{-S_1-S} = \frac{1}{f_2} \tag{5.2-4}$$

實際實驗時，S、S_0、f_2 為已知，移動像屏，找到一最清楚的實像，此段距凹透鏡的距離設為 S_2，只要知道凸透鏡的焦距便可藉由以上的成像公式 (5.2-4)，求得 S_1，再將 S_1 代入成像公式 (5.2-3) 中，即可求得這個凹透鏡的焦距 f_1。值得注意的是，假使正透鏡的焦距選得不對或位置放得不恰當，不見得會將負透鏡形成的虛像變成實像，在做實驗時必須有一番嘗試。

4. 雙透鏡系統

假設將一個雙透鏡系統擺置在空氣中，如圖 5.2-5 所示，光線由左方向右方入射，其中第一透鏡的焦距為 f_1'，第二透鏡的焦距為 f_2'，輸入平面與輸出平面分別與第一透鏡及第二透鏡重合。根據先前所介紹的 ABCD 矩陣法，這個雙透鏡系統的矩陣為

$$M_{syst} = \begin{bmatrix} 1 & 0 \\ -1/f_2' & 1 \end{bmatrix} \begin{bmatrix} 1 & l \\ 0 & 1 \end{bmatrix} \begin{bmatrix} 1 & 0 \\ -1/f_1' & 1 \end{bmatrix} = \begin{bmatrix} 1-\dfrac{l}{f_1'} & l \\ -\left[\left(1-\dfrac{l}{f_1'}\right)\dfrac{1}{f_2'} + \dfrac{1}{f_1'}\right] & 1-\dfrac{l}{f_2'} \end{bmatrix} \tag{5.2-5}$$

因此，按照以上的討論，可以得到：

$$\text{右焦平面到右主平面的距離} = f_{syst}' = -\frac{1}{C} \tag{5.2-6}$$

$$\text{右主平面到輸出平面間的距離} = -\frac{l}{f_1'} f_{syst}' \tag{5.2-7}$$

其中

$$1/f_{sys}' = \left[\left(1-\frac{l}{f_1'}\right)\frac{1}{f_2'} + \frac{1}{f_1'}\right] \tag{5.2-8}$$

第五章　薄透鏡成像原理

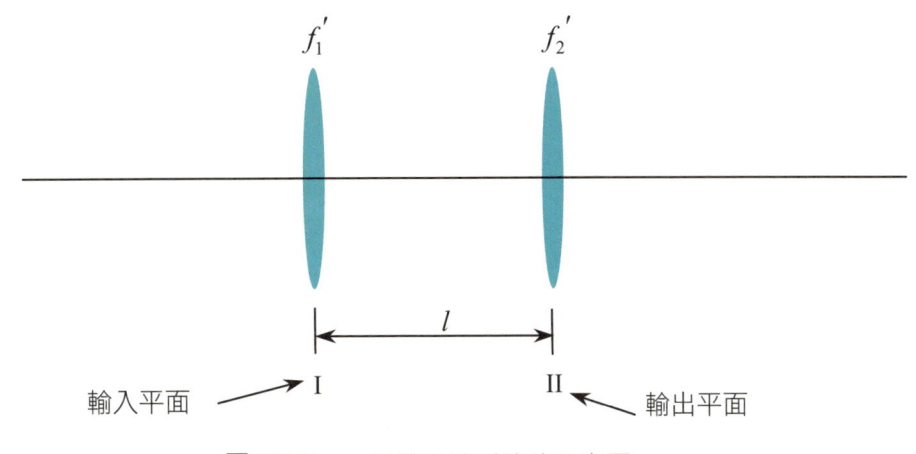

f_1'　　　f_2'

輸入平面　→ I　　　II ← 輸出平面

l

圖 5.2-5　一個雙透鏡系統的示意圖。

四、實驗內容

1. 雷射擴束實驗

A. 實驗裝置

No.	器材名稱 (中文)	器材名稱 (英文)	建議規格	數量
1	雷射	Laser	Eg. CW frequency doubled Nd^{3+} laser at 532 nm	1
2	雷射夾具	Laser mount	Tilt adjustable laser mount	1
3	屏幕固定架	Screen mount	Eg. A plate holder	1
4	3″ 支撐棒	Post for laser and $\phi = 1$″ lens	3″ length	2
5	2″ 支撐棒	Post for $\phi = 2$″ lens	2″ length	1
6	1″ 支撐棒	Post for screen	1″ length	1
7	2″ 支撐座	Post holders for lens and screen	2″ height	4
8	2″ × 3″ 支架底板	Base plates for laser, lens, and screen	Eg. 2″ × 3″ size with two mounting slots	4
9	1-m 光學軌道	Optical rail	1-m length	1
10	滑座	Rail carriers for laser, lens, and screen	Typical	4
11	$\phi = 2$″ 鏡座	Lens mount	Typical lens mount for $\phi = 2$″ optics	1

A. 實驗裝置 (續)

No.	器材名稱 (中文)	器材名稱 (英文)	建議規格	數量
12	雙凸正透鏡，焦距 100 mm	Double convex positive lens	Double-convex lens with 2″ diameter and f = 100 mm	1
13	雙凸正透鏡，焦距 200 mm	Double convex positive lens	Double-convex lens with 2″ diameter and f = 200 mm	1
14	雙凸正透鏡，焦距 300 mm	Double convex positive lens,	Double-convex lens with 2″ diameter and f = 300 mm	1
15	雙凹負透鏡，焦距 −25 mm	Double concave negative lens	Double-concave lens with 1″ diameter, f = −25 mm	1
16	ϕ = 1″ 鏡座	1″ lens mount for the negative lens	Typical lens mount for ϕ = 1″ optics	1

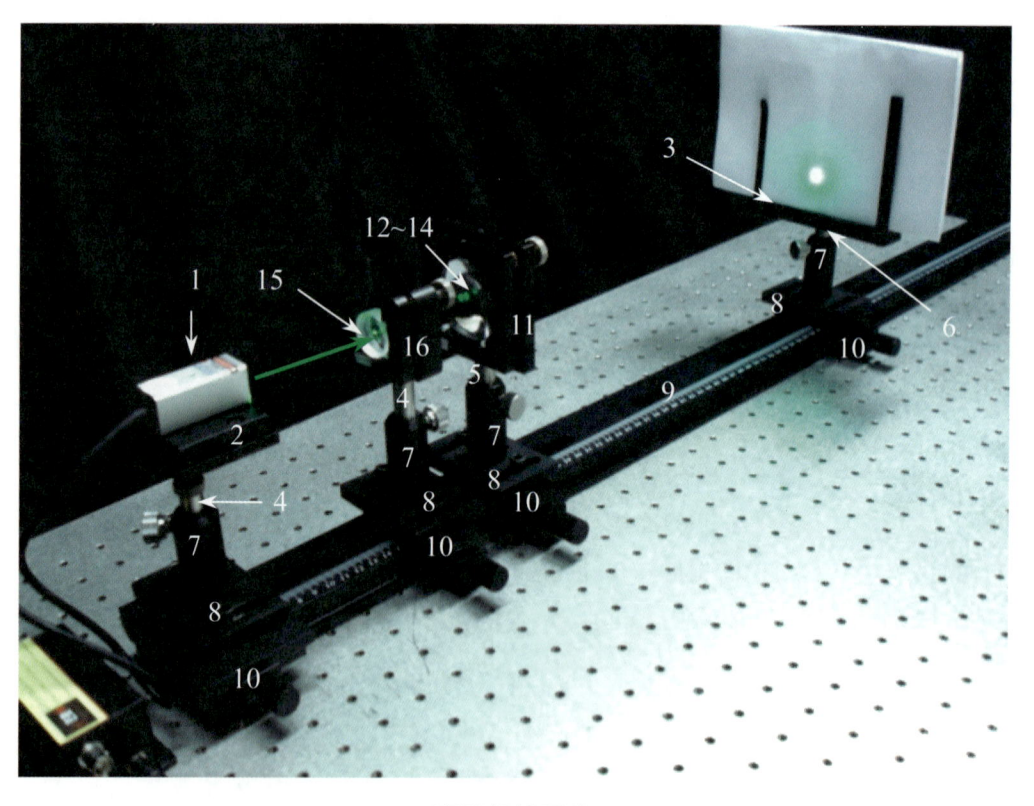

(實驗架設照片)

B. 實驗步驟

(1) 如圖 5.2-6 一般將雷射架在光學軌道上，讓雷射光行進方向沿光學軌道的長軸，且水平於桌面。在雷射輸出口 7.5 cm 處讓雷射穿過一個塑膠尺，目視從塑膠尺上散射回來約 ~4% 的雷射光估算雷射直徑的大小。注意，若將雷射光直接照射在白紙上，再去量白紙上雷射光的直徑，眼睛可能會因雷射光的強度而不適。

(2) 接著利用一個凹透鏡 (f_1 = –2.5 cm) 再加一個凸透鏡 (f_2 = 30 cm) 依序如圖 5.2-6 一樣擺置，讓凹透鏡與雷射之間的距離保持 L_0 = 10 cm，凹透鏡與屏幕的距離取 70 cm。注意，雷射光必須依序通過每個透鏡的中心。

(3) 調整凸透鏡和凹透鏡的相對位置，使透鏡與透鏡之間的距離符合 $L_1 - L_2 = f_2 - |f_1|$。

(4) 在屏幕上量取雷射光直徑。

(5) 拿掉 f_2 = 30 cm 的凸透鏡，依序換成 f_2 = 10, 20 cm 的凸透鏡，重複步驟 (3, 4)。

(6) 由理論可知：(f_1 = –2.5 cm，f_2 = 10 cm) 的透鏡組合會有 4 倍的擴束倍率；假若如此，在 (f_1 = –2.5 cm，f_2 = 20 cm) 及 (f_1 = –2.5 cm，f_2 = 30 cm) 的組合下量到的雷射直徑是否合理？

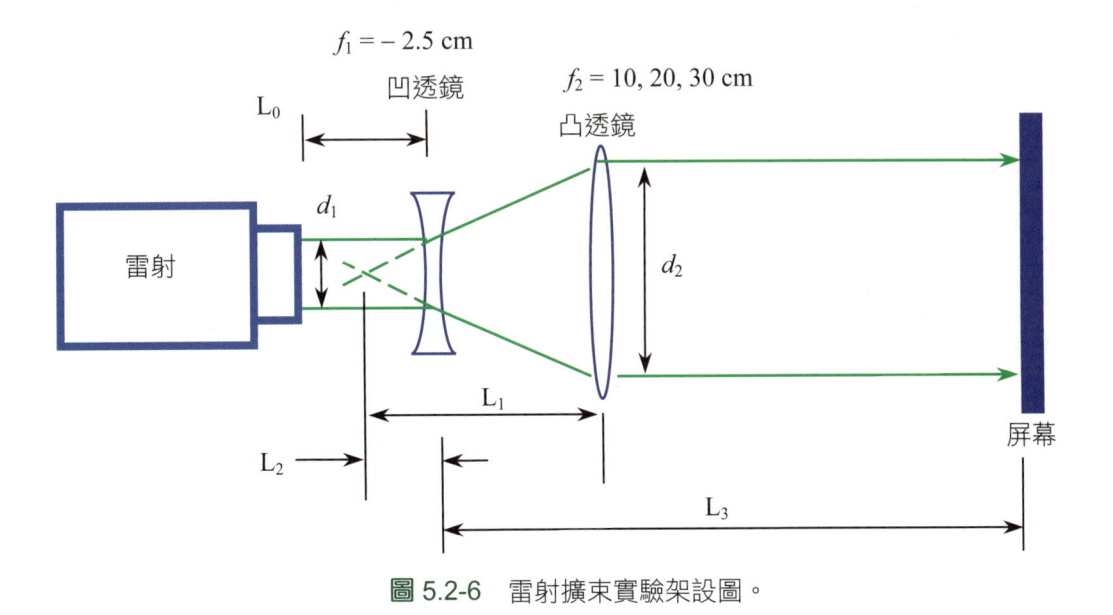

圖 5.2-6　雷射擴束實驗架設圖。

2. 刀口法量測正透鏡焦距

A. 實驗裝置

No.	器材名稱 (中文)	器材名稱 (英文)	建議規格	數量
1	雷射	Laser	Eg. CW frequency doubled Nd^{3+} laser at 532 nm	1
2	雷射夾具	Laser mount	Tilt adjustable laser mount	1
3	屏幕固定架	Screen mount	Eg. A plate holder	1
4	3″ 支撐棒	Post for laser and $\phi = 1″$ lens	3″ length	2
5	2″ 支撐棒	Post for $\phi = 2″$ lens	2″ length	2
6	1″ 支撐棒	Post for screen	1″ length	1
7	2″ 支撐座	Post holders for lens and screen	2″ height	5
8	2″ × 3″ 支架底板	Base plates for laser, lens, and screen	Eg. 2″ × 3″ size with two mounting slots	5
9	1-m 光學軌道	Optical rail	1-m length	1
10	滑座	Rail carriers for laser, lens, and screen	Typical	5
11	$\phi = 2″$ 鏡座	Lens mounts	Typical lens mount for $\phi = 2″$ optics	2
12	雙凸正透鏡，焦距 100 mm	Double convex positive lens	Double-convex lens with 2″ diameter and $f = 100$ mm	1
13	雙凸正透鏡，焦距 300 mm	Double convex positive lens,	Double-convex lens with 2″ diameter and $f = 300$ mm	1
14	雙凹負透鏡，焦距 –25 mm	Double concave negative lens	Double-concave lens with 1″ diameter, $f = -25$ mm	1
15	$\phi = 1″$ 鏡座	$\phi = 1″$ lens mount for the negative lens	Typical lens mount for $\phi = 1″$ optics	1
16	刀片架 (詳見放大照片)	Knife-edge assembly (see magnified photo)	See next table	1 set

第五章　薄透鏡成像原理　　117

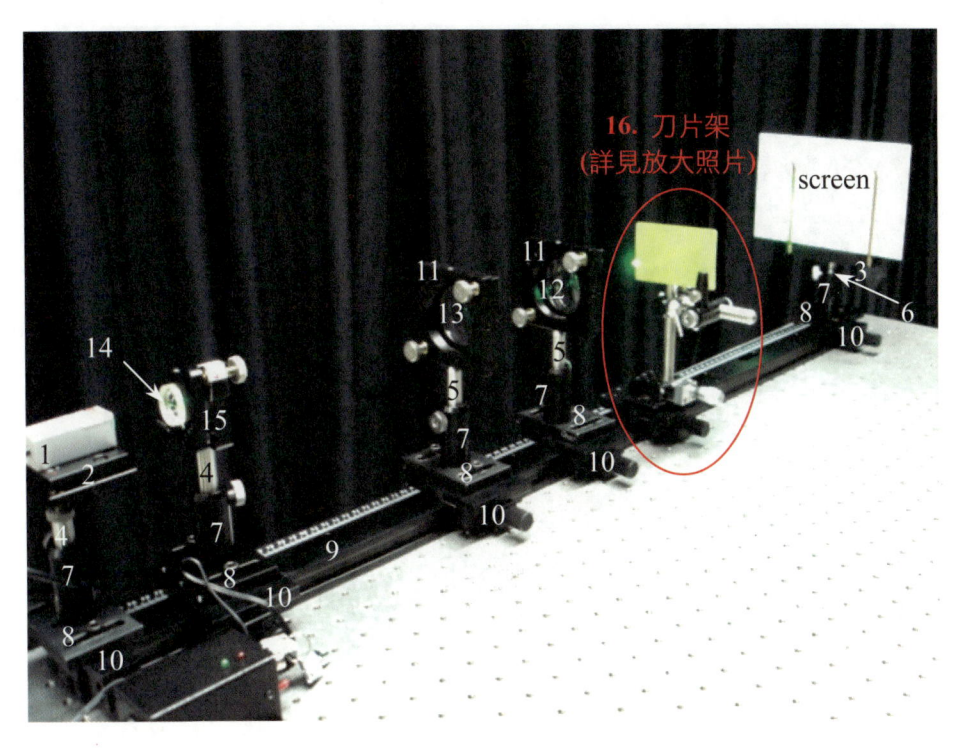

(實驗架設照片)

刀片架 (Knife-edge assembly)

No.	器材名稱 (中文)	器材名稱 (英文)	建議規格	數量
16.1	刀片替代片	Razor blade substitute	A metal plate with a thickness less than 100 μm	1
16.2	刀片夾	Knife clamp	A typical small-size plate clamp	1
16.3	5″支撐棒	Post support	5″ length	2
16.4	平移台	Translation stage	A typical one such as crossed-roller bearing miniature translation stage with micrometer pusher	1
16.5	平移台專用底板	Translation stage base plate	A typical one for mounting translation stage to rail carrier	1
16.6	滑座	Rail carrier	Typical	1
16.7	固定式萬向夾具	Unrotable cross post clamp	A typical one with fixed mounting axes	1
16.8	可調式萬向夾具	Rotatable cross post clamp	A typical one with adjustable mounting axes	1

118 近代實驗光學

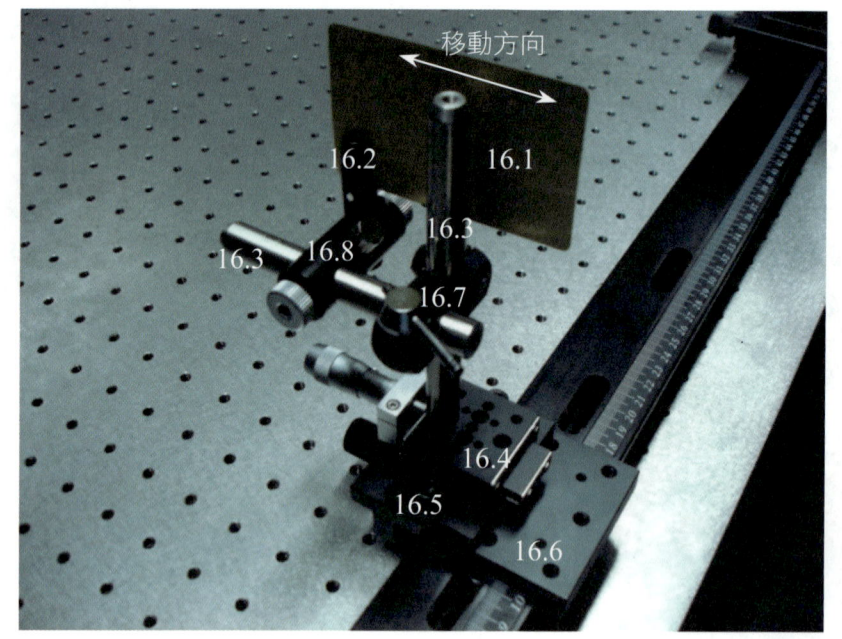

(刀片架放大照片)

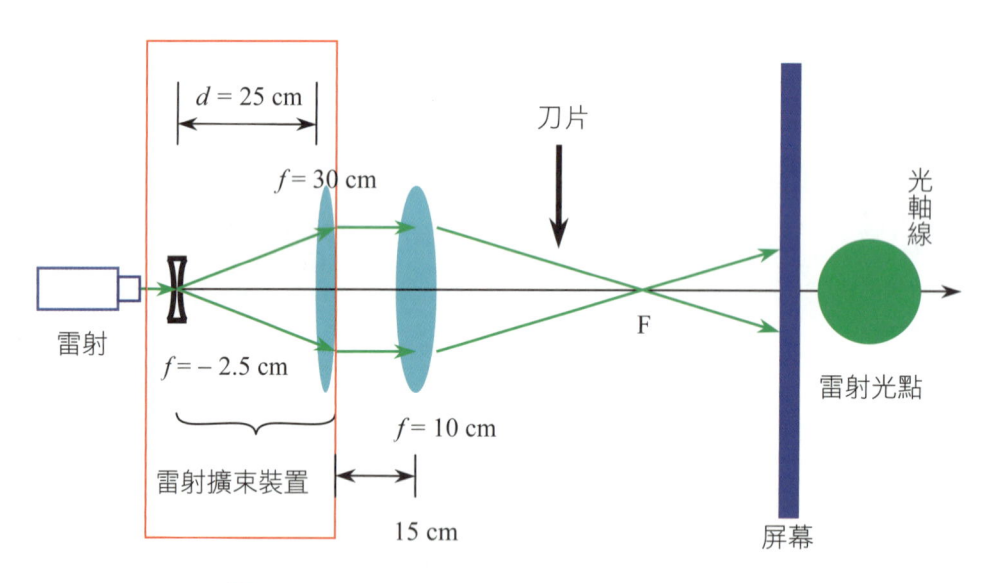

圖 5.2-7　刀口法量測正透鏡焦距實驗架設圖。

B. 實驗步驟

(1) 先架設圖 5.2-6 的擴束裝置，選擇負透鏡的焦距為 −2.5 cm，正透鏡的焦距為 30 cm。如圖 5.2-7，將擴束之後的雷射光引向一個焦距為 10 cm 的正透鏡，讓雷射光通過正透鏡的軸心。$f = 10$ cm 正透鏡的位置放在 $f = 30$ cm 正透鏡的下方約 15 cm 處。

(2) 調整白紙屏幕的位置直到看到一個直徑約 5-10 cm 的雷射亮點。

(3) 在透鏡與屏幕間不同的位置上,將一個刀片向光束做橫向切片的動作,記錄切片的位置及光點變暗的方向。

(4) 在光軸線上的某一個位置,當刀片往下切時,屏幕上的光點會同時從兩旁一起暗下來,記錄此一光軸線的位置與透鏡的距離,這個位置就是焦點 F 的位置。

(5) 將擴束鏡組的距離改成 $d = 10$ cm,重做以上的步驟,解釋所量到 F 點的位置與之前的數據有何不同?F 點到 $f = 10$ cm 透鏡之間的距離還是焦距嗎?

3. 驗證成像公式實驗

A. 實驗裝置

No.	器材名稱 (中文)	器材名稱 (英文)	建議規格	數量
1	白光光源 (如手電筒)	Incoherent white light source	Eg. A typical light bulb or a flash light	1
2	屏幕固定架	Screen mount	Eg. A plate holder	1
3	1″ 支撐棒	Post for screen and light source	1″ length	2
4	2″ 支撐棒	Posts for the rest	2″ length	2
5	2″ 支撐座	Post holder	2″ height	4
6	2″ × 3″ 支架底板	Base plate	Eg. 2″ × 3″ size with two mounting slots	4
7	1-m 光學軌道	1-m optical rail	1-m length	1
8	滑座	Rail carriers for light source, slide holder, lens, and screen	Typical	4
9	φ = 2″ 鏡座	Lens mount for the imaging lens	Typical lens mount for φ = 2″ optics	1
10	雙凸正透鏡,焦距 100 mm	Double convex positive lens	Double-convex lens with 2″ diameter and f =100 mm	1
11	投影片	Imaging slide	A 2″× 2″ transparency with a character, say, F	1
12	投影片固定架	Slide holder	Eg. A plate holder	1

(實驗架設照片)

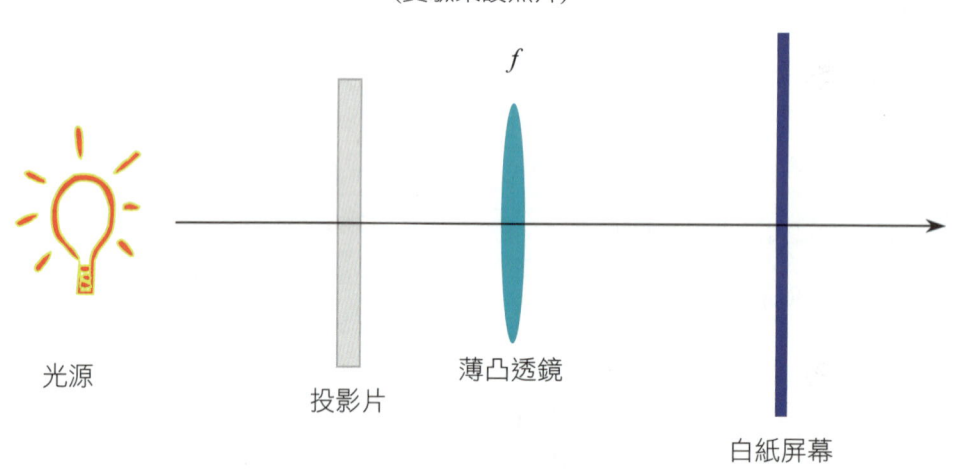

圖 5.2-8　成像公式驗證實驗裝置圖。

B. 實驗步驟

(1) 將本實驗模組所附的投影片架起來,然後放置在一個照明光源之後,這個光源可以是一般的白光燈泡。

(2) 取用一個焦距為 $f = 10$ cm 的透鏡,將它架於鏡架上當作是成像透鏡。

(3) 將透鏡置於投影片下方 25, 20, 15, 10, 5 cm 的地方。

(4) 針對每一個透鏡位置，在透鏡後方放一張白紙當屏幕，置於光學軌道上。慢慢地前後移動白紙屏幕，直到看到清楚的投影片成像，屏幕這時的位置到透鏡間的距離就是像距。記錄物高及像高，並求得放大倍率。

(5) 利用上面得到的數據驗證成像公式 $\dfrac{1}{f} = \dfrac{1}{-S_0} + \dfrac{1}{S_i}$ 及放大倍率的理論值。

(6) 解釋當物距為 5, 10 cm 時所觀察到的現象。

4. 求未知凹透鏡之焦距

A. 實驗裝置：如下頁圖所示，將光源及光學元件依序架在光學軌道上。

No.	器材名稱 (中文)	器材名稱 (英文)	建議規格	數量
1	白光光源	Incoherent white light source	A typical light bulb or a flash light	1
2	屏幕固定架	Screen mount	Eg. A plate holder	1
3	1″ 支撐棒	Post for screen and light source	1″ length	2
4	2″ 支撐棒	Posts for the rest	2″ length	3
5	2″ 支撐座	Post holder	2″ height	5
6	2″×3″ 支架底板	Base plate	Eg. 2″×3″ size with two mounting slots	5
7	1-m 光學軌道	1-m optical rail	1-m length	1
8	滑座	Rail carriers for a light source, a slide holder, two mirrors, and a screen	Typical	5
9	φ = 2″ 鏡座	Lens mount	Typical lens mount for φ = 2″ optics	2
10	雙凸正透鏡，焦距 100 mm	Double convex positive lens	Double-convex lens with 2″ diameter and f=100 mm	1
11	雙凸正透鏡，焦距 200 mm	Double convex positive lens	Double-convex lens with 2″ diameter and f=200 mm	1
12	雙凹負透鏡，焦距 –50 mm	Double concave negative lens	Double-concave lens with 2″ diameter and f = –50 mm	1
13	投影片	Imaging slide	Eg. A 2″×2″ transparency printed with a character, say, F	1
14	投影片固定架	Slide holder	Eg. A plate holder	1

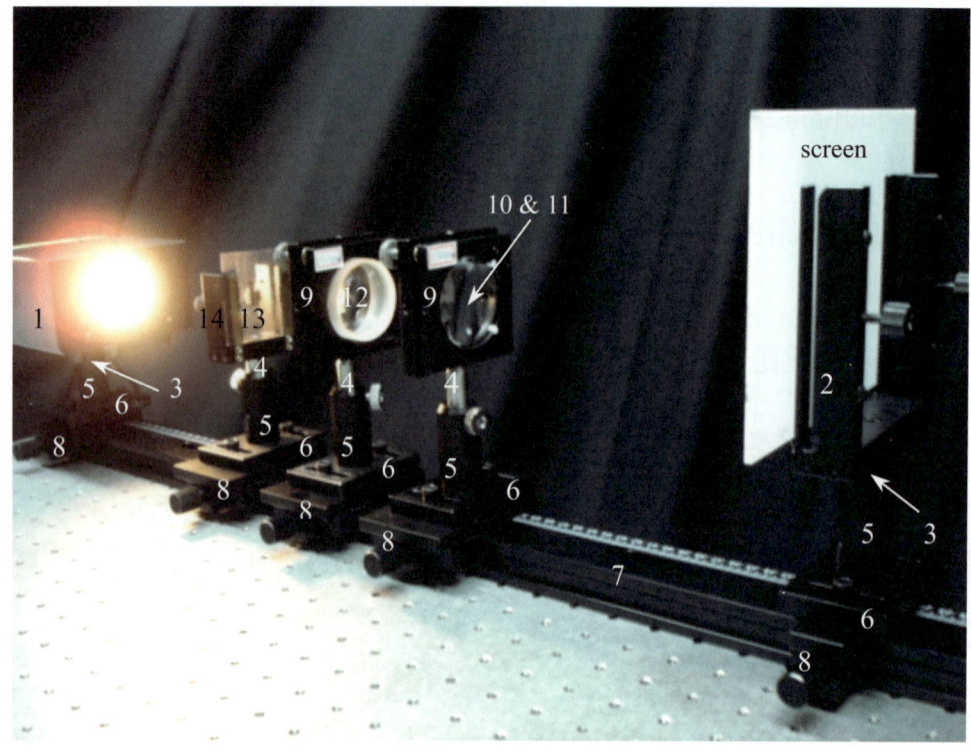

(實驗架設照片)

B. 實驗步驟

(1) 如「驗證成像公式實驗」的步驟 (1, 2)，將實驗如圖 5.2-9 一般架設起來，

(2) 放置一片未知焦距 f_1 的凹透鏡在投影片與 $f_2 = 10$ cm 的凸透鏡中間，調整凸透鏡的前後位置，及白紙屏幕的位置設法得到一個清晰的像。量測 s, s_0, s_2，利用式 (5.2-3, 4) 求取未知凹透鏡的焦距。

(3) 量取像與物之間的放大倍率，利用幾何光學或 ABCD 矩陣法推導出一個放大倍率理論式子，和實驗值做一比較。

(4) 將 $f = 10$ cm 的凸透鏡換成 $f = 20$ cm 的凸透鏡，重複步驟 (1-3)。

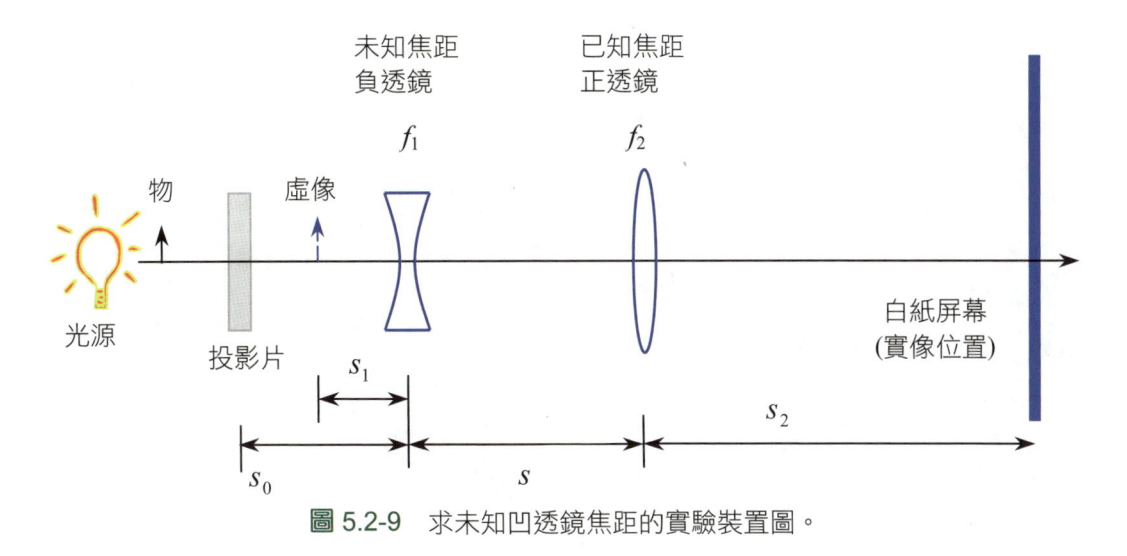

圖 5.2-9　求未知凹透鏡焦距的實驗裝置圖。

5. 雙透鏡系統

A. 實驗裝置

No.	器材名稱 (中文)	器材名稱 (英文)	建議規格	數量
1	如圖 5.2-7 左方的擴束裝置	Beam expansion setup (Refer to the 2nd experiment)	Specifications as listed in the beam expansion setup in Fig. 5.2-7	1 套
2	2" 支撐棒	Posts for two positive lenses	2" length	2
3	2" 支撐座	Post holders for two positive lenses	2" height	2
4	2" × 3" 支架底板	2" × 3" base plates for two positive lenses	Eg. 2" × 3" size with two mounting slots	6
5	滑座	Rail carriers for two positive lenses	Typical	2
6	φ = 2" 鏡座	2" lens mounts for two positive lenses	Typical lens mount for φ = 2" optics	2
7	雙凸正透鏡,焦距 100 mm	Double convex positive lens	Double-convex lens with 2" diameter and f = 100 mm	1
8	雙凸正透鏡,焦距 200 mm	Double convex positive lens	Double-convex lens with 2" diameter and f = 200 mm	1
9	刀片 (最好如同第 2 個實驗中的刀片架)	Razor blade or the knife-edge assembly in the 2nd experiment.	A razor blade shown in the following photo or the knife-edge assembly shown in the 2nd experiment	1

124　近代實驗光學

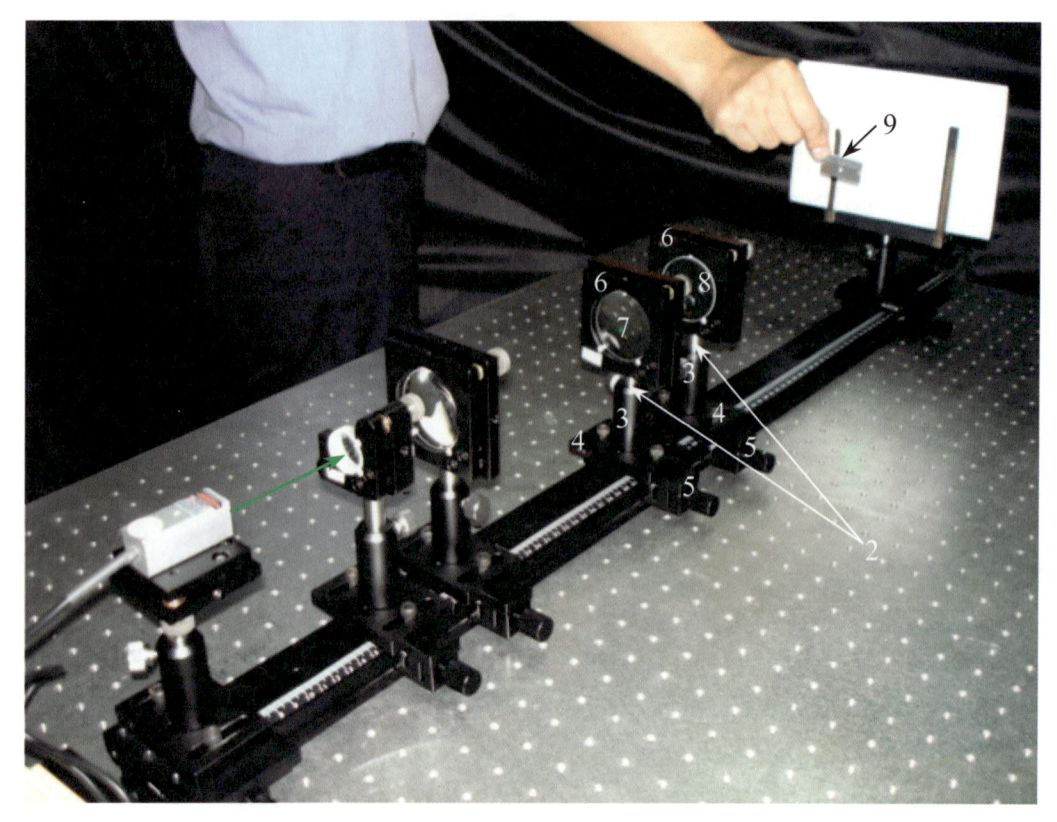

(實驗架設照片)

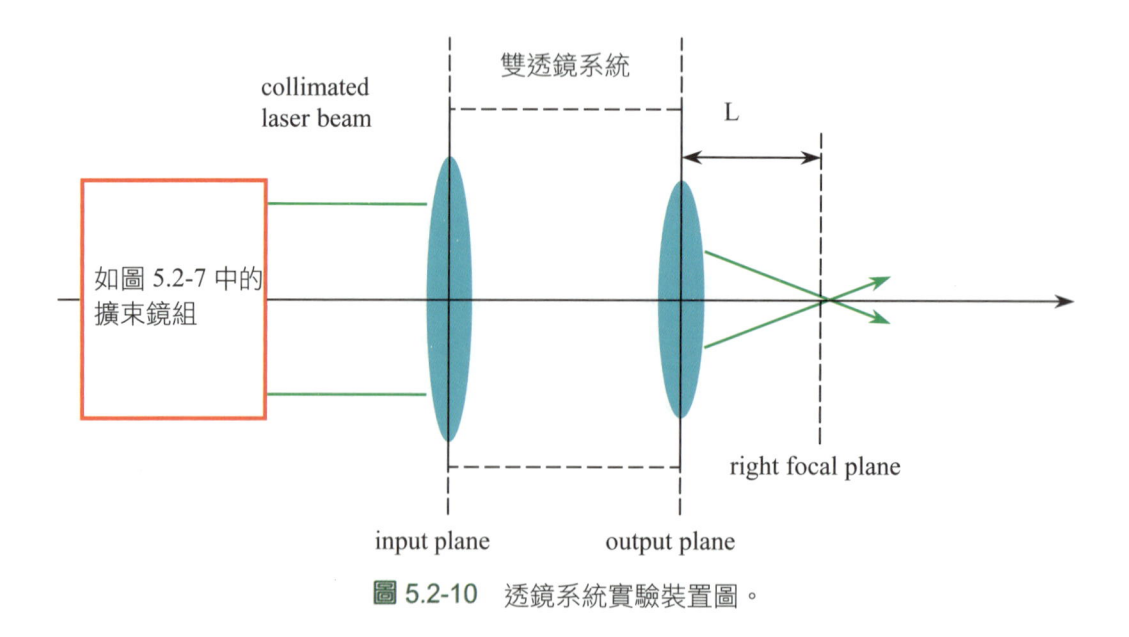

圖 5.2-10　透鏡系統實驗裝置圖。

B. 實驗步驟

(1) 取用兩個已知焦距的凸透鏡，將這兩個透鏡串連成一個透鏡組。

(2) 讓輸入平面定在第一透鏡的位置，輸出平面定在第二透鏡的位置。

(3) 利用圖 5.2-7 左邊的擴束裝置，將雷射光校準成平行光，引入雙透鏡系統中。

(4) 調整兩個透鏡的相對位置，讓右邊聚焦，並用刀口法量取右焦平面與輸出透鏡間的距離。

　　註：當刀口橫向切過焦點時，後頭光點的強度從對稱的兩橫向同時變弱。

(5) 量測光束向右聚焦的角度 (圖 5.1-6 中的 α 角)，決定右主平面的位置。

(6) 利用式 (5.2-5~8) 的結果比較理論與實驗值，並解釋其異同。

五、參考資料

1. Geometric approach of lens imaging can be found in

    i. Chapter 6, *Optics* 3rd Ed. by Eugene Hecht (Addison Wesley, 1998).

    ii. *Fundamentals of Optics* 4th Ed. by F.A. Jenkins and H.E. White (McGraw-Hill, 1981).

2. Some ray-matrix approach of lens imaging can be found in Chapter 1, *Fundamental of Photonics* by B. E. A. Saleh and M. C. Teich (John Wiley & Sons Inc., 1991).

III. 習　題

1. 圖 5.1-1 中的透鏡有兩個同號的曲面，如何知道它是一個正 (聚焦) 透鏡還是負透鏡？換句話說，對於這種曲面的透鏡，正透鏡與負透鏡的畫法應該如何？

2. 一個薄透鏡是由兩個不同曲面的物質界面所形成的，利用式 (5.1-11, 12) 及 ABCD 矩陣相乘的方法求取圖 5.1-1 中薄透鏡的焦距，進而推導出造鏡者公式 (5.1-1)。

3. 乘開單透鏡成像的 ABCD 矩陣式 (5.1-13) 及利用成像條件 $B = 0$ 推導成像公式 (5.1-14) 及放大倍率公式 (5.1-15)。

4. 將一個材質為玻璃 (折射率為 1.5)，在空氣中 $f = 10$ cm 的正透鏡放入水 (折射率為 1.3) 中，它的焦距變成多少？

5. 參考圖 5.1-6，證明一個光學系統的右主平面與輸出平面之間的距離為 $\dfrac{1-A}{C}$。

6. 有一個雙透鏡系統是由兩個 $f = 10$ cm 的正透鏡組成，讓入射光為平行光，在幾何光學的條件下，假如要產生一個焦點在第二個鏡子後方 2 cm 的位置上，這兩片透鏡的間隔應該多大？在這種條件之下這個雙透鏡系統的系統焦距為何？

7. 有一個雙透鏡系統是由兩個正透鏡組成，入射光的第一個正透鏡的焦距為 20 cm，第二個正透鏡的焦距為 10 cm，兩個透鏡之間的距離為 5 cm。若此一雙透鏡系統的輸入平面就在第一個正透鏡的位置，且輸出平面就是第二個正透鏡。
   (1) 這個雙透鏡系統的系統焦距為何？
   (2) 計算右焦平面相對於輸出平面的位置。
   (3) 計算右主平面相對於輸出平面的位置。
   (4) 若有一個物體置於輸入平面左方 13 cm 處，計算這個物體成像的位置 (相對於輸出平面) 及放大倍率。

8. 在求未知凹透鏡焦距的實驗中，為了在已知凸透鏡後方得到一個實像，應如何選擇已知凸透鏡的焦距？

9. 用刀口法量測焦點位置時，為何當刀口橫向切過焦點時，後頭光點的強度會從對稱的兩橫向同時變弱？

10. 在用刀口法量透鏡焦距時，為何擴束鏡組中兩透鏡間的距離會改變量測的結果？

11. 為什麼在成像公式實驗及求未知凹透鏡焦距的實驗中，不使用雷射光源？

第六章　光的干涉現象

Optical Interference

I. 基本概念

　　光的性質，長久以來就一直有粒子性或波動性的討論。兩種說法在理論上或是在實驗上都有一些例證。驗證光的波動性質，最直接的方式就是觀察光的干涉現象，因為只要是波就有波峰及波谷，經過疊加(干涉)之後就會產生亮、暗相間的干涉條紋。

　　光的干涉現象其實是我們日常生活中經驗的一部分。例如，下雨過後，馬路邊的積水經常有汽車來來往往所留下的一層浮油，在太陽光的照射下，這層浮油會產生彩虹狀的條紋，這就是浮油薄膜形成干涉的一個實例。看到彩虹般的干涉條紋是因為太陽光中有許多的顏色，從浮油薄膜上下兩面反射回來的不同色光，會在不同的角度上形成干涉。假使將一道單色光(如雷射光)打到這層浮油上，吾人將可看到一條條單色，明暗相間的干涉條紋；圖6.1-1 就是將一道半導體雷射光打到一片浮油薄膜上所產生的干涉條紋。

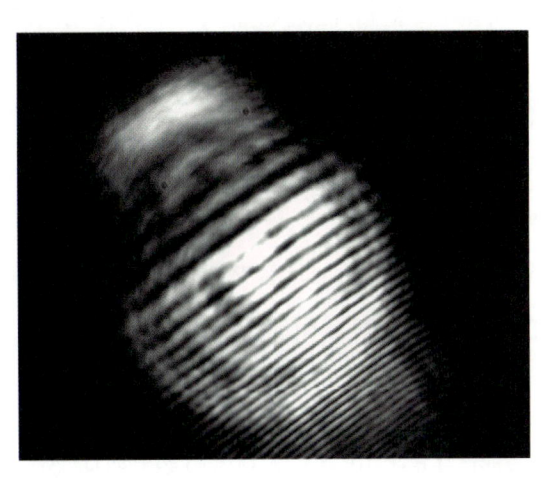

圖 6.1-1　將一道半導體雷射光打到一層浮油薄膜上所產生的干涉條紋。

要瞭解干涉，必須先瞭解波動光學，波動光學係以波函數的理論模型來描述光的傳播行為。波動光學中的光場在均勻物質中，滿足以下的**波動方程式** (wave equation)

$$\nabla^2 U - \frac{1}{c^2}\frac{\partial^2 U}{\partial t^2} = 0 \qquad (6.1\text{-}1)$$

其中，U 可為電場或磁場，t 為時間，$c \equiv c_0/n$ 是光在均勻物質中的傳播速度，$c_0 = 3 \times 10^8$ m/s 為光在真空中的傳播速度，n 為該均勻物質的折射率。為簡化以下的討論，我們可以先假設

1. 電、磁場 (以下通稱為光場) 為一**純量** (scalar)，而非**向量** (vector)。

2. 光波是一個**平面波**。

在遠場的干涉、繞涉問題中，因為光已經傳播一段很遠的距離，光波近似平面波，光場的方向大致上都是朝向同一個方向，數個光場疊加的時候不需要考慮到個別光場的方向性，故可以將光場當作是純量來處理。在近場光學中，**1** 跟 **2** 的假設就不見得成立，因為在近場的情形下，光波的波前會有一點曲率，不同位置的光場向量方向就不見得一致，不過近場光學不在本章討論的範圍。平面波的實數光場滿足波動方程式 (6.1-1)，可以用以下的波函數表示

$$U(\vec{r},t) = U_0 \cos(\omega t - \vec{k}\cdot\vec{r} + \varphi) \qquad (6.1\text{-}2)$$

其中，$\omega = 2\pi\nu$ 是光場的**角頻率** (angular frequency)，ν 是光場的頻率，$k = \frac{2\pi}{\lambda} = \frac{2\pi}{\lambda_0}n = k_0 n$ 稱為光波的**波數** (wave number)，λ_0 是光在真空中的波長，n 為折射率，U_0 是光場的振幅，$\vec{r}$ 是光場的位置向量。在式 (6.1-2) 中，若位置相位 $\vec{k}\cdot\vec{r} =$ 常數時，位置向量 $\vec{r}$ 形成一個等相位的**平面** (稱為波前)，這種波稱為**平面波**。

光的強度是以單位面積上光的功率來計算的，光的**強度** (intensity, I) 是正比於其波函數平方的時間平均值，可定義為

$$I(\vec{r},t) = 2 <U^2(\vec{r},t)>_\tau \qquad (6.1\text{-}3)$$

其中運算子 $<\bullet>_\tau$ 表示在時間區間 τ 內計算括弧中物理量的平均值，通常這個時間區間都遠大於光波的週期，因為目前最快的電子電路也無法直接量

到光波的頻率 (約 ~10^{14} Hz)，量到的只是經過很多光場週期時間平均後的結果。

基於波動光學的基礎，我們注意到波動方程式是一個線性方程式，故其解可滿足**線性疊加** (linear superposition) 的原理，亦即，若 $U_1(\vec{r},t)$、$U_2(\vec{r},t)$ 滿足波動方程式 (6.1-1)，則

$$U(\vec{r},t) = U_1(\vec{r},t) + U_2(\vec{r},t) \tag{6.1-4}$$

亦滿足波動方程式；其波動光場疊加的結果，就是干涉後的光場。考慮以下形式的兩個光場

$$U_1(\vec{r}_1,t) = U_{10} \cos(\omega_1 t - \vec{k}_1 \cdot \vec{r}_1 + \varphi_1)$$
$$U_2(\vec{r}_2,t) = U_{20} \cos(\omega_2 t - \vec{k}_2 \cdot \vec{r}_2 + \varphi_2) \tag{6.1-5}$$

雖然，就光而言，U_1, U_2 是向量場，即電場或磁場，但是，在目前的討論中，U_1, U_2 已假設為純量場或同方向的向量場。在干涉時，同方向的向量場才能得到最大的干涉效果。在以下的推導中，假設 U_1, U_2 的偏振方向相同 (有關偏振的現象，在偏振的章節中已有深入的探討)。若用來平均的時間區間遠大於光波的週期，即 $\tau \gg \dfrac{2\pi}{\omega_{1,2}}$，觀察到干涉的光強度為：

$$I = U_{10}^2 + U_{20}^2 + 2U_{10}U_{20} < \cos((\omega_1 - \omega_2)t - (\vec{k}_1 \cdot \vec{r}_1 - \vec{k}_2 \cdot \vec{r}_2) + \varphi_1 - \varphi_2) >_\tau \tag{6.1-6}$$

式 (6.1-6) 中原來還有其它的項，但是在 $\tau \gg 2\pi/\omega_{1,2}$ 的條件下都被平均為零。考慮以下的情形：

1. 當 $\omega_1 - \omega_2 = 0$，即兩個光場的頻率或波長一樣時，式 (6.1-6) 變成為

$$I = U_{10}^2 + U_{20}^2 + 2U_{10}U_{20} \cos[-(\vec{k}_1 \cdot \vec{r}_1 - \vec{k}_2 \cdot \vec{r}_2) + \varphi_1 - \varphi_2] \tag{6.1-7}$$

可以看出光強度隨空間成週期變化。

2. 若 $\omega_1 - \omega_2 \neq 0$，且若 $\tau \gg \dfrac{2\pi}{|\omega_1 - \omega_2|}$，式 (6.1-6) 右邊第三項被平均為零，於是

$$I = U_{10}^2 + U_{20}^2 \tag{6.1-8}$$

則光強度在空間中並無變化。

3. 當然，若 $\omega_1 - \omega_2 \neq 0$，且若 $\tau << \dfrac{2\pi}{|\omega_1 - \omega_2|}$，式 (6.1-6) 會同時隨時間及空間呈週期變化。隨時間變化的現象稱為 **frequency beating**。

一般在古典光學中，我們常指的干涉現象為式 (6.1-7) 的結果，這是因為傳統光學中，光的頻率太高，一般的電子光偵測器或人眼無法直接觀察到隨時間快速變化的光場。在此我們注意到式 (6.1-7) 中光強度隨著位置會有週期性的變化，這個變化可以由兩個光場的相位差來描述：

$$\delta = -(\vec{k}_1 \cdot \vec{r}_1 - \vec{k}_2 \cdot \vec{r}_2) + \varphi_1 - \varphi_2 \tag{6.1-9}$$

1. 當 $\delta = 2m\pi \Rightarrow I$ 有極大值，稱為建設性干涉。
2. 當 $\delta = (2m+1)\pi \Rightarrow I$ 有極小值，稱為破壞性干涉。

其中 m 為整數。在實際觀測時，相位差的週期變化就是光強度明暗的週期變化。圖 6.1-2 是當 $U_{10} \neq U_{20}$ 時，兩道光的干涉強度與相位差的關係圖；注意，當 $U_{10} \neq U_{20}$ 時，干涉並不完全，因此明暗的**對比度** (contrast) $V = (I_{max} - I_{min})/(I_{max} + I_{min})$ 並非百分之百。

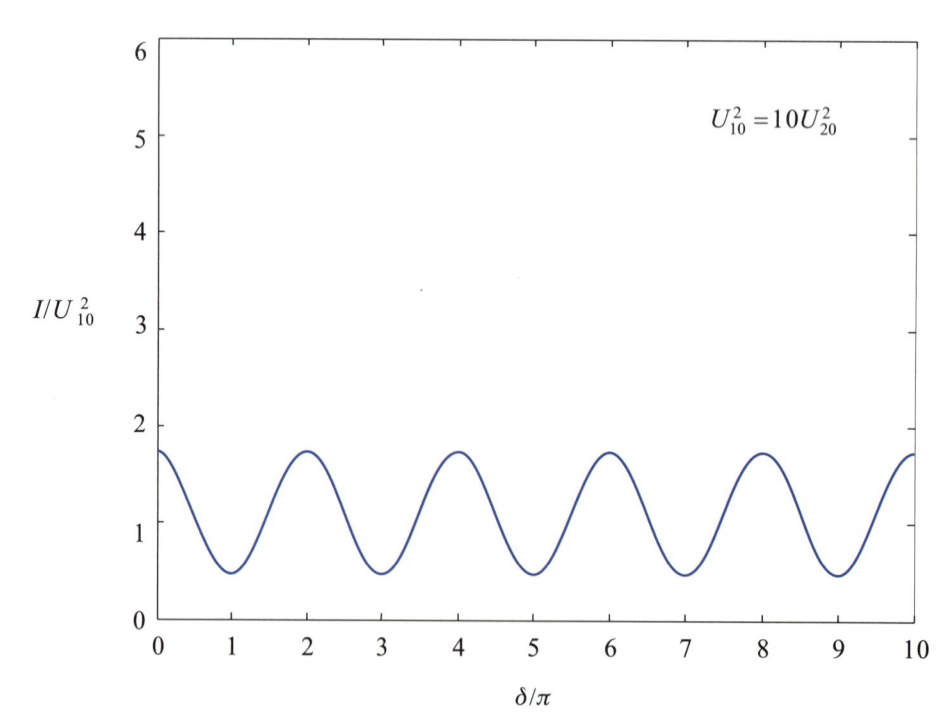

圖 6.1-2　兩道單頻光的干涉強度與相位差的關係圖，當 $U_{10} \neq U_{20}$ 時，明暗的對比度無法是 100%。

$$U_{10}^2 = U_{20}^2$$

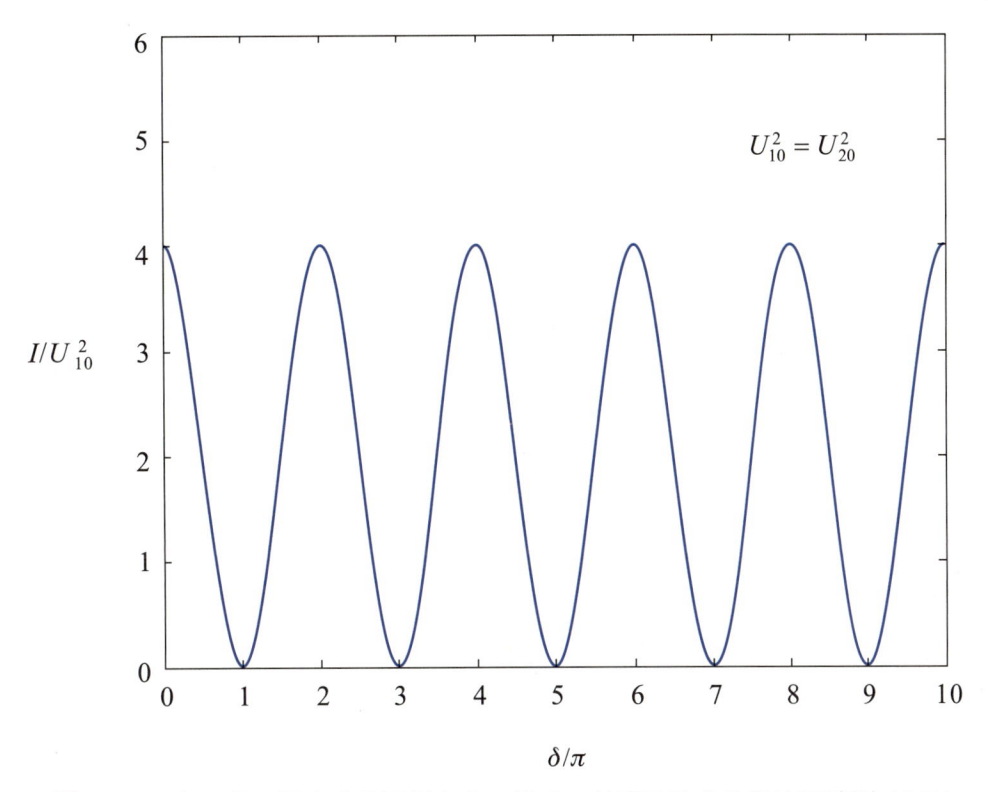

圖 6.1-3 當兩道單頻光波的震幅大小一樣時,其干涉強度的對比可達到 100%。

若考慮 $U_{10} = U_{20}$,則當 $\delta = (2m+1)\pi$ 時 $I = 0$。因此,在 $U_{10} = U_{20}$ 的條件下干涉完全,便可以觀測到對比度為百分之百的的亮暗條紋,如圖 6.1-3 中的情形。

在做光場疊加運算時,若將光場表示成複數形式,計算起來會比較容易。譬如實數光場可以寫成

$$\begin{aligned} U(\vec{r}, t) &= U_0 \cos(\omega t - \vec{k} \cdot \vec{r} + \varphi) \\ &= \text{Re}[U_0 \exp(\omega t - \vec{k} \cdot \vec{r} + \varphi)] = \text{Re}[U \exp(\omega t)] \end{aligned} \quad (6.1\text{-}10)$$

其中,符號 Re 代表「取實數部分」。所謂的複數光場就是

$$U = U_0 \exp(-\vec{k} \cdot \vec{r} + \varphi) \quad (6.1\text{-}11)$$

於是兩道光的干涉若用複數光場來表示就可以寫成

$$U_1 + U_2 = U_{10} \exp(-\vec{k}_1 \cdot \vec{r}_1 + \varphi_1) + U_{20} \exp(-\vec{k}_2 \cdot \vec{r}_2 + \varphi_2) \quad (6.1\text{-}12)$$

其對應的干涉強度則為 (要證明以下的式子，可利用式 (6.1-10) 及式 (6.1-3) 直接計算光的強度後做比較)

$$\begin{aligned}I &= |U_1 + U_2|^2 \\ &= |U_{10}|^2 + |U_{10}|^2 + 2U_{10}U_{20}\operatorname{Re}\{\exp[-(\vec{k}_1 \cdot \vec{r}_1 - \vec{k}_2 \cdot \vec{r}_2) + \varphi_1 - \varphi_2]\}\end{aligned} \quad (6.1\text{-}13)$$

以下說明一個常見的兩道光干涉的例子，如圖 6.1-4 所示，這個光干涉現象稱為**牛頓環** (Newton's rings)。

假涉有一個弧狀的透光物質置於一反射面上，該弧狀物質的曲率半徑為 R。一道光從 A 往下照，從弧形物質的下表面及上表面會反射回 1、2 兩道互相干涉的光。這兩道光的相位差為

$$\delta \approx -2kd + \varphi_1 - \varphi_2$$

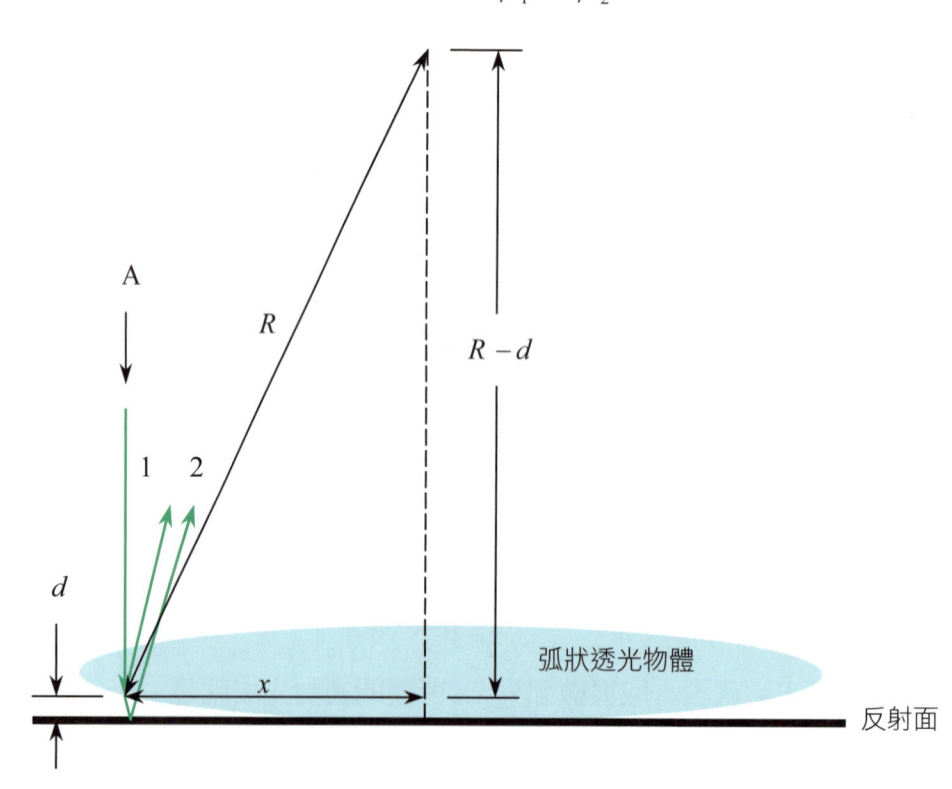

圖 6.1-4　形成牛頓環干涉的示意圖：一個透光的弧狀物質放置在一個反射面上，光線從 A 處照下來，反射面及弧狀物質的下表面反射回來的光形成圓形對秤的干涉條紋，稱為牛頓環。

其中，$\varphi_{1,2}$ 是弧狀的透光物質上的兩個反射面對反射光造成的相位差。因為 $R^2 = (R-d)^2 + x^2$，d 是 x 的函數，在不同的 x 位置上會形成建設性干涉的亮紋或破壞性干涉的暗紋。若該弧狀物質是一個圓碟子形狀(如凸透鏡)，形成的干涉條紋從上方看下來就成圓環狀，俗稱為牛頓環。製造光學透鏡時，可利用牛頓環的觀察來判定透鏡曲面的完美度；拋光一個光學表面時，也可透過牛頓環的觀察來瞭解一個光學表面的平整度。

II. 實　驗

一、實驗名稱：干涉儀的架設及使用

二、實驗目的

本實驗將架設三種不同的干涉儀並探討其特性。這三個干涉儀分別是 **Mach-Zehnder 干涉儀**、**Sagnac 干涉儀**及 **Michelson 干涉儀**。在實驗過程中將學習利用干涉儀來量測玻璃的折射率。

三、實驗原理

1. Mach-Zehnder 干涉儀

Mach-Zehnder 干涉儀係利用兩個分光片及兩個反射鏡子所組成的。首先利用 50%/50% **分光鏡** (beam splitter, BS1) 將雷射光分成等強度的兩道光束，再利用反射鏡子 (M1, M2) 將光的行進方向改變，最後利用第二個 50%/50% 分光鏡 (BS2) 將兩道光重合，在兩個屏幕上形成干涉紋，如圖 6.2-1 所示。

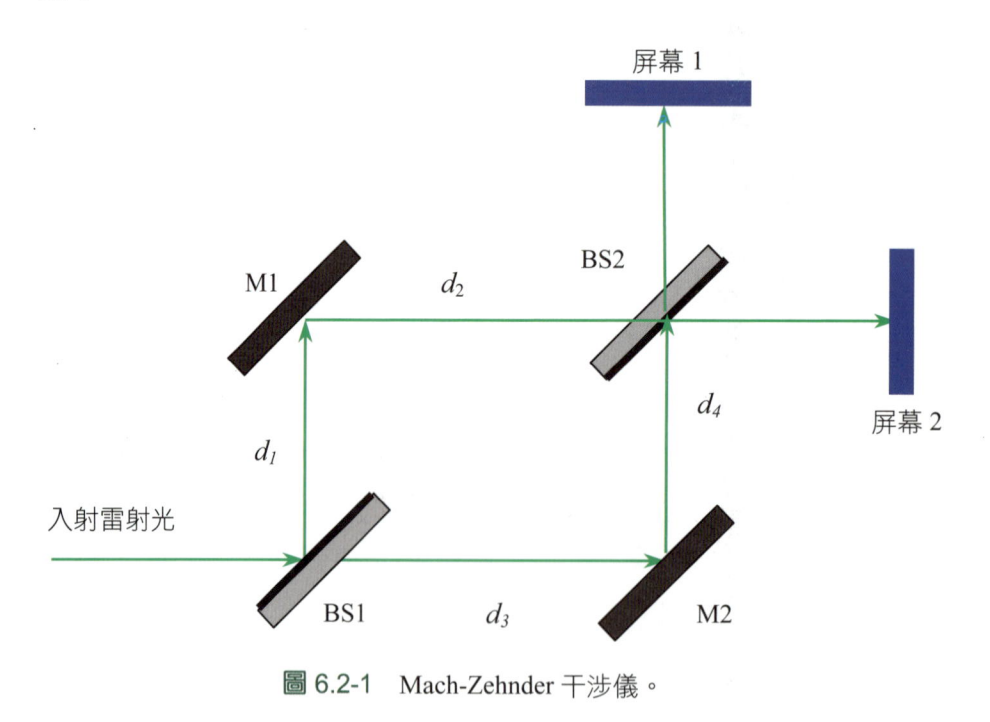

圖 6.2-1　Mach-Zehnder 干涉儀。

當相位差

$$\begin{aligned}\Delta\phi_{12,34} &= k(d_1+d_2-d_3-d_4)+\varphi_{12}-\varphi_{34} \\ &= \frac{2\pi}{\lambda}(d_1+d_2-d_3-d_4)+\varphi_{12}-\varphi_{34}\end{aligned} \quad (6.2\text{-}1)$$

是 2π 的整數倍時，就會在屏幕上看到建設性干涉的亮紋；若是 $\Delta\phi_{12,34} = (2m+1)\pi$ 時 (m 是整數)，就會在屏幕上看到破壞性干涉的暗紋；其中，相位差 $\Delta\phi_{12,34}$ 的下標 12 或 34 是區分光走 d_1+d_2 或走 d_3+d_4 路徑的標示，φ 是光經過鏡子反射後光場所累積的相位差。因此，若兩道光走的路徑差是波長的整數倍時

$$\Delta d = m\lambda \quad (6.2\text{-}2)$$

屏幕上的明暗就會改變一個週期。由能量守恆，若屏幕 1 出現亮紋時，屏幕 2 勢必會出現暗紋，圖 6.2-2 就是描述這種光強度互補的情形，圖中的兩個干涉圖形分別由兩個輸出屏幕 1、2 上取得。

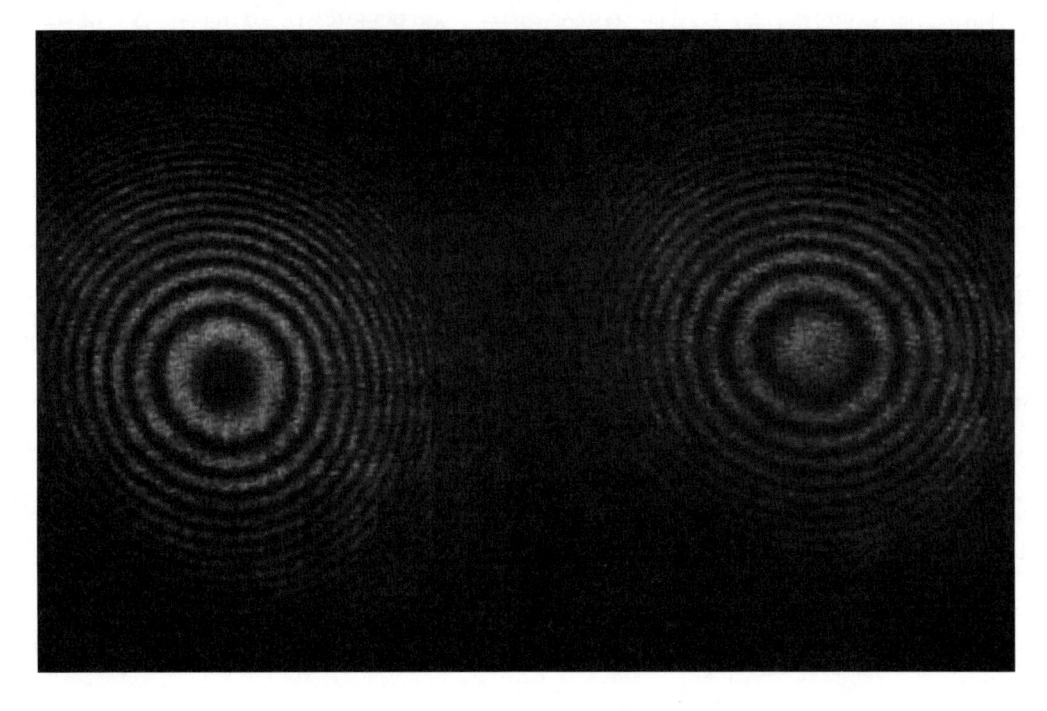

圖 6.2-2　Mach-Zehnder 干涉儀中兩個輸出干涉圖形的光強度形成互補。左圖中亮 (暗) 紋的部分在右圖中即顯示暗 (亮) 紋。

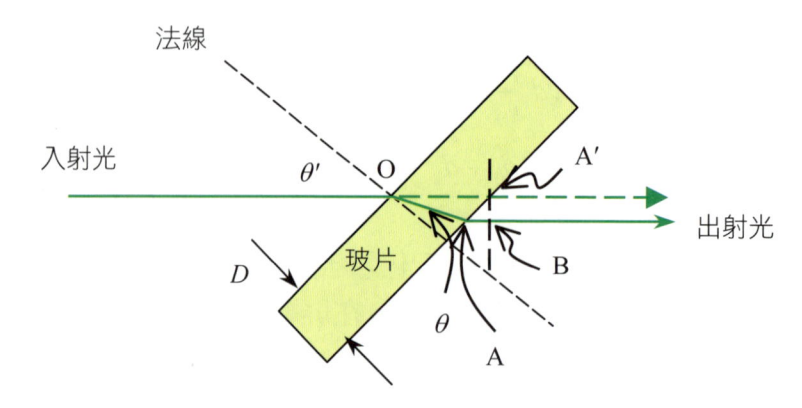

圖 6.2-3 利用干涉儀的特性來量測一玻片的厚度、折射率或雷射波長：在 Mach-Zehnder 干涉儀中的一條光路徑上放入一片透光的玻片，讓雷射光以一入射角 θ' 通過此玻片，在玻片中，雷射光的折射角為 θ。

$$OPD \approx D(n-1) + \frac{D}{2}\theta^2 n(n-1) \tag{6.2-3}$$

干涉儀可以用來量測一些微小的物理量。譬如，在 Mach-Zehnder 干涉儀中的一條光路徑上放入一片透光的玻片，讓雷射光以一入射角 θ' 通過此一玻片，在玻片中，雷射光的折射角為 θ，如圖 6.2-3 所示，其中 θ 的關係 θ' 由 Snell's Law 決定。假設這個玻片的厚度為 D、折射率為 n。由圖中可看出，沒有玻片時的光程 (Optical Path) 為 $L_{OA'} = D/\cos\theta'$、有玻片時的光程為 $L_{OA+AB} = nD/\cos\theta + D\sin(\theta'-\theta)\tan\theta'/\cos\theta$，因此只要計算光程差 (OPD, optical path difference) $L_{OA+AB} - L_{OA}$ 的值，就可以知道玻片造成的干涉變化。當入射角度很小時 (接近垂直入射)：$\sin\theta' \sim \theta', \sin\theta \sim \theta$，從空氣入射玻片的 Snell's Law 可以簡化成 $\theta' \approx n\theta$，同時光程差 $L_{OA+AB} - L_{OA'}$ 大約等於。

因此，當轉動玻片時 (改變 θ)，光在玻片中傳播的厚度跟著改變，干涉儀中兩道光的光程差亦隨之改變；採用式 (6.2-2) 的條件可以推得以下週期變化光程差的式子

$$\frac{D}{2}n(n-1)(\theta_2^2 - \theta_1^2) = \lambda_0 \times m \tag{6.2-4}$$

其中，λ_0 是真空中雷射的波長，θ_1, θ_2 分別是玻片轉動前後光在玻片中的折射角度，m 是玻片從 θ_1 角轉動到 θ_2 過程中，在屏幕上干涉條紋明暗變化

的週期數。利用此一關係式，可以在 D、n、λ_0 間利用其中已知的二個參數求取未知的第三個參數。這是利用干涉儀量測雷射波長、薄膜厚度，或是物質折射率的一個典型的例子。

2. Sagnac 干涉儀

Sagnac 干涉儀是利用一片分光片 (BS) 以及三個反射鏡所構成 (如圖 6.2-4 所示)。注意到在 BS 之後的光路分成透射及反射兩條路徑，這兩條路徑基本上是完全相同的，只是方向剛好差 180° 而已。因此，可以想見，若光路水平度調整得足夠好的話，則光程差就不會因光學桌的震動而改變，干涉條紋也會穩定下來。Sagnac 干涉儀是一種所謂的**共徑干涉儀** (common-path interferometer)，這種干涉儀因為兩道干涉光所走的是反方向的同一路徑，因此必須利用左右不對稱的光學機制來造成干涉光的相位差；譬如，沿著光路徑上加上一個磁場向量及一個會受磁場影響折射率的光學物質 (最典型的元件就是 Faraday rotator)，光沿著磁場方向，或者反磁場方向行進時會看到不同的折射率，改變磁場的強度就可以調動干涉條紋的明暗。

Sagnac 干涉儀的相位差為

$$\Delta\phi_{1234,4321} = \varphi_{1234} - \varphi_{4321} \tag{6.2-5}$$

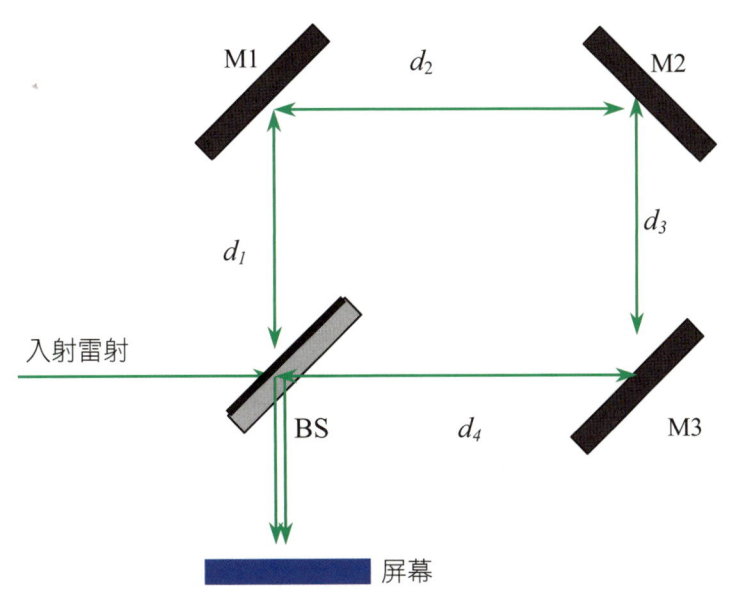

圖 6.2-4　Sagnac 干涉儀，注意到兩條形成干涉的光路是在同一個路徑上。

在沒有破壞對稱性的物理量影響下，這個相位差是個固定值，因此，屏幕上的干涉條紋是固定不動的，即使敲動桌面也不容易影響干涉條紋的穩定性。

在本章討論的三個干涉儀中，Sagnac 干涉儀比較不容易校調，因為它的兩條光路完全相同，所以沒有任何一面鏡子可以獨立校調而不影響到另外一條光路。故架設該干涉儀時光路的水平度格外重要。

3. 邁克森干涉儀 (Michelson Interferometer)

邁克森干涉儀是用一個 50%/50% 分光片〈BS〉先將入射雷射光分成兩道相同強度的光束，被分出來的兩道光束各自經鏡子〈M1, M2〉反射後回到原來的分光鏡再經由這個分光鏡結合到達屏幕，若是兩面鏡子和分光鏡之間的距離不一樣，兩道光的光程及相位便有了差距，因為光程差或相位差的不同，就會在屏幕上形成建設性干涉或是破壞性干涉的條紋。圖 6.2-5 中的相位補償玻片是要讓式 (6.2-1) 中的 $\varphi_{12} - \varphi_{34} = 0$，也就是要讓干涉儀中產生的干涉條紋只和光走的路徑長度有關，通常這個相位補償玻片所使用的材質厚度會和分光鏡用的一模一樣；注意，若沒有相位補償玻片，經由 M1 反射的那道光在 BS 中多走了兩趟，因為分光鏡的鍍膜通常只有在玻璃的一面上，這個相位補償玻片在第八章的同調光量測中會變得特別重要。透鏡 L1 主要是讓入射光束進入干涉儀後有一個適當的光束大小及分散角，不然雷射的光點太小就不容易觀察到同心圓的干涉圖形。

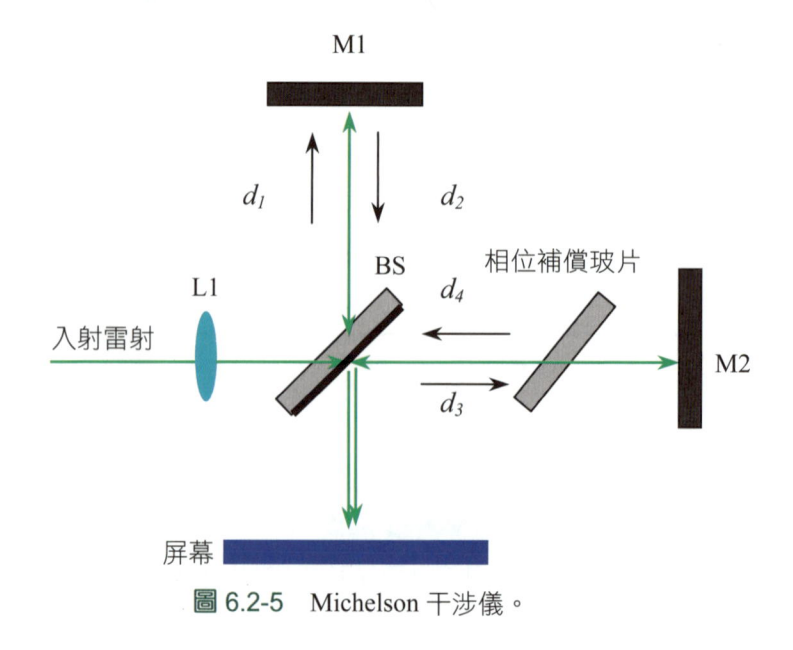

圖 6.2-5 Michelson 干涉儀。

由於光會繞射，干涉儀中的兩道光均有個別的波前，如果干涉儀中兩道雷射光的準直度都很好的話，我們應該可以在屏幕上看到一個同心圓，因為輸入的雷射光及干涉儀中的光學鏡組都是圓形對稱的；同心圓外緣形成的干涉條紋的光程差和圓心附近形成的干涉條紋的光程差是不同的。這種情形可由以下的展開圖 6.2-6 中看出來。若鏡子 M1, M2 相對於分光鏡相距 d，光點 p 在 M1, M2 鏡中形成的像點 (分別為 p', p'')，從觀察者的角度 θ 來看，p', p'' 之間將有一個 $2d\cos\theta$ 的光程差。假使這個光程差剛好是波長的整數倍

$$2d\cos\theta = m\lambda \tag{6.2-6}$$

觀察者就會看到建設性干涉的亮紋；若式 (6.2-6) 中的光程差是二分之一波長加上整數倍的波長，觀察者就會看到破壞性干涉所形成的暗紋，因此在不同的觀察角度 θ 上會形成明暗相間的條紋。

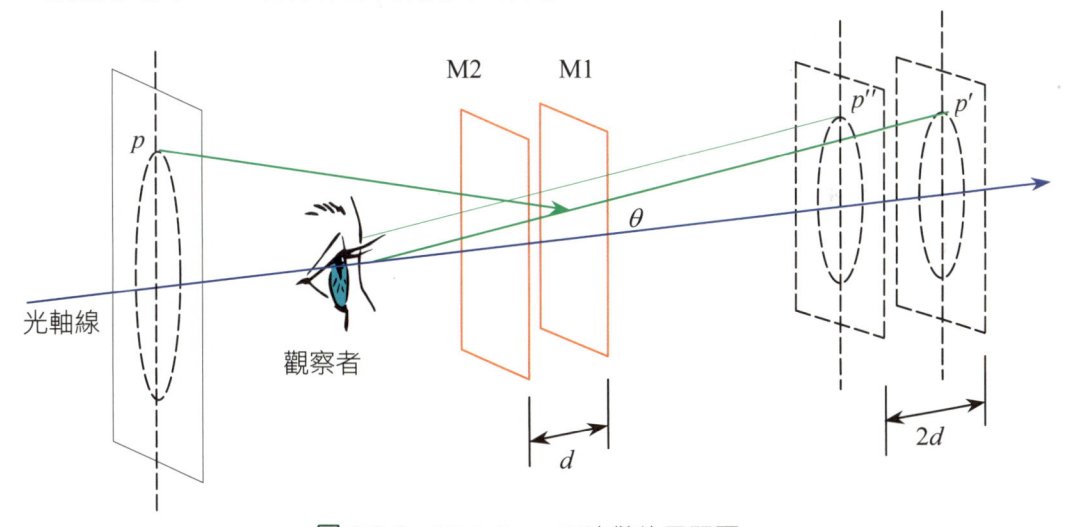

圖 6.2-6 Michelson 干涉儀的展開圖。

值得注意的是，以上針對相位，或光程差的討論多使用平面波為例子。由**線性理論** (亦或稱為**傅立葉光學**，Fourier optics，見第十一章) 可知，一特定波前的波可以用多個適當的平面波疊加出來；因此，在遇到非平面波時，只要將問題分解成一個個不同角度傳播的平面波再做線性疊加的討論即可。雷射所發出來的**高斯光束** (Gaussian beam) 含有一點球面波的波前，若圖 6.2-6 中的 d 變大時，干涉同心圓的周緣的明暗變化就會變快，外緣條紋也就變得細密 (為什麼？)，在以下的實驗中將會有實際的觀察。

四、實驗內容

1. Mach-Zehnder 干涉儀

A. 實驗裝置

No.	器材名稱 (中文)	器材名稱 (英文)	建議規格	數量
1	雷射	Laser	Eg. CW frequency doubled Nd^{3+} laser at 532 nm	1
2	雷射夾具	Laser mount	Tilt adjustable laser mount	1
3	分光鏡	Beam splitter	1″ diameter, 50%T, 50% R @ 45° and 532 nm	2
4	$\phi = 1''$ 分光鏡座	Beam splitter holder	Typical lens mount with xy adjustment for $\phi = 1''$ optics	2
5	反射鏡	Surface mirror	1″ diameter, high reflection at visible wavelengths	3
6	反射鏡鏡座	Mirror mounts for three reflecting mirrors	Typical mirror mounts for $\phi = 1''$ optics	3
7	正透鏡，焦距 50 mm	Positive lens, $f = 50$ mm	Double-convex lens with $f = 50$ mm and 1″ diameter	2
8	透鏡座	Lens mount	Typical lens mounts for $\phi = 1''$ optics	2
9	2″ 支撐棒	Posts for two beam splitters and a glass holder	2″ length	3
10	3″ 支撐棒	Posts for the rest of optics	3″ length	6
11	2″ 支撐座	Post holder	2″ height	9
12	2″ × 3″ 支架底板	Base plate	Eg. 2″ × 3″ size with two mounting slots	9
13	12″ × 24″ 光學板	Optical breadboard	12″ × 24″ size with 1/4-20 tapped holes separated by 1″ distance	1
14	玻璃片	Glass plate	Eg. a microscope cover slide, thickness = 200 μm	1
15	玻璃片座	Glass-plate holder	Eg. a plate holder	1
16	旋轉台	Rotation stage	$\phi = 2''$ with 360° continuous rotation and minimum increment of 1°	1

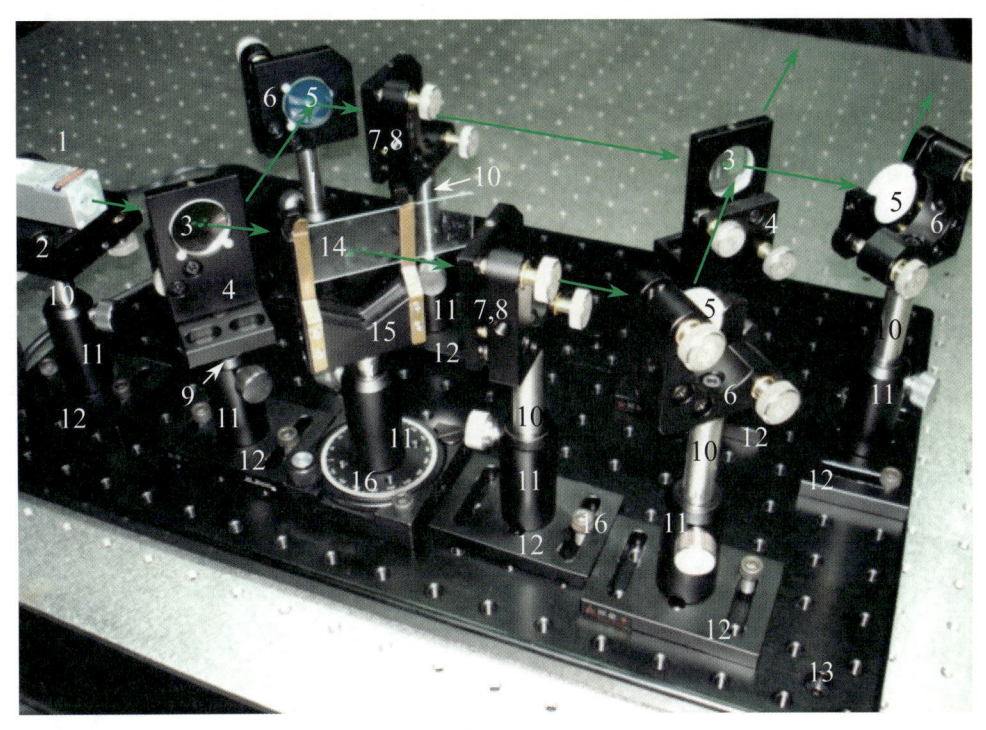

(實驗架設照片)

B. 實驗步驟

(1) 依圖 6.2-7 所描述，架設一個 Mach-Zehnder 干涉儀。如前所言，Mach-Zehnder 干涉儀的主體是由 BS1、M1、M2、BS2 所構成。平面反射鏡 M3 是為了方便在一個屏幕上同時觀察兩組干涉條紋。

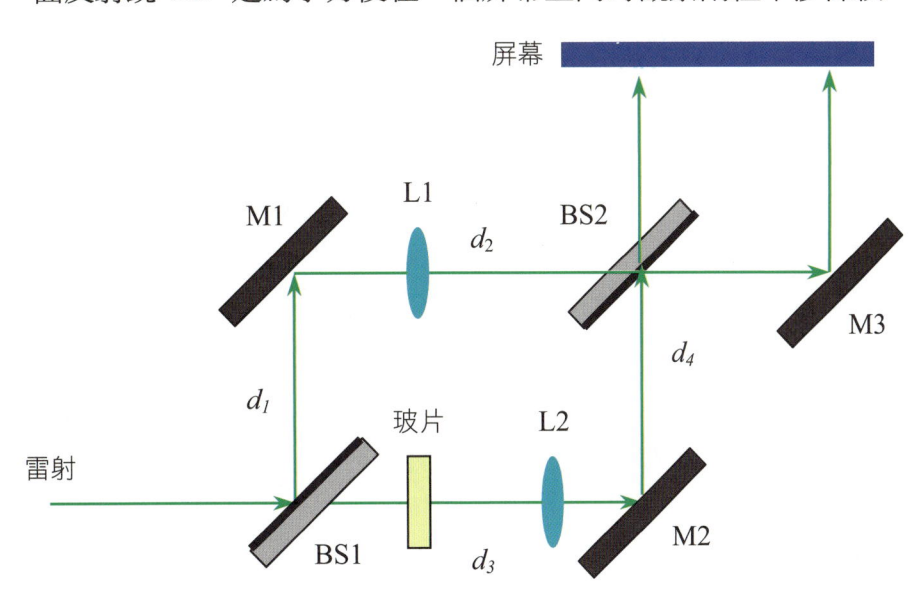

圖 6.2-7　Mach-Zehnder 干涉儀實驗架設圖。

(2) 首先，讓雷射光水平射出。在架設過程中可先將透鏡 L1、L2 移去。如此一來，可以簡化光路校正工作上的困難度。調整 BS1 使入射光成為 45 度入射，調整 M1、M2 在橫向 (x-y) 方向上的角度，使自 M1 的反射光與自 M2 的反射光在分光鏡 BS2 上重合。

(3) 調整 BS2 的 x-y 方向的角度，使反射自 M1 的光經過 BS2 反射後與反射自 M2 的光在 BS2 之後重合。(在這個步驟中，要注意到雷射光是否與光學桌成水平，檢查時可利用透鏡反射光與入射光點重合的方式自我檢驗。)

(4) 完成步驟 (3) 後，放上 L1、L2，並微調兩鏡座的前後位置及角度直到可以在屏幕上看到同心圓干涉條紋為止。

(5) 改變 L2 的前後位置，觀察屏幕上的干涉條紋，發現了什麼？

(6) 輕拍桌面，觀測干涉紋的變化，在屏幕上的兩個干涉條紋有何不同？

(7) 取一個旋轉平台置於 M2 與 BS1 之間，並將一薄玻片 (例如 200 μm 厚度的顯微鏡蓋玻片) 置於平台上讓雷射光通過。旋轉玻片，觀測兩組干涉紋的變化。

(8) 使玻片與光路垂直 (利用玻片反射光與入射光重合的方式校正)，旋轉玻片，並計算掃過的干涉同心圓圓心亮暗變化的次數 m 及玻片旋轉的角度。利用式 (6.2-4) 算出玻片的折射率，在本實驗中，可選擇 $\theta_1 = 0$。

2. Sagnac 干涉儀

A. 實驗裝置

No.	器材名稱 (中文)	器材名稱 (英文)	建議規格	數量
1	雷射	Laser	Eg. CW frequency doubled Nd^{3+} laser at 532 nm	1
2	雷射夾具	Laser mount	Tilt adjustable laser mount	1
3	分光鏡	Beam splitter	1″ diameter, 50%T , 50%R @ 45° and 532 nm	1
4	1″ 分光鏡座	Beam splitter holder	Typical lens mount with xy adjustment for $\phi = 1″$ optics	1
5	反射鏡	Surface mirror	1″ diameter, high reflection at visible wavelengths	3

A. 實驗裝置 (續)

No.	器材名稱 (中文)	器材名稱 (英文)	建議規格	數量
6	反射鏡鏡座	Mirror mounts for three reflecting mirrors	Typical mirror mounts for $\phi =$ 1″ optics	3
7	正透鏡，焦距 50 mm	Positive lens, f = 50 mm	Double-convex lens with $f =$ 50 mm and 1″ diameter	1
8	透鏡座	Lens mount	Typical lens mounts for $\phi =$ 1″ optics	1
9	2″ 支撐棒	Post for beam splitter	2″ length	1
10	3″ 支撐棒	Posts for the rest optics	3″ length	5
11	2″ 支撐座	Post holder	2″ height	6
12	2″×3″ 支架底板	Base plate	Eg. 2″ × 3″ size with two mounting slots	6
13	12″× 24″ 光學板	Optical breadboard	12″× 24″ size with 1/4-20 tapped holes separated by 1″ distance	1

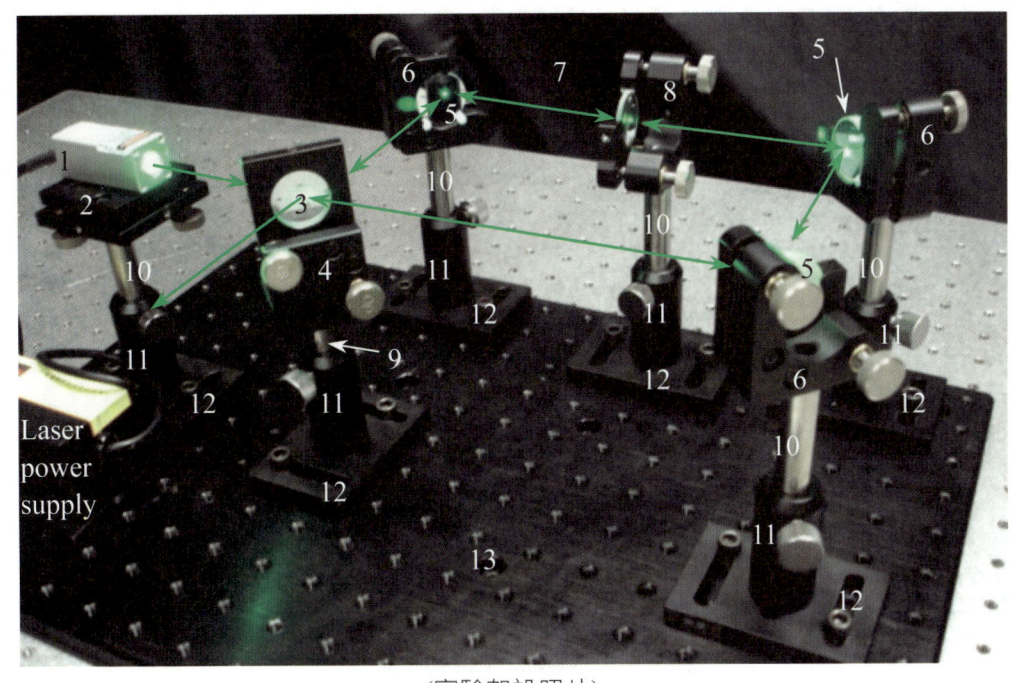

(實驗架設照片)

B. 實驗步驟

(1) 依圖 6.2-8 所示的架構裝設一個 Sagnac 干涉儀，在架設過程中可先將透鏡 L1 移去。如此一來，可以簡化校正光路的困難度。

(2) 首先調整雷射高度，使與光學桌互成水平並射在 M3 的中心位置上，調整 M3 在 x-y 方向上的微調，使 M3 的雷射光偏轉 90 度角後射到 M2 時仍維持水平；調整 M2 在 x-y 方向上的微調，使 M2 的雷射光偏轉 90 度角後射到 M1 時仍維持水平；調整 M1 在 x-y 方向上的微調，使 M1 的雷射光偏轉 90 度角後射到 BS 時與原來的輸入雷射點在 BS 上重合。

(3) 接著調整 BS 的 x-y 方向，使經 BS 反射之雷射光射向 M1 並與向 M2 反射之光在 M2 上重合，假如水平的定位足夠準確，則自 BS1 反射之雷射光會循相同之路徑經 M1→M2→M3 回到 BS。兩道干涉光於是在 BS 上重合。

(4) 將透鏡 L1 置於 M1 與 M2 之間，沿著光路移動 L1 位置再觀察屏幕上的干涉紋有何變化？這個部分觀察到的情形和 Mach-Zehnder 干涉儀實驗時所看到的有何不同？

(5) 輕拍桌面，觀測比較 Sagnac 干涉儀與 Mach-Zehnder 干涉儀在類似震動條件下干涉條紋變化的敏感度。

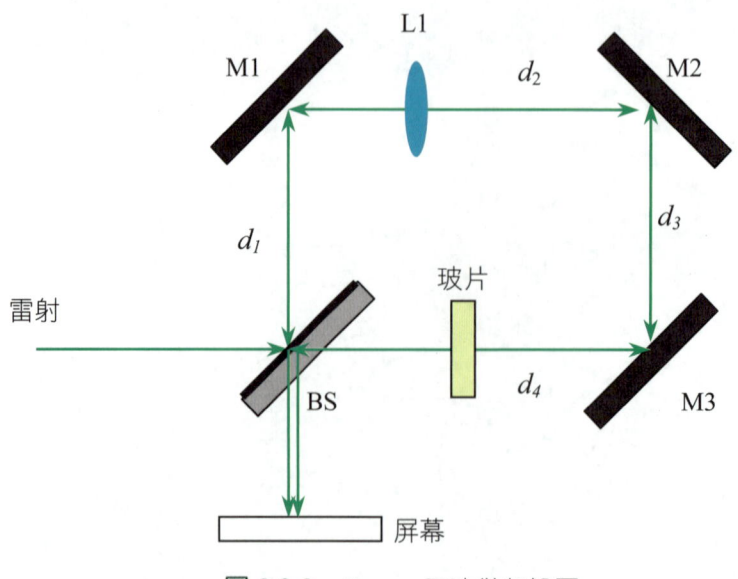

圖 6.2-8　Sagnac 干涉儀架設圖。

(6) 如同在 Mach-Zehnder 實驗中一樣，取一個旋轉平台置於 BS 與 M3 之間，並將一約 200 μm 厚的薄玻片置於平台上，首先，使玻片與光路垂直，旋轉玻片並觀測屏幕上是否有明暗的變化，解釋觀察到的現象。

3. 邁克森干涉儀 (Michelson Interferometer)
A. 實驗裝置

No.	器材名稱 (中文)	器材名稱 (英文)	建議規格	數量
1	雷射	Laser	Eg. CW frequency doubled Nd^{3+} laser at 532 nm	1
2	雷射夾具	Laser mount	Tilt adjustable laser mount	1
3	分光鏡	Beam splitter	1″ diameter, 50%T, 50%R @ 45° and 532 nm	1
4	1″ 分光鏡座	Beam splitter holder	Typical lens mount with xy adjustment for $\phi = 1″$ optics	1
5	反射鏡	Surface mirror	1″ diameter, high reflection at visible wavelengths	2
6	反射鏡鏡座	Mirror mounts for two reflecting mirrors	Typical mirror mounts for $\phi = 1″$ optics	2
7	正透鏡，焦距 50 mm	Positive lens, f = 50 mm	Double-convex lens with f = 50 mm and 1″ diameter	1
8	透鏡座	Lens mount	Typical lens mount for $\phi = 1″$ optics	1
9	2″ 支撐棒	Posts for beam splitter	2″ length	1
10	3″ 支撐棒	Posts for the rest optics	3″ length	4
11	2″ 支撐座	Post holder	2″ height	5
12	2″ × 3″ 支架底板	Base plate	Eg. 2″ × 3″ size with two mounting slots	5
13	12″× 24″ 光學板	Optical breadboard	12″× 24″ size with 1/4-20 tapped holes separated by 1″ distance	1

148 近代實驗光學

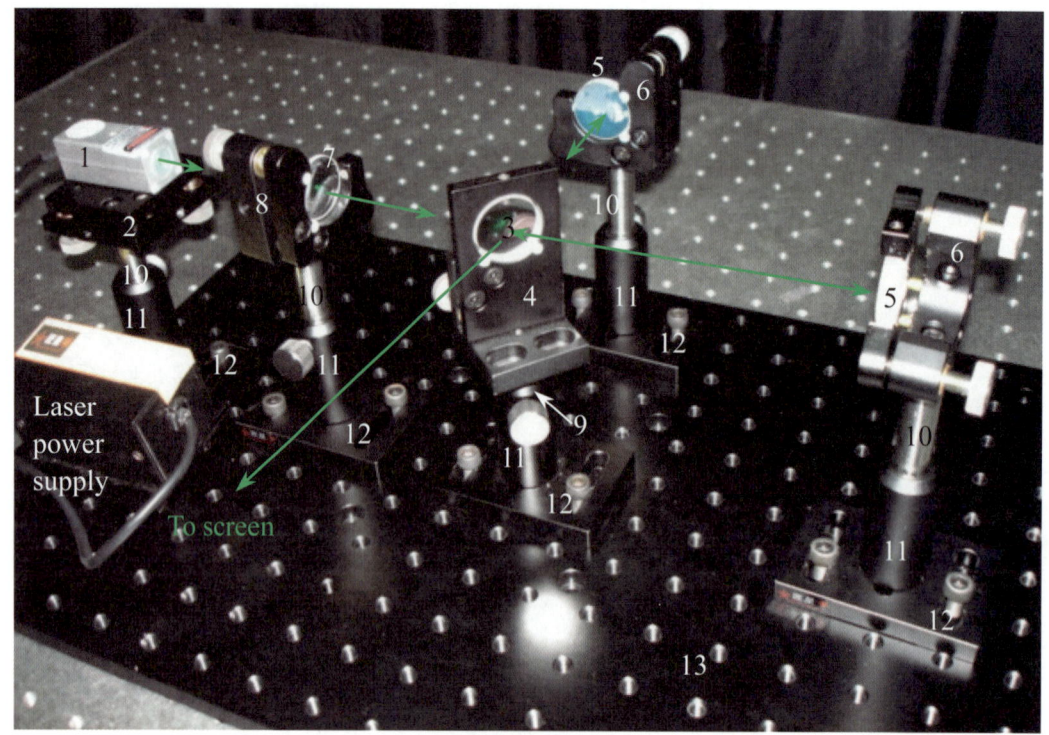

(實驗架設照片)

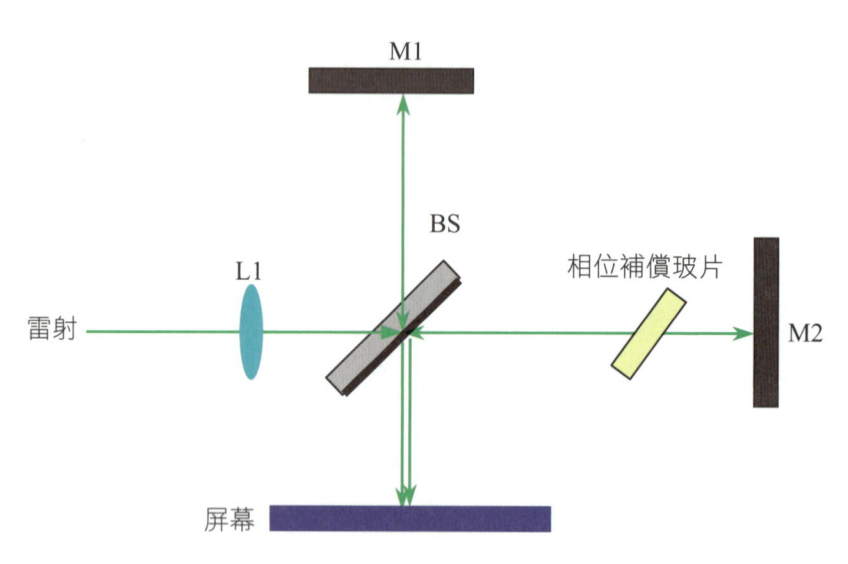

圖 6.2-9 Michelson 干涉儀架設圖 (相位補償玻片不一定需要)。

B. 實驗步驟

(1) 在這個實驗中，因為雷射光源的同調性相當好，即使沒有相位補償玻片也很容易調出干涉條紋。首先將雷射輸入 Michelson 干涉儀中，調整 M1、M2、BS 上的 x-y 微調，讓從 M1，M2 上反射回來的雷射光點在 BS 及屏幕上重合。

(2) 放上 L1 後，再做些微調，就很容易在屏幕上看到干涉條紋。

(3) 調整 M1、M2 相對於水平的角度，並移動 M1、M2 相對於 BS 的距離，記錄在何種狀況之下會出現以下圖 6.2-10 的各種圖形，並解釋每個圖形的成因。

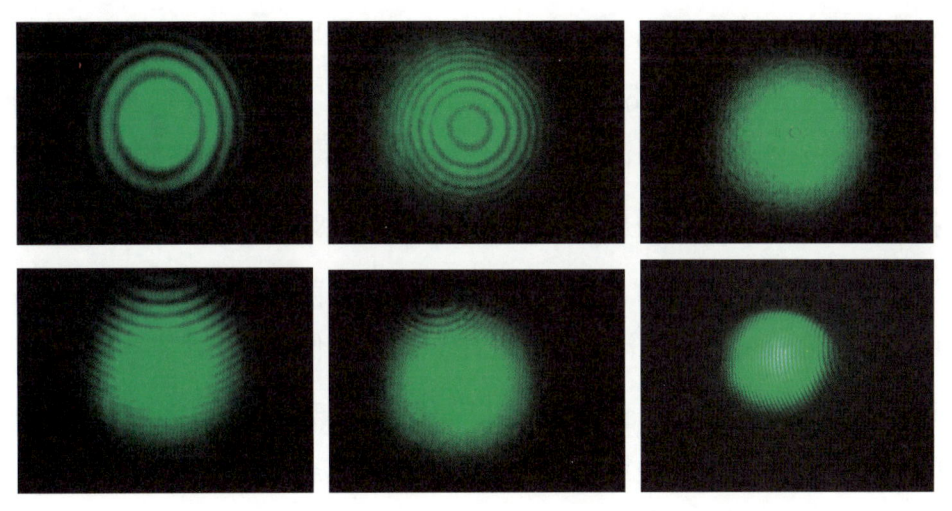

圖 6.2-10　Michelson 干涉儀中觀察到的干涉圖形。

(4) 將 Mach-Zehnder 干涉儀實驗中用過的玻片放入邁克森干涉儀的一條光路中，重複 Mach-Zehnder 干涉儀實驗中的步驟 (7, 8)，量測玻片的折射率。

五、參考資料

1. Sagnac interferometer: Eugene Hecht, *Optics*, 3rd Ed., p. 405, Addison-Wesley, 1998.

2. General information about interference and interferometers:
   i. Eugene Hecht, *Optics* 3rd Ed., Chapter 9, Addison-Wesley, 1998.
   ii. Francis A. Jenkins and Harvey E. White, *Fundamentals of Optics* 4th Ed. Chapters 13-14, McGraw-Hill, 1981.

III. 習　題

1. 假設兩道單頻光的光場分別為 $U_1(\vec{r}_2,t) = \dfrac{U_0}{\sqrt{2}}(\hat{x}+\hat{y})\cos(\omega t - kz + \varphi_2)$ 及 $\vec{U}_2(\vec{r}_1,t) = U_0\hat{x}\cos(\omega t - kz + \varphi_1)$，這兩道光互相干涉，求干涉光強度的對比度。

2. 若圖 6.1-4 中的透光弧狀物是一個 $f = 1$ m，半徑為 1 cm 的雙凸正透鏡，當照射光源為波長為 500 nm 時，觀察者往下看時，可以看到幾個牛頓環？假設透鏡的材質為玻璃 (折射率) =1.5、兩個面的曲率半徑一樣。

3. 在圖 6.2-1 的 Mach-Zehnder 干涉儀中，$d_1 + d_2$ 相對於 $d_3 + d_4$ 要改變多少距離時，會讓輸出干涉條紋從最亮變成最暗，或由最暗變成最亮？

4. 在圖 6.2-5 的 Michelson 干涉儀中，鏡子 M_1 相對於鏡子 M_2 要調動多少距離時，會讓輸出干涉條紋從最亮變成最暗，或由最暗變成最亮？

5. 推導式 (6.2-3)，並將玻片中的折射角 θ 換成玻片外的入射角 θ'。

6. 為何在 Mach-Zehnder 干涉儀的實驗中放了兩個透鏡 L1, L2 在光路中，但是在 Sagnac 干涉儀的實驗中只放了一個透鏡 L1？

7. 比較 Mach-Zehnder、Sagnac 兩個干涉儀在步驟「輕拍桌面，觀測干涉紋的變化」以及「旋轉玻片，觀測紋的變化」其結果相同或相異之處。

8. Sagnac 干涉儀因為是一個共徑干涉儀，所以它的干涉圖形比較不受外界的干擾；所謂外界的干擾通常是指光學桌上的**聲頻振波** (acoustic wave)。假設光學桌上的聲頻約為 10 kHz，且聲波的傳遞速度為 1000 m/sec，將 Mach-Zehnder 干涉儀縮小到什麼程度，就可以比較不受到聲頻雜訊的干擾？

9. 若將圖 6.2-3 中的玻片放入邁克森干涉儀的一條光路中，式 (6.2-3) 應該如何修正或解釋？

第七章 光共振元件 ─ Etalon

Optical-resonant Element ─ Etalon

I. 基本概念

在光的干涉裡，參與干涉的光線可以不只有兩道，譬如以下的光學元件，稱為 etalon，通常是由兩個高反射的平行鏡面所組成，假設一個平面波以 θ' 角度從空氣入射到 etalon，如圖 7.1-1 所示，光線在 etalon 內部經過多次反射及穿透後，在反射方向及穿透方向上會形成干涉。

由式 (6.1-9) 可以看出，討論干涉現象時的一個重要參數為光波的位置相位 $\vec{k}\cdot\vec{r} = 2\pi r/\lambda = 2\pi nr/\lambda_0$，其中 nr 稱為光程，λ_0 是光波在真空中的波長；計算光的干涉相位，其實就是比較干涉光束之間的光程差，干涉條紋變化一個週期相當於光程差變化一個波長。假設 etalon 的厚度為 d，折射率為 n_{etalon}，每兩道相鄰的反射光或穿透光之間的光程差為

$$\Lambda = (n_{etalon} L_{etalon})_2 - (n_{air} L_{air})_1 \tag{7.1-1}$$

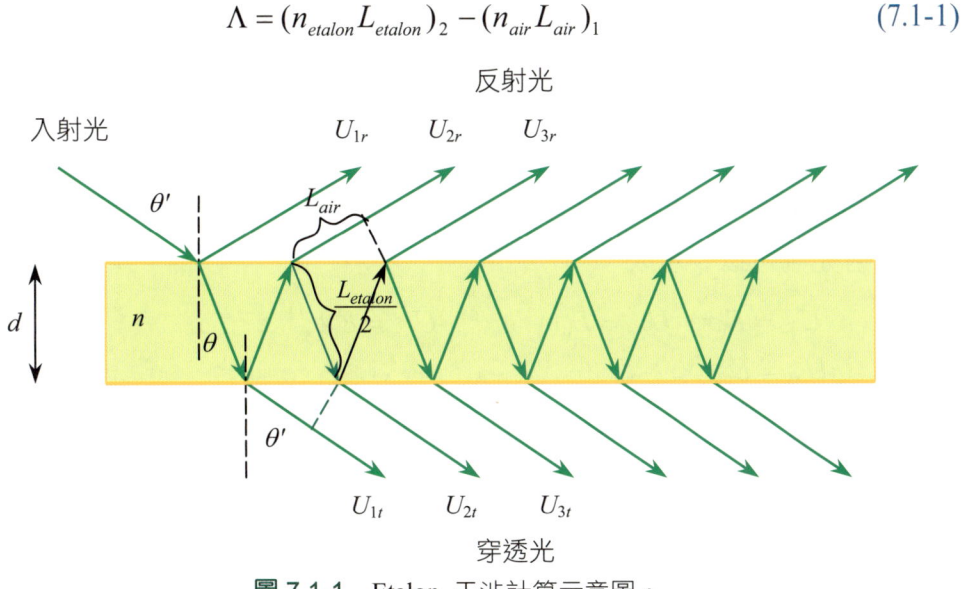

圖 7.1-1　Etalon 干涉計算示意圖。

由圖 7.1-1 可知，$L_{etalon} = 2d/\cos\theta$ 及 $L_{air} = 2d\tan\theta\sin\theta'$；於是，式 (7.1-1) 可以改寫成

$$\Lambda = n_{etalon}\frac{2d}{\cos\theta} - n_{air}2d\tan\theta\sin\theta' = \frac{n_{etalon}2d}{\cos\theta} - \frac{2dn_{etalon}\sin^2\theta}{\cos\theta}$$
$$= \frac{2dn_{etalon}(1-\sin^2\theta)}{\cos\theta} = 2dn_{etalon}\cos\theta \qquad (7.1\text{-}2)$$

其中，Snell's law of refraction 要求以下的關係式

$$n_{air}\sin\theta' = n_{etalon}\sin\theta \qquad (7.1\text{-}3)$$

因此，若不考慮各個反射面及穿透面上可能造成的相位差，相鄰兩道光間的相位差為

$$\delta = k_0\Lambda = 2dn_{etalon}k_0\cos\theta \qquad (7.1\text{-}4)$$

其中，$k_0 = 2\pi/\lambda_0$。

若相鄰兩道穿透光間的光程差為半波長 (λ/2) 的奇數倍時，就會因為相位相消而產生破壞性的干涉暗紋；若光程差為波長 (λ) 的整數倍時，則產生建設性干涉亮紋，而且反射光的干涉條紋與穿透光的干涉條紋恰好亮暗互補，之所以形成亮暗互補的原因，可以簡單地用能量守恆的概念去解釋：當總穿透光因某相對相位在穿透面形成亮紋時，基於能量守恆，在反射面同一相位的相對位置上必然形成暗紋，相加的結果才會等於入射光的總強度。

在以下的理論計算中，定義 t 為光波進入 etalon 時的光場**穿透係數** (transmission coefficient)，t' 為光波離開 etalon 時的光場穿透係數，r 為光波從 etalon 外部反射時的光場**反射係數** (reflection coefficient)，r' 為光波從 etalon 內部反射時的光場反射係數。若入射波的光場為 E_0，則第 1 個到第 N 個反射光場可以表示成

$$U_{1r} = E_0 r, \quad U_{2r} = E_0 tr't'e^{-j\delta}, \quad U_{3r} = E_0 tr'^3 t'e^{-j2\delta} \ldots$$
$$U_{Nr} = E_0 tr'^{(2N-3)}t'e^{-j(N-1)\delta}$$

將每個反射光場加起來就可以得到反射波的總光場，如下

$$U_r = U_{1r} + U_{2r} + U_{3r}\ldots$$
$$= E_0\left[r + r'tt'e^{-j\delta}\left(1 + (r'^2 e^{-j\delta}) + (r'^2 e^{-j\delta})^2 + \ldots + (r'^2 e^{-j\delta})^{N-2}\right)\right]$$

由於個別反射場的強度永遠小於入射場的強度 $|r'^2 e^{-j\delta}|<1$，所以總反射場可以精簡成下面的式子

$$U_r = E_0 \left[r + r'tt'e^{-j\delta}/(1-r'^2 e^{-j\delta}) \right]$$

假設 etalon 的材料不吸收光線，從電磁學上知道 $r = -r'$；另外，基於能量守恆，反射率與穿透率有以下的關係：$tt' = 1 - r^2$。於是上式可以進一步地簡化成

$$U_r = E_0 \left[r(1-e^{-j\delta})/(1-r^2 e^{-j\delta}) \right]$$

然而，光的**強度** (intensity) 與複數光場間的關係為 $I_r \equiv U_r U_r^*$，因此反射光的總強度為

$$I_r = \frac{E_0^2 r^2 (1-e^{-j\delta})(1-e^{j\delta})}{(1-r^2 e^{-j\delta})(1-r^2 e^{j\delta})} = I_i \frac{2r^2(1-\cos\delta)}{(1+r^4)-2r^2\cos\delta} \tag{7.1-5}$$

其中，I_i 是入射光的強度。

穿透光的總強度也可以用類似的方法求得如下。個別穿透光的光場為

$$U_{1t} = E_0 tt', \quad U_{2t} = E_0 tt'r'^2 e^{-j\delta}, \quad U_{3t} = E_0 tt'r'^4 e^{-j2\delta} \ldots$$
$$U_{Nt} = E_0 tt'r'^{2(N-1)} e^{-j(N-1)\delta}$$

於是穿透光的總光場為

$$U_t = U_{1t} + U_{2t} + U_{3t} + \ldots + U_{Nt}$$
$$= E_0 tt' \left[1 + r'^2 e^{-j\delta} + r'^4 e^{-2j\delta} + \ldots + r'^{2(N-1)} e^{-j(N-1)\delta} \right] = E_0 \left[\frac{tt'}{1-r^2 e^{-j\delta}} \right]$$

但是，由能量守恆知道 $tt' = 1 - r^2$，所以穿透光的總強度為

$$I_t = I_i \frac{(1-r^2)^2}{(1+r^4)-2r^2\cos\delta} \tag{7.1-6}$$

其中 I_i 是入射光的強度。由 (7.1-5) 及 (7.1-6) 兩式可以得到

$$I_r + I_t = I_i$$

此結果與能量守恆原理相符合。利用三角函數關係式 $\cos\delta = 1 - 2\sin^2(\delta/2)$，可以重新整理 (7.1-5) 及 (7.1-6) 兩式，得到

$$I_r = I_i \frac{\left[2r/(1-r^2)\right]^2 \sin^2(\delta/2)}{1+\left[2r/(1-r^2)\right]^2 \sin^2(\delta/2)}$$

$$I_t = I_i \frac{1}{1+\left[2r/(1-r^2)\right]^2 \sin^2(\delta/2)}$$

再定義 **finesse 係數** (coefficient of finesse) 為

$$F \equiv \left[2r/(1-r^2)\right]^2, \tag{7.1-7}$$

則以上二式可進一步改寫成 etalon 這個元件的總反射率 R，及總穿透率 T 成為兩個簡單的式子，如下：

$$R = I_r/I_i = \frac{F\sin^2(\delta/2)}{1+F\sin^2(\delta/2)} = 1 - A(\theta) \tag{7.1-8}$$

$$T = I_t/I_i = \frac{1}{1+F\sin^2(\delta/2)} = A(\theta) \tag{7.1-9}$$

其中 $A(\theta)$ 即是所謂的 **Airy function**。注意，兩式中相位差 δ 決定 etalon 干涉的建設性或破壞性。在先前的定義裡 $\delta = k_0 \Lambda = 2\pi(2n_{etalon}d\cos\theta_t)/\lambda_0$，但是在得到式 (7.1-8, 9) 的過程中，我們曾經把反射係數 (r, r') 及穿透係數 (t, t') 當作是實數來看，其實，一般的光學反射 (穿透) 層都會造成光場相位的改變，亦即 r, r', t, t' 都可能是複數，例如

$$r = -r' = |r|e^{-j\phi}$$

如此一來，式 (7.1-8, 9) 中的相位差應該重新改寫成

$$\delta = 2\pi(2n_{etalon}d\cos\theta_t)/\lambda_0 + 2\phi \tag{7.1-10}$$

由式 (7.1-8, 9) 可以知道，當 $\delta = 2m\pi$ 時穿透率的值最大 ($T = 1$)，反射率的值最小 ($R = 0$)。但當 $\delta = (2m+1)\pi$ 時，穿透率的值最小，但不會等於 0，即觀察到的穿透光並不會有全暗的現象，除非 finesse 係數 $F \to \infty$。圖

7.1-2 是反射率 R 與相位差 δ 的關係圖,圖 7.1-3 則是穿透率 T 與相位差 δ 的關係圖;由這二個圖中可以看出,若調整光波頻率或入射角度使 δ 值慢

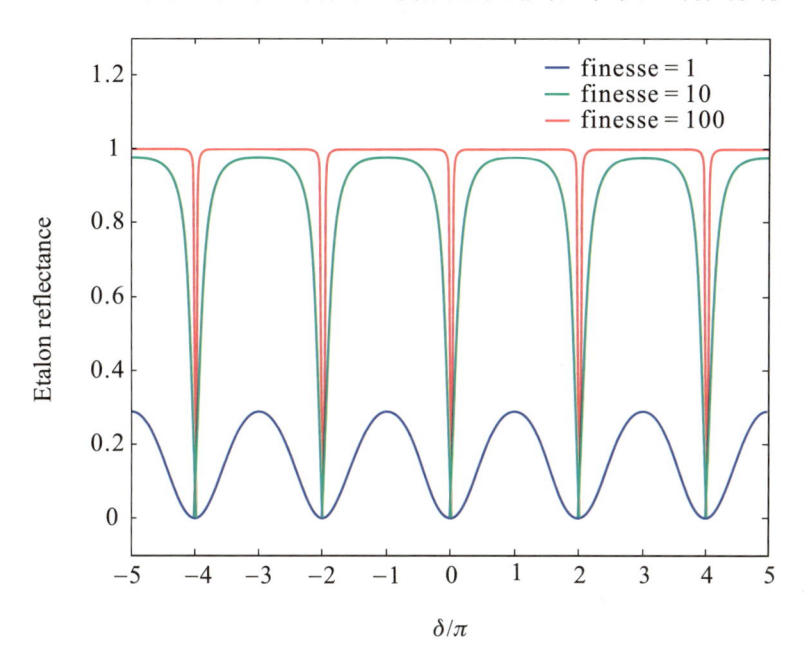

圖 7.1-2　反射率 R 在不同的 finesse 值下與相位差的關係圖:注意,反射條紋的對比值可以達到 100%。

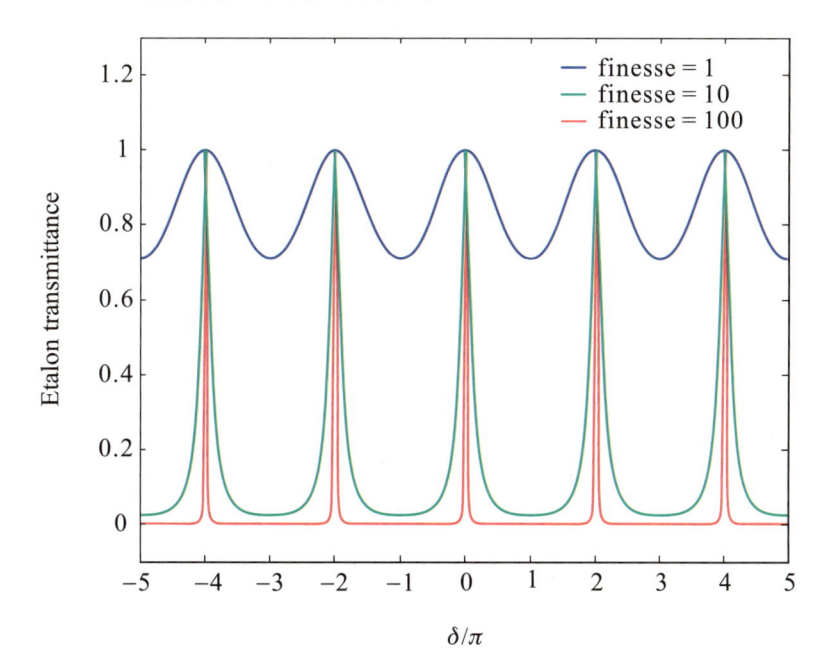

圖 7.1-3　穿透率 T 在不同的 finesse 值下與相位差的關係圖。注意,當 finesse 值越大時,穿透條紋的線寬就越窄。

慢地改變 2π，可以讓穿透光或反射光從一個峰值移到下一個峰值的位置。兩個穿透峰值間頻率差稱為一個 **free spectral range** (FSR)，ν_{FSR}，由式 (7.1-10) 及 $\delta_{FSR} = 2\pi$ 可以得到

$$\nu_{FSR} = \frac{c}{2dn_{eatlon}\cos\theta_t} \tag{7.1-11}$$

假設式 (7.1-8) 及 (7.1-9) 中 $F \gg 1$，在式 (7.1-9) 中的強度峰值處，相位差的 **半高全寬** (Full Width at Half Maximum, FWHM) 就可以近似為

$$\Delta\delta_{FWHM} = \frac{4}{\sqrt{F}} \tag{7.1-12}$$

將 etalon 的 finesse 定義如下

$$\text{finesse} \equiv \frac{\nu_{FSR}}{\Delta\nu_{FWHM}} = \frac{\delta_{FSR}}{\Delta\delta_{FWHM}} = \frac{2\pi}{4/\sqrt{F}} = \frac{\pi\sqrt{F}}{2} \tag{7.1-13}$$

由圖 7.1-2、7.1-3 可知，當 finesse 值越大時，圖中之峰值、谷值的差距就越大，線寬也越窄，代表該干涉結果對相位差的鑑別率越高；若用一個 etalon 當作是一個頻譜分析儀，finesse 越大，代表頻譜解析度越高，因為只要光的頻率離開 etalon 的共振頻率一點點，就可以從 etalon 的反射光，或穿透光的強度變化上量測到。然而 finesse 的值純粹和 etalon 兩面鍍膜的反射率有關，圖 7.1-4 中畫出 finesse 值隨著 etalon 鍍膜反射率 $|r|^2$ 改變的情形，從圖中可以很清楚地看到，當 etalon 鍍膜的反射率在 0.9 以下時，對 finesse 的值影響不大，一旦反射率值超過 0.9，finesse 值就急速地增加；因此，要用一個 etalon 來作精密的頻譜分析，其兩面鍍膜的反射率要夠大。

由式 (7.1-4, 7.1-8, 7.1-9) 可知，要改變 etalon 反射率或穿透率，可以改變入射波的波長 (或頻率)、etalon 厚度、etalon 折射率，或入射光的角度。例如，改變光的入射角可以改變干涉條紋的 **階數** (m, order number)，若為建設性干涉、即當 $\delta = 2m\pi$ 時，穿透光第 m 個光強度峰值的折射角 θ_m 必須滿足

$$\delta_m = 2\pi(2n_{etalon}d\cos\theta_m)/\lambda_0 + 2\phi = 2m\pi \tag{7.1-14}$$

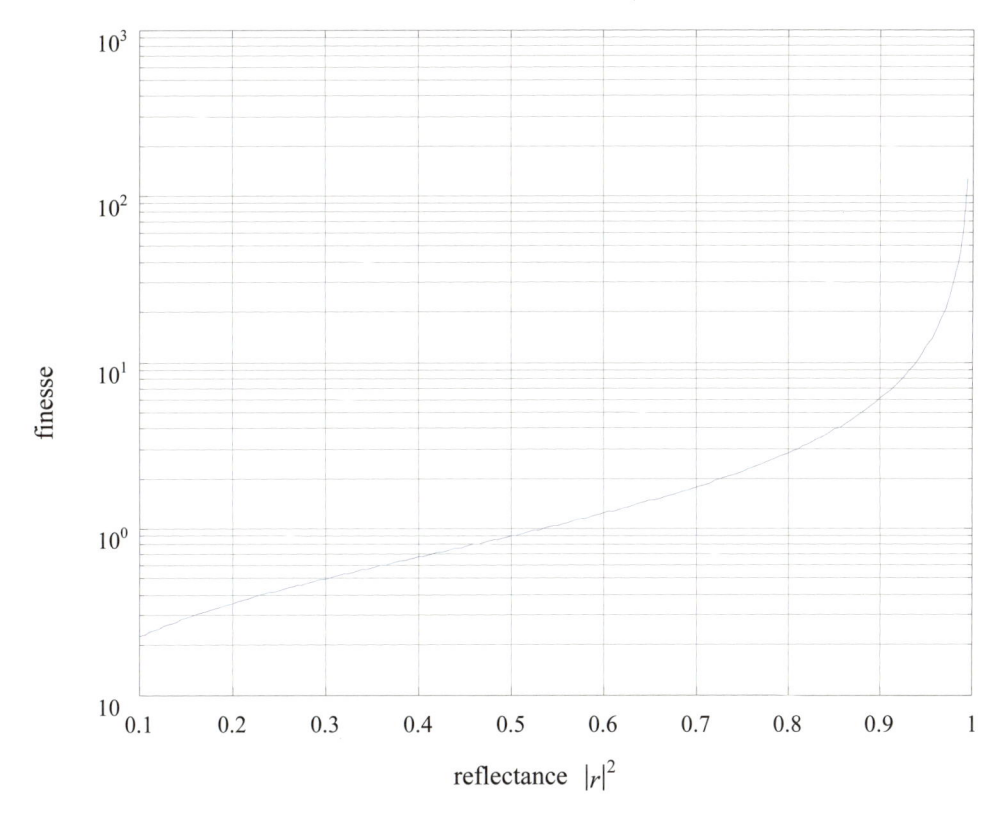

圖 7.1-4　Finesse 值隨著 etalon 鍍膜反射率 $|r|^2$ 改變的情形，一旦反射率值超過 0.9，finesse 值就急速地增加。

注意，此角度 θ_m 為 etalon 內部光線的角度，若要轉換成 etalon 外入射光的角度 θ'，需要使用式 (7.1-3) 的 Snell's Law 做角度轉換。通常一個 etalon 的厚度為 ~1 mm 左右、且 $\theta_m \sim 0$，

$$m \approx \frac{d}{(\lambda/2)} \tag{7.1-15}$$

其中 $\lambda = \lambda_0/n_{etalon}$，所以 m 其實就是光波在 etalon 中形成共振時縱向駐波在 etalon 中的半波數。可見光雷射波長約在**次微米** (sub-micron) 的長度附近，因此 m 的值通常很大，達到數千之譜，m 若改變 1 對 θ_m 所造成的改變很小，所以從式 (7.1-14) 中可以得到

$$2n_{etalon}d\sin\theta_m\Delta\theta_m/\lambda_0 \approx 2n_{etalon}d\theta_m\Delta\theta_m/\lambda_0 = 1 \tag{7.1-16}$$

通常 θ_m、$\Delta\theta_m$ 是可以從實驗中觀察到，利用觀察 etalon 反射率或穿透率的改變，可用來量測一些物理量，例如光學薄膜的厚度 d、物質的折射率 n_{etalon} 或雷射波長 λ_0 (頻譜)等。

另外，etalon 還有一個相當重要的應用：將雷射頻寬變窄。如圖 7.1-5 所示，若將一個高 finesse 的 etalon 放入一個雷射共振腔中，因為只有極窄頻寬範圍內的雷射能量能夠通過一個高 finesse 的 etalon (見圖 7.1-3)，雷射的輸出頻譜也因此而變得跟 etalon 的頻寬一樣窄。另一方面，旋轉 etalon 可以調整雷射光的入射角 θ'，進而微調雷射的輸出頻率或波長。

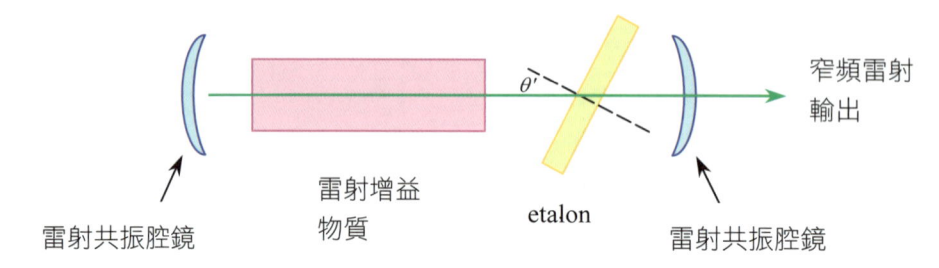

圖 7.1-5　將一個高 finesse 的 etalon 放入一個雷射共振腔中，可以讓雷射的輸出頻譜變窄；同時，旋轉 etalon 可以微調雷射的輸出頻率或波長。

II. 實　驗

一、實驗名稱：Etalon 干涉實驗

二、實驗目的

藉由觀察雷射光經過 Etalon 所產生的干涉條紋，瞭解多光束光學共振的條件及 etalon 濾波的特性，並利用這個特性量測 etalon 的設計參數。

三、實驗原理

在本實驗中，我們將

1. 觀察散射的入射光經過 etalon 所產生的干涉條紋。

2. 量測入射光的角度變化和 etalon 干涉條紋階數的關係。

3. 推算 etalon 的折射率及 Finesse。

在基本概念的介紹裡，我們已經瞭解到反射光場及穿透光場在不同入射角度下的強度變化；但是在討論時，都是假設一束朝某特定方向入射的平行光。在第一個實驗中，要觀察到所有反射面或穿透面的干涉條紋，必須入射一個發出各種方向的光源。在本實驗中是利用霧膠帶 (如 Scotch tape) 及毛玻璃使雷射光形成一個散射光源。然而，要將平行光的干涉在有限距離中看到，必須利用一個正透鏡做聚焦的動作，如圖 7.2-1 所示。因此，在屏幕上 y 處所觀察到的第 m 階干涉條紋對應到第 m 階入射，或穿射角 θ'_m 有以下的關係：

$$\tan\theta'_m = \frac{y_m}{f} \tag{7.2-1}$$

其中 f 是聚焦透鏡的焦距。當 $y \ll f$ 時，式 (7.2-1) 可以簡化成 $\theta'_m \approx y_m/f$。若要推算 etalon 中對應到的折射角度 θ，可用 Snell's Law 式 (7.1-3)，求得

$$\theta'_m \approx \frac{y_m}{f} = n_{etalon}\sin\theta_m \approx n_{etalon}\theta_m$$

於是式 (7.1-16) 可以進一步地改寫成

$$n_{etalon} \approx \frac{2d}{\lambda_0 f^2} y_m \Delta y_m \tag{7.2-2}$$

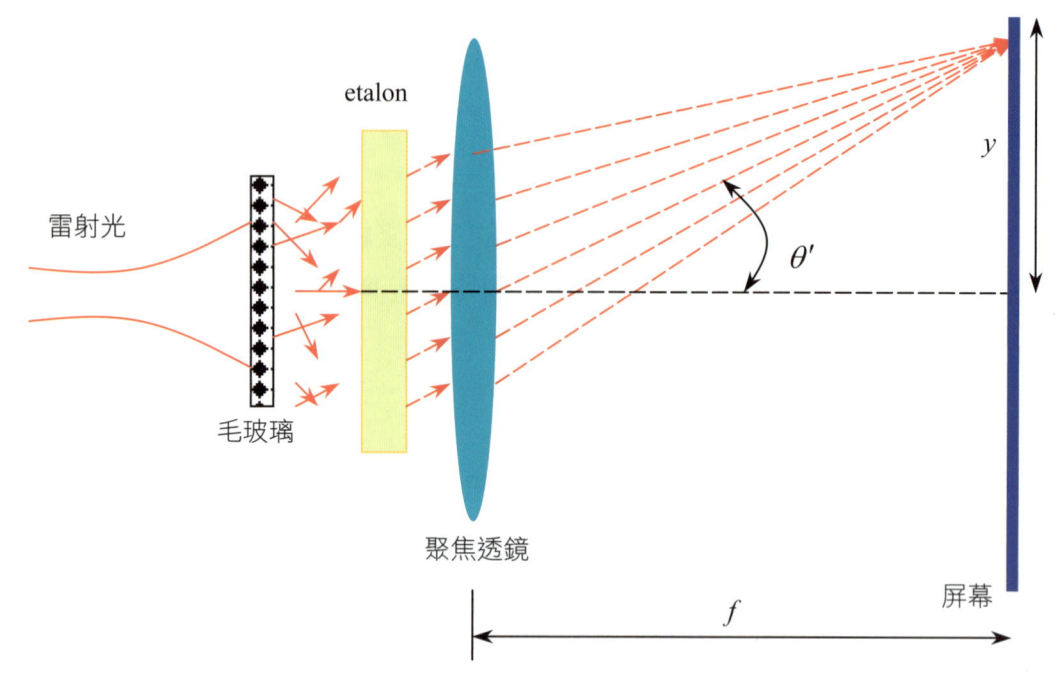

圖 7.2-1 產生 etalon 干涉條紋的原理示意圖。毛玻璃對入射雷射光形成一個散射光源。正透鏡的聚焦動作讓平行光的干涉條紋在有限距離內可以清楚地觀察到。

若知道 $y_m \Delta y_m$，可求得 n_{etalon}，因為在實驗中 d, λ_0, f 為已知。假設，從 etalon 觀察到的干涉同心圓如圖 7.2-2 所示，令最內圈的亮紋為第 m 階建設性干涉所致，離開圓心依序為第 $m-1, m-2 \ldots$ 階亮紋。藉由量測各個亮紋的 $y_m \Delta y_m$，可以求得數組 n_{etalon}，平均之後，可以精確地求得 etalon 材質的折射率。

在第二個實驗中，etalon 裝置在一具旋轉馬達上，近乎平行光的雷射直接入射 etalon 的中心點，在 etalon 後方的光軸線上放置一光偵測頭，將偵測得知的光強度訊號傳入數位示波器中，因此光的強度訊號與旋轉角度的關係可由示波器讀取。由式 (7.1-3) 的 Snell's Law 及式 (7.1-9) 知道，光偵測頭量到的訊號為

$$I_t = I_i \frac{1}{1 + F \sin^2(\delta/2)} \tag{7.2-3}$$

這時相位差可表示成

$$\delta = 2\pi \{2n_{etalon} d \sqrt{1 - (\sin\theta'/n_{etalon})^2}\}/\lambda_0 + 2\phi \tag{7.2-4}$$

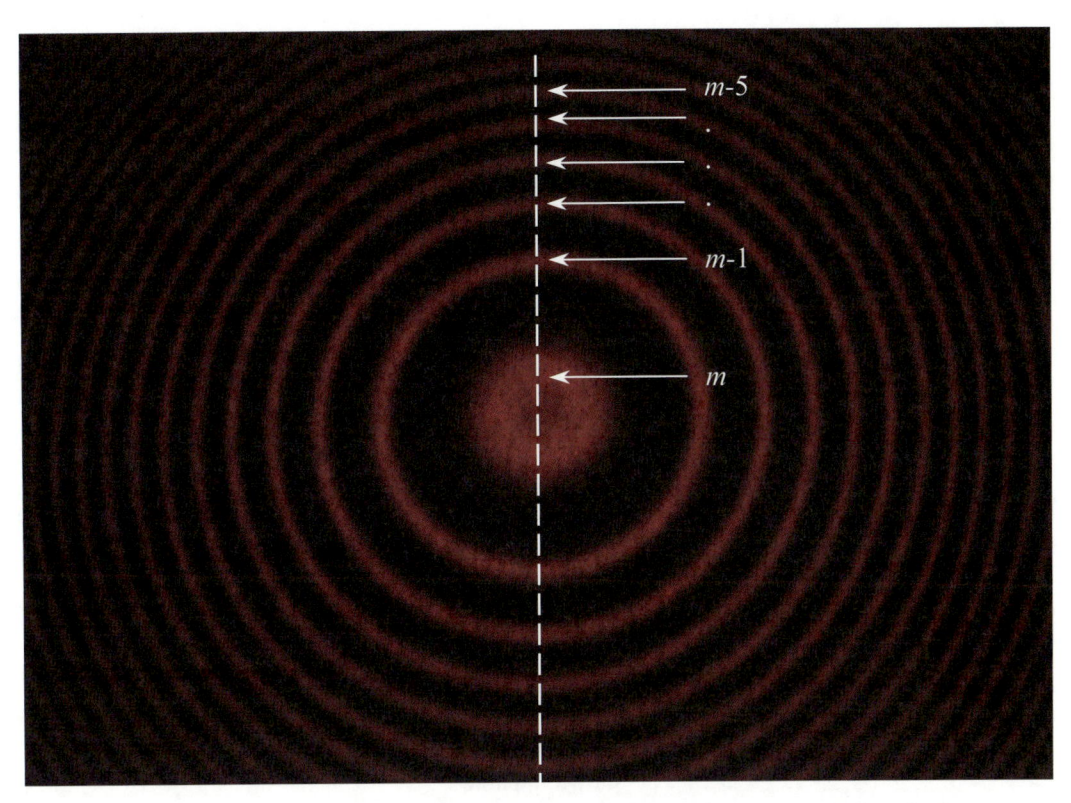

第七章　光共振元件──Etalon　161

圖 7.2-2　如圖 7.2-1，以 633 nm 的氦氖雷射為散射光源所觀察到的 etalon 干涉圖形 (etalon 厚度為 2 mm、折射率為 1.5、聚焦透鏡的焦距為 75 cm)。最內圈的亮紋為第 m 階建設性干涉所致，離開圓心依序為第 m-1, m-2…階亮紋。

且 $\theta' = \omega t$，其中 ω 是馬達的角頻率，可以由示波器中讀出來。注意，當定義 $\theta' = \omega t$ 時，已假設馬達旋轉的起始相位對應到垂直入射的情形 $\theta' = 0$，因為時間 $t = 0$ 時會對應到 $\theta' = 0$。當穿透波產生建設性干涉時 ($\delta = 2m\pi$) 在示波器上的時間軸也會對應到一個 t_m 的時間值，這時從示波器上可以觀察到，因為建設性干涉突起的強度，相鄰強度峰值的時間位置及峰值寬度可從示波器訊號中讀取，將時間的橫座標軸經由式 (7.2-4) 換算成 δ 的橫座標軸，再經由式 (7.1-7，13) 可以求出 etalon 每一面的反射率及一個 etalon 的 finesse；注意，etalon 反射相位 ϕ 必須由圖的對稱點中找出來。

四、實驗內容

1. etalon 穿透干涉條紋觀察及 etalon 材質折射率量測

A. 實驗裝置

No.	器材名稱 (中文)	器材名稱 (英文)		建議規格	數量
1	雷射	Laser assembly (1.1 laser, 1.2 laser controller)		A CW ~mW HeNe laser at 632.8 nm	1
2	雷射固定座	Laser mount		Tilt adjustable laser mount	1
3	φ = 1″ 固態 etalon	Solid etalon		Eg. reflectance = 50~80% at 632.8 nm on two surfaces, thickness = 2~3 mm, refractive index = 1.5, φ = 1″	1
4	1″ etalon 鏡座	Etalon mount		Typical lens mount with clear aperture for 1″ optics	1
5	旋轉馬達組件	motor assembly	5.1 motor	Height ~ 4″ with two 1-cm spacers, rotation speed < 2000 rpm for safety and stability (turned off for this part of experiment)	1
			5.2 height spacers		
			5.3 motor controller (not shown in photo)		
6	毛玻璃	Ground glass		Typical or polished glass double-side covered with Scotch tape	1
7	毛玻璃架	Ground-glass mount		Eg. a plate holder	1
8	霧膠帶	Scotch tape		Typical Scotch tape (attached to the laser output aperture, not shown in the photograph)	1
9	正透鏡	Positive lenses		1″-diameter, one with f = 25 cm, one with f = 75 cm	2
10	1″ 透鏡座	Lens mount		Typical lens mount for φ = 1″ optics	1
11	2″ 支撐棒	Posts for laser		2″ length	2
12	3″ 支撐棒	Posts for ground glass and lens		3″ length	2
13	2″ 支撐座	Post holders for all posts		2″ height	4
14	屏幕架	Screen mount		Eg. a plate holder	1
15	1-m 光學軌道	1-m optical rail		Typical 1-m optical rail with 1-mm length scale	1
16	軌道座	Rail carrier		Typical	5
17	數位相機	Digital camera		Typical (not shown in the photograph)	1

第七章　光共振元件──Etalon　163

(實驗架設照片)

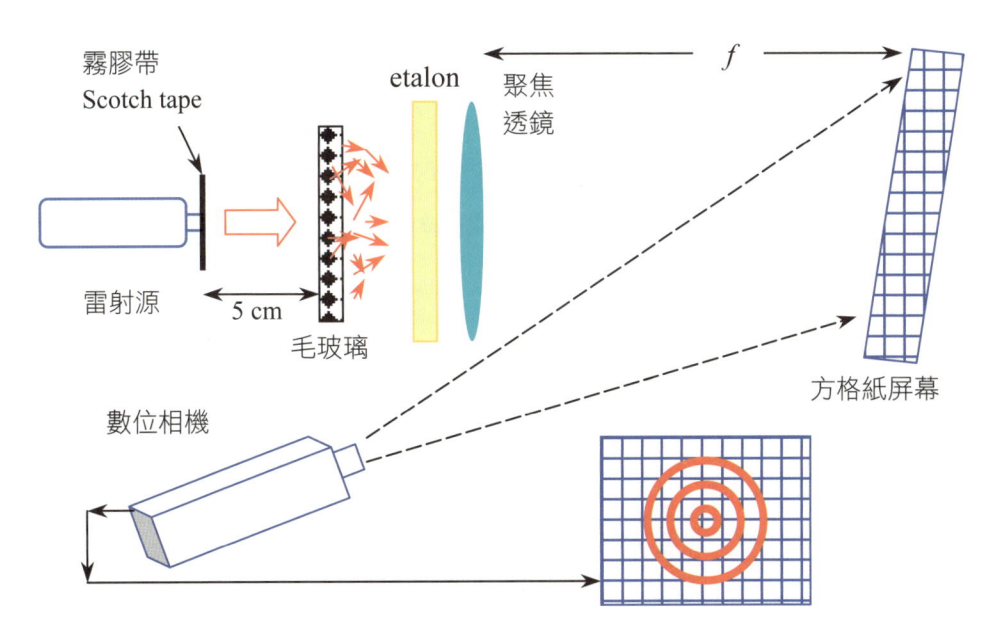

圖 7.2-3　量取 etalon 穿透干涉條紋的實驗架設圖。

B. 實驗步驟

(1) 元件及儀器配置如圖 7.2-3，確定雷射光與光學桌平行，且 etalon 表面與光路垂直。

(2) 在離雷射輸出口 5 cm 處上置一毛玻璃，取一焦距為 25 cm 的正透鏡置於 etalon 之後，將 etalon 及聚焦透鏡越靠近毛玻璃越好，以免太多的光經過毛玻璃被散射出去，而使干涉條紋強度變弱不易觀察。移動屏幕，找出干涉條紋最清楚的位置。

(3) 再將雷射輸出口用霧膠帶 (例如一片 Scotch tape) 貼起來。再次移動屏幕，找出干涉條紋最清楚的位置。解釋步驟 (2、3) 中看到不同的現象。注意，這個實驗若架設得好的話，不用聚焦透鏡就應該完全看不到干涉條紋。

(4) 將一方格紙置於聚焦透鏡的焦平面附近，移動前後距離讓方格紙上的干涉條紋最清楚，量取聚焦透鏡與方格紙間的距離，並利用一數位照相機擷取干涉影像。注意，若數位相機無法將方格紙上的格子照下來，可在干涉圖形旁放一把尺，將尺的刻度一起照進相片中；另外一種方法就是用電腦自己列印方格紙，由自己來控制格線顏色的濃粗及間隔。

(5) 將透鏡焦距改為 75 cm，並調整屏幕位置使屏幕位在透鏡的焦平面上，如圖 7.2-2 由干涉影像中方格子的大小量測干涉條紋的位置，利用式 (7.2-2) 求出 etalon 材質的折射率。

2. Etalon finesse 量測實驗
A. 實驗裝置

No.	器材名稱 (中文)	器材名稱 (英文)	建議規格	數量
1	雷射	Laser	A CW ~mW HeNe laser at 632.8 nm	1
2	雷射固定座	Laser mount	Tilt adjustable laser mount	1
3	ϕ = 1″ 固態 Etalon	Solid etalon	Eg. reflectance = 50~80% at 632.8 nm on two surfaces, thickness = 2~3 mm, refractive index = 1.5, ϕ = 1″	1
4	1″ etalon 鏡座	Etalon mount	Typical lens mount with clear aperture for 1″ optics	1

A. 實驗裝置 (續)

No.	器材名稱 (中文)	器材名稱 (英文)		建議規格	數量
5	旋轉馬達	motor assembly	5.1 motor	Height ~ 4″ with two 1-cm spacers, rotation speed < 1000 rpm for safety and stability	1
			5.2 motor spacers		
			5.3 motor controller (not shown in photo)		
6	光偵測頭	photodetector		Silicon photodetector connected to a digital oscilloscope	1
7	2″ 支撐棒	Posts for laser		2″ length	2
8	3″ 支撐棒	Post for photodetector		3″ length	1
9	2″ 支撐座	Post holders for all posts		2″ height	3
10	1-m 光學軌道	1-m optical rail		Typical 1-m optical rail with 1-mm length scale	1
11	軌道座	Rail carrier		Typical	3
12	數位示波器	Digital oscilloscope		Typical	1

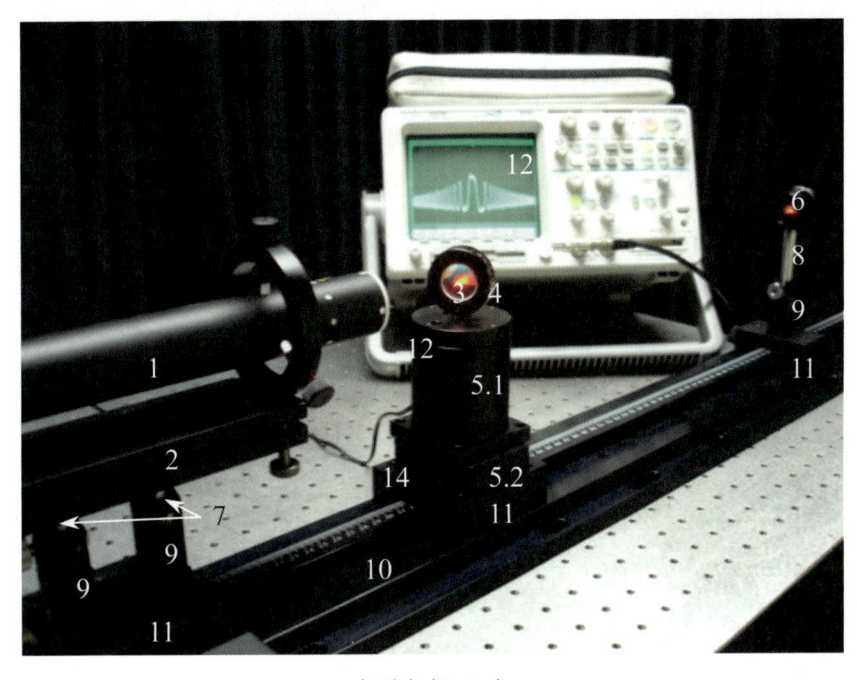

(實驗架設照片)

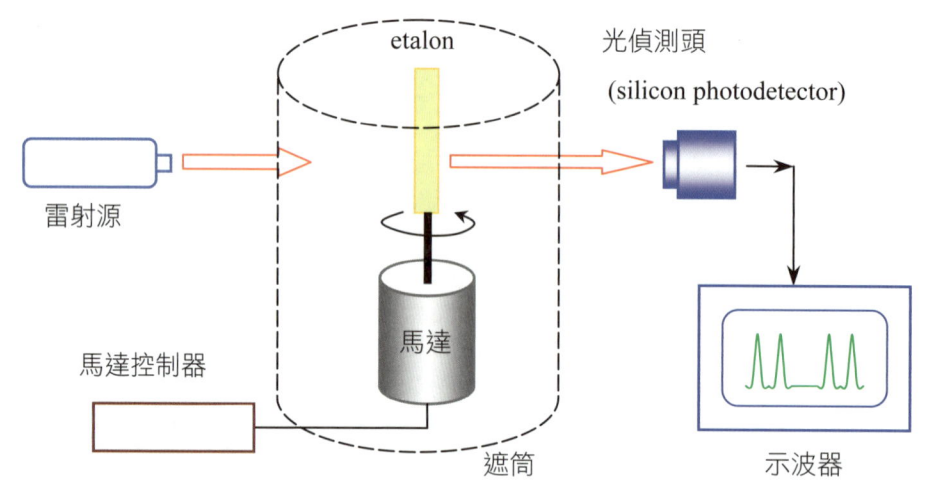

圖 7.2-4　finesse 實驗架設圖，為了能夠讓讀者清楚地看到實驗架設，照片中沒有顯示遮筒。

B. 實驗步驟

(1) 實驗裝置如圖 7.2-4 所示，將 etalon 裝置在馬達上。不要使用霧膠帶，也不要使用毛玻璃，讓雷射光直接穿過 etalon，將穿過 etalon 的雷射光繼續射入一個光偵測頭中，光偵測頭的電子訊號接到一個示波器。

(2) 讓馬達穩定地旋轉，使得入射 etalon 的光束角度隨時間做線性改變。遮桶是為了讓雷射光不至於彈射到附近人的眼睛。馬達轉動初始頻率不要太高。若頻率太高可能會造成 etalon 振動的困擾。

(3) 調整數位示波器的 time base 且記錄穿透強度與時間的關係，經由式 (7.2-4) 的討論並計算此一 etalon 的 finesse，並求得此一 etalon 兩側鍍膜的反射率 (假設兩側的反射率一樣)。

五、參考資料

1. A good description of the etalon analysis can be found in Chapter 9, *Optics* 3rd Ed. By Eugene Hecht (Addison-Wesley, 1998).

2. The extension and application of an etalon are detailed in Chapter 9 and page 151 of *Fundamental of Photonics* by B. E. A. Saleh and M. C. Teich (John Wiley & Sons Inc., 1991).

III. 習 題

1. 推導式 (7.1-11, 12)。

2. 將一道真空波長為 λ_0 的雷射光垂直入射 (入射角度為 0°) 一個 etalon，這個波長的光可以在這個 etalon 中共振，因此在這個入射波長之下，穿透光有最大的輸出強度。假設 etalon 的厚度為 d，其材質的折射率為 n，要調多少雷射的波長，才會讓雷射的穿透值從一個峰值變到下一個峰值？

3. 將一道真空波長為 λ_0 的雷射光垂直入射一個 etalon，這個波長的光可以在這個 etalon 中共振，假設 etalon 的厚度可以調，其材質的折射率為 n，要調多少 etalon 厚度，才會讓雷射的穿透值從一個峰值變到下一個峰值？

4. 玻璃材質的折射率會因為溫度的改變而改變，假設要用一個操作在氦氖雷射波長 (632.8 nm) 的玻璃 etalon 來量測玻璃折射率隨溫度的的變化，在實驗上可以讓氦氖雷射光垂直入射這個放在溫控爐上的 etalon，在改變 etalon 溫度的同時觀察穿透雷射光的強度變化。假設這個玻璃 etalon 的折射率為 1.5、厚度為 2 mm，當觀察到一個雷射強度的明暗變化時，這個 etalon 的折射率改變多少？

5. 若一個 etalon 的 finesse 要大於 100，則 etalon 每一側的反射率至少要多大？

6. 假設有一個玻璃片做的 etalon 厚度為 1 cm、折射率為 1.5，一道雷射光垂直入射該 etalon。
   (1) 這個 etalon 的 free spectral range 是多少 Hz？
   (2) 若要讓垂直入射的雷射最多只通過 10 MHz 的頻寬，這個 etalon 的 finesse 最少要多少？
   (3) 接續 (2)，這個 etalon 兩側反射膜的反射率至少要多大？

7. 假設一片玻璃 etalon 的厚度為 2 mm，其折射率為 1.5，若將一道真空波長為 λ_0 = 500 nm 的雷射光垂直入射這一個 etalon 時，這個波長的光可以在這個 etalon 中共振。將入射角度從 0° 轉到 1°，估算雷射光的穿透強度會產生幾個峰值？

8. 圖 7.2-1 中聚焦透鏡的功用是什麼？

9. 若在第一個實驗中將氦氖雷射換成一個波長較短的雷射 (例如倍頻之後的 Nd:YVO$_4$ 雷射，波長為 532 nm)，觀察到同心環干涉條紋時，條紋間距會變窄或變寬？解釋原因。

10. 在 finesse 量測實驗中，為何觀察到每個穿透強度的峰值都不太一樣？

11. 在圖 7.2-4 中的示波器所畫的信號圖 (中間凹陷) 和照片中示波器所顯示的信號 (中間凸起) 有明顯的不同，兩種信號都有可能在實驗中觀察到，解釋在何種狀況下會量到哪一種信號？

第八章　光的同調特性

Coherence of Light

I. 基本概念

當我們在觀察一個光源所發出來的光及其形成的光學現象時，光源的物理特性極為重要，最明顯的例子就是雷射光與一般光源之間的強烈對比。有的光源所發出來的光可能包含各種頻率及不同的相位，所以要瞭解一道光在時間或空間上所表現出來的物理行為時，不能夠總是以光源是單一頻率的情況去思考，必須用統計學的角度去探討可能產生一個現象的可能機率，這就是所謂的**統計光學** (statistic optics)。在一個位置或一個時間點上，一般自然光的相位與頻率是個隨機函數；因此，當要比較自然光在兩個時間點，或兩個位置上光場的相位關係時，經常缺乏相似性及一致性，亦即缺乏所謂的**同調性** (coherence)。同調性本身隱喻著兩個同性質的物理量(譬如光波中的電場)在時間或空間上的一致性和可預測性。**光的同調性** (optical coherence) 的意思可以想像成是指兩道光之間光場相位的一致性有多少，這兩道光可以是同一種光源所發出的光，也可以是不同種光源所射出的光，但是探討的情況通常以前者的情況居多。

因此，要描述光場的**時間同調性** (temporal coherence) 或**空間同調性** (spatial coherence) 時，可將兩個不同時間，或不同位置上隨時間變化的光場在時間上做一**關聯積分** (correlation integral)，用以比較該二光場在相位上的相似性。在統計光學中，做物理量的比較時通常是採用時間平均之後的結果，因為光隨著時間而傳播，時間的平均可以找出統計上的時間趨勢。光的同調性的討論及量化在雷射發明後變得極為重要，因為雷射光與一般光源最大的不同處就是雷射光具有較佳的同調特性。

例如，要檢查一個時間區間 τ 內，同一位置上一個正在傳播中的光波的同調性，或簡稱光的時間同調性，可將**複數光場** (complex amplitude of the optical field) U 在時間上做以下的**自關聯** (auto-correlation) 積分運算：

$$G(\tau) = \langle U^*(t)U(t+\tau) \rangle = \lim_{T \to \infty} \frac{1}{2T} \int_{-T}^{T} U^*(t)U(t+\tau)dt \qquad (8.1\text{-}1)$$

在統計光學中，$G(\tau)$ 稱為**時間同調函數** (temporal coherence function)。若光場的波形在時間 τ 內保持相當的一致性，式 (8.1-1) 中的積分結果，在時間 τ 內就有相當的值存在。當 $\tau = 0$ 時，式 (8.1-1) 得到的就是一般我們所計算的光強度 $I = G(0)$。若將時間同調函數對光強度做**歸一化** (normalization)，就得到所謂的 **complex degree of temporal coherence**：

$$g(\tau) = \frac{G(\tau)}{G(0)} = \frac{\langle U^*(t)U(t+\tau) \rangle}{\langle U^*(t)U(t) \rangle} \qquad (8.1\text{-}2)$$

因為歸一化的關係，$0 \leq |g(\tau)| \leq 1$；$|g(\tau)|$ 的值越接近 1，這個光波的時間同調性就越好。因此，只要檢查 $g(\tau)$，即可以知道一個光場的時間同調性的好壞。譬如，一個單頻 ν_0 朝 z 方向傳播的平面波的複數光場可表示成 $U = U_0 \exp(j2\pi\nu_0 t - jkz)$，它的 complex degree of temporal coherence 可以經計算得到 $g(\tau) = \exp(j2\pi\nu_0\tau)$，於是 $|g(\tau)| = 1$，如預期地，一個單頻的平面波具有完美的時間同調性，因此 $|g(\tau)| = 1$。如果，$|g(\tau)|$ 在一段時間位移 τ_c 中都有相當的值存在，這段時間我們稱為**同調時間** (coherence time)，在數學上可以定義為

$$\tau_c = \int_{-\infty}^{\infty} |g(\tau)|^2 d\tau \qquad (8.1\text{-}3)$$

由於光波在空間裡快速行進，吾人可以定義出**同調長度** (coherence length) 為光波在同調時間內所走的距離

$$l_c = c\tau_c \qquad (8.1\text{-}4)$$

其中，c 是光速。就物理意義來說，在同調長度內，這道光場的相位變化是有著可預測性或一致性的，但是在這個長度以外，這束光的相位關係便開始

變得雜亂無章，毫無規則可尋。因此，若要將一道光分成兩道，然後將這兩道光再重合去觀察干涉現象，唯有這兩道光的光程差在同調長度的範圍內，才有機會觀察到干涉現象。

由線性分析可以知道，一個訊號的自關聯積分的傅立葉轉換就是該訊號的**功率頻譜** (power spectrum)，即

$$S(v) = \int_{-\infty}^{\infty} G(\tau)\exp(-j2\pi v\tau)d\tau \tag{8.1-5}$$

基於傅立葉轉換，功率頻譜的頻寬 Δv 和同調時間有以下的關係

$$\Delta v \tau_c \approx \frac{1}{2\pi} \tag{8.1-6}$$

因此，同調時間越長，光波的頻寬越窄，頻率就越精準。注意，上式中並沒有直接寫成等號的關係，因為時間與頻寬的乘積值端視頻譜的分佈形式而定。

白光中含有許多顏色的光，換句話說，白光的頻寬很寬，由式 (8.1-6) 可知，同調長度極短；因此要把白光分成兩道光，再重合去觀察干涉的現象，想像起來似乎不是很容易。然而，在我們日常生活裡，卻有一個著名的白光干涉的例子：肥皂膜干涉。一張肥皂膜有兩個反射面，但是每一面的反射率只有幾個百分點，相當低；因此，肥皂膜的干涉現象雖然是 etalon 干涉的一種，但實際上比較接近牛頓環的干涉原理──只需要考慮到兩個反射面所形成的第一道干涉光就好了。由於肥皂膜相當的薄，薄到比白光的同調長度還小，因此可以形成如下彩虹般的干涉條紋。

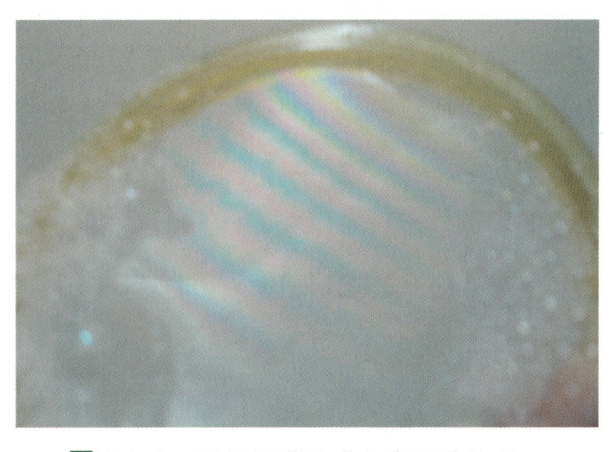

圖 8.1-1　肥皂薄膜形成白光干涉條紋。

空間同調性則是比較光場在空間中不同兩點(通常是垂直於或接近垂直於傳播方向上)的相位的一致性。基本上，若發光源的橫截面很大時，橫截面上不同點的光場相位的一致性或同調性可能會有所不同。量測空間同調性時，因牽涉到空間位置上的不同，其關聯計算表示為

$$G(\mathbf{r}_1,\mathbf{r}_2,\tau) = \langle U^*(\mathbf{r}_1,t)U(\mathbf{r}_2,t+\tau)\rangle \qquad (8.1\text{-}7)$$

這個式子稱呼為**互同調函數** (mutual coherence function)，其中 $\mathbf{r}_{1,2}$ 是兩個光場位置的位置向量。將互同調函數歸一化之後可以得到

$$g(\mathbf{r}_1,\mathbf{r}_2,\tau) = \frac{G(\mathbf{r}_1,\mathbf{r}_2,\tau)}{\left[I(\mathbf{r}_1)I(\mathbf{r}_2)\right]^{1/2}} \qquad (8.1\text{-}8)$$

稱為 **complex degree of coherence**，其中 $0 \leq |g(\mathbf{r}_1,\mathbf{r}_2,\tau)| \leq 1$。注意到，上面這個式子同時包含了時間和空間的變數在裡頭，因此時間的同調性和空間的同調性並非一定是完全不相關的。然而，所謂的**類單頻光** (quasi-monochromatic light) 在頻譜上有一個中心頻率 ν_0，圍繞著這個中心頻率的是一個固定的頻寬 $\Delta\nu$，從這個頻寬可以得到一個同調時間 $\tau_c \sim 1/\Delta\nu$，如式 (8.1-6) 所示；假如式 (8.1-8) 中的時間位移 τ 遠小於同調時間 τ_c，就可以將類單頻光的互同調函數分解成時間及空間項的乘積

$$G(\mathbf{r}_1,\mathbf{r}_2,\tau) = G(\mathbf{r}_1,\mathbf{r}_2)e^{j2\pi\nu_0\tau} \qquad (8.1\text{-}9)$$

這時 $G(\mathbf{r}_1,\mathbf{r}_2)$ (稱為 **mutual intensity**) 完全決定了這道光的空間同調性。

光的時間及空間同調性可以由光的干涉現象來量測。假設兩道光在的複數光場分別可以表示成 U_1 及 U_2，將其疊加干涉之後的強度可以由以下的計算得到所謂的干涉方程式

$$I = \langle|U_1+U_2|^2\rangle = \langle|U_1|^2\rangle + \langle|U_2|^2\rangle + \langle|U_1^*U_2|\rangle + \langle|U_1U_2^*|\rangle$$
$$= I_1 + I_2 + G_{12} + G_{12}^* = I_1 + I_2 + 2\text{Re}\{G_{12}\} = I_1 + I_2 + 2(I_1I_2)^{1/2}\text{Re}\{g_{12}\}$$

其中 $G_{12} = \langle U_1^*U_2\rangle$，歸一化後得到

$$g_{12} = \frac{\langle U_1^*U_2\rangle}{(I_1I_2)^{1/2}} = |g_{12}|e^{-j\varphi} \qquad (8.1\text{-}10)$$

於是干涉方程式可以改寫成一個簡單的形式

$$I = I_1 + I_2 + 2(I_1 I_2)^{1/2} |g_{12}| \cos\varphi \tag{8.1-11}$$

因此，干涉條紋的變化主要是由 g_{12} 的相位角 φ 或 $\cos\varphi$ 這一項來決定。若這兩道光波具備相當的同調性 $0 < |g_{12}| \leq 1$，式 (8.1-11) 中的 $\cos\varphi$ 就會發揮作用，產生干涉條紋；反之，若這兩道光沒有同調性，即 $|g_{12}| = 0$，則 $I = I_1 + I_2$，就看不到干涉條紋了。因此，從干涉條紋中可以看出光波的同調性。干涉條紋的**可見度** (visibility) 由以下定義：

$$V = \frac{I_{\max} - I_{\min}}{I_{\max} + I_{\min}} \Rightarrow V = \frac{2(I_1 I_2)^{1/2}}{(I_1 + I_2)} |g_{12}| \tag{8.1-12}$$

若 $I_1 = I_2 = I_0$，則 $V = |g_{12}|$；對比度越好，越容易看出干涉所形成的明暗條紋，由式 (8.1-12) 可以看出，同調性越高，干涉光的對比度就越好。圖 8.1-2 中的干涉條紋是從兩道單頻但是強度不同的光干涉所造成的。由於兩道光的強度不同，對比度並非百分之百。

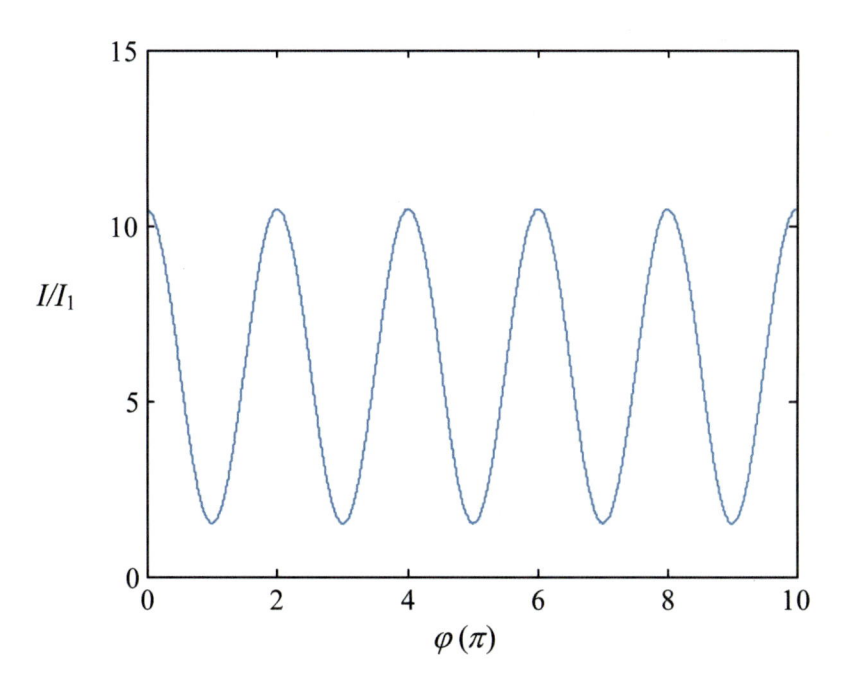

圖 8.1-2　兩道單頻 ($|g_{12}| = 1$) 但是強度不同 ($I_2 = 5I_1$) 的光所造成的干涉條紋。

量測時間的同調性經常是用一個邁克森干涉儀,其原理及操作方式將在以下的實驗中詳述。量測空間的同調性則可以利用楊氏雙狹縫干涉實驗來觀察隨著狹縫間距的改變而改變的干涉條紋,據以判斷一道光在兩個狹縫位置的空間同調性。圖 8.1-3 以一個單頻的平面波為例,來說明空間同調性的量測。假設有一個頻率 ν 的平面波垂直向右 (z 方向) 入射一個屏幕 Σ_1,這個屏幕上有兩個相同大小的狹縫相隔 $2a$ 的距離,在屏幕 Σ_1 右方距離相隔 d 的地方,放置另一屏幕 Σ_2 用來觀察雙狹縫干涉的情形,假設距離 d 很大,兩個狹縫的張角 θ 約等於 $\theta \approx 2a/d$,而且兩個狹縫所發出來的光在到達 Σ_2 時,會近似兩個平面波。入射平面波的光場可以寫成

$$U(\mathbf{r},t) \propto e^{j2\pi\nu(t-z/c)} \tag{8.1-13}$$

因此從位置 $\mathbf{r}_1, \mathbf{r}_2$ (即圖 8.1-3 中的 z_1, z_2,且 $z_1 = z_2$ 的位置) 的兩個狹縫出發的光波到達第二個屏幕 Σ_2 時可以寫成

$$U_1(\mathbf{r}_1,t) = U_0 e^{j2\pi\nu(t_1-z_1/c)} \quad 及 \quad U_2(\mathbf{r}_2,t) = U_0 e^{j2\pi\nu(t_2-z_2/c)} \tag{8.1-14}$$

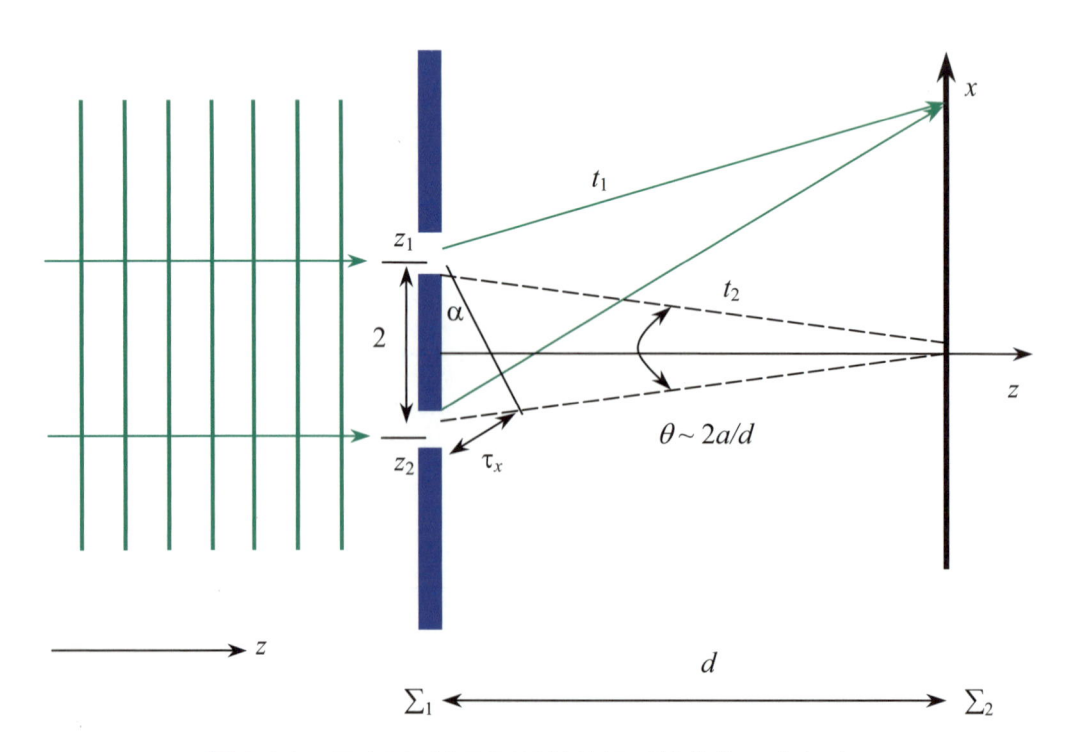

圖 8.1-3 用來量測空間同調性的楊氏雙狹縫干涉實驗。

從圖 8.1-3 的幾何上可以輕易地看出這兩個光場到達屏幕 Σ_2 的時間差為 $t_1 - t_2 = \tau_x \approx 2a\alpha/c$,但是 $\alpha \approx x/d$、且 $\theta \approx 2a/d$,於是得到 $\tau_x \approx \theta x/c$。因此,從兩個狹縫發出來的光波的 complex degree of coherence 經過計算,可以得到以下的形式

$$g(\mathbf{r}_1, \mathbf{r}_2, \tau) = e^{j2\pi\nu[\tau_x - (z_2 - z_1)/c]} = e^{j2\pi\nu\tau_x} \tag{8.1-15}$$

而且 $|g(\mathbf{r}_1, \mathbf{r}_2, \tau)| = 1$,這代表在兩個狹縫位置上的兩個光波具有百分之百的時間及空間的同調性,這個結果正如意料之中,因為一個單頻的平面波顯然具有完美的時間及空間同調性。

根據干涉方程式 (8.1-11),在屏幕 Σ_2 上的干涉條紋強度可以寫成

$$I(x) = 2I_0 \left[1 + \cos\left(\frac{2\pi\theta}{\lambda} x \right) \right] \tag{8.1-16}$$

這是個對比度為 1,週期變化的干涉條紋,明暗變化的週期為 λ/θ。因此,觀察及量測光的干涉條紋可以迅速判定光的同調性。

II. 實　驗

一、實驗名稱：光的時間同調性及頻寬量測

二、實驗目的

　　同調性本身隱含著光波相位的一致性和可預測性。光場中的一點和另一點之間的一致性如何呢？又應該如何作比較呢？光束本身的干涉實驗給了我們一個最好的答案。本實驗就是藉著比較光束在不同時間位移的干涉行為，來觀察光束的時間同調性，找出不同光源的同調長度並加以比較。

三、實驗原理

　　時間的同調性可以用**邁克森干涉儀**來量測，如圖 8.2-1 (a) 所示。架設麥克遜干涉儀時，首先用一個分光鏡片 (Beam Splitter, BS) 將入射光分成兩道相同強度的光束，再分別打到兩面鏡子上 (M1，M2)。被分出的兩道光束再各自經鏡子反射後回到分光鏡片，結合之後向同一個方向前進，最後到達**屏幕** (Screen)。相位補償玻片是為了補償光波在分光鏡中相對於另一軸所多走的光程差，必須放在分光鏡鍍膜的那一側 (示意圖中橘線的部分)。若是兩面鏡子離分光鏡片的距離不一樣，即

$$d_A(=d_1+d_2) \neq d_B(=d_3+d_4) \tag{8.2-1}$$

兩道光的光程便有了差距，因為光程差的不同，兩道光若具有同調性，就會在屏幕上形成建設性干涉 (亮度較原來單一光束為亮) 或相消性干涉 (亮度較原來單一光束暗)。如果兩道光的光路校準得好，則應該可以在屏幕上看到同心圓的干涉條紋。

　　在利用邁克森干涉儀量測光的時間同調性時，兩道光的時間延遲可以由光程差來調整，即 $\tau = (d_A - d_B)/c$，因此干涉方程式可以寫成

$$I = 2I_0[1+\mathrm{Re}\{g(\tau)\}] = 2I_0[1+|g(\tau)|\cos\varphi(\tau)] \tag{8.2-2}$$

其中 $g(\tau) = g_{12} = \langle U^*(t)U(t+\tau)\rangle / I_0$。想像入射光是一個類單頻光，其光場為一朝 z 方向以光速 c 前進的脈衝平面波

$$U(\mathbf{r},t) = a\left(t-\frac{z}{c}\right)\exp\left[j2\pi\nu_0\left(t-\frac{z}{c}\right)\right] \tag{8.2-3}$$

(a) 邁克森干涉儀

(b) 干涉圖譜 (interferogram)

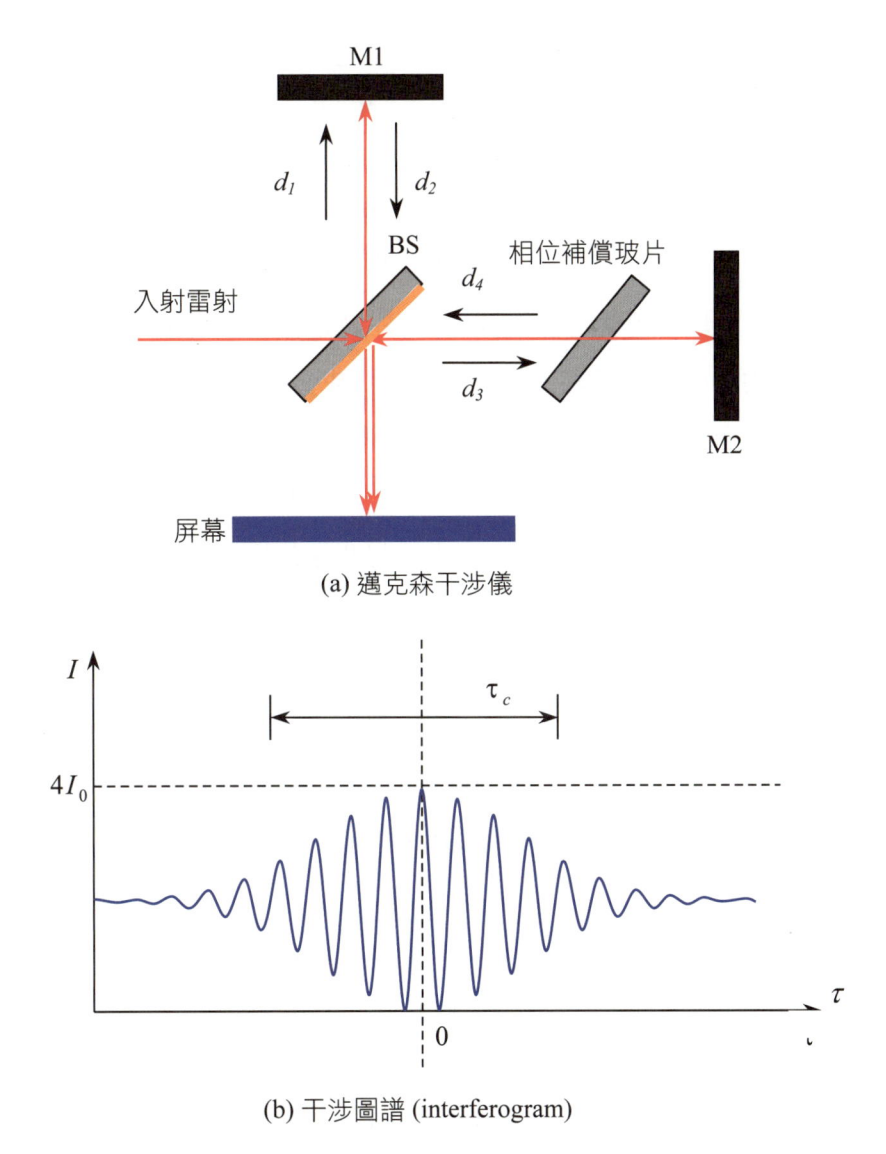

圖 8.2-1 用邁克森干涉儀量測光波時間同調性的示意圖。(a) 邁克森干涉儀，(b) 典型的干涉圖譜；注意，干涉圖譜的波包 (envelope) 厚度就是 $2|g(\tau)|2I_0$。

其中，$a(t-z/c)$ 是一個**波包方程式** (envelope function)，用來描述這個平面波在 z 方向的形狀，如高斯分佈等。其相對應的干涉方程式就是

$$I = 2I_0\{1+|g_a(\tau)|\cos[2\pi v_0\tau + \varphi_a(\tau)]\} \tag{8.2-4}$$

其中，$g_a(\tau) = G_a(\tau)/G_a(0)$ 且 $G_a(\tau) = \langle a^*(t)a(t+\tau)\rangle$。對於這道光波，就可以利用圖 8.2-1 (a) 中邁克森干涉儀，量取它的同調時間，顯然只有當時間差 τ 在波包長度範圍之內才有機會量到干涉條紋。

邁克森干涉儀也可以用來量測非脈衝光的時間同調長度。當我們改變干涉儀兩臂的長度時，兩道光束的光程差會因此產生差異，若光程差在同調長度之內，就可以量到干涉條紋，若光程差相距過大，超過了同調長度，干涉的現象就會消失，因為兩道光的相位關係在同調長度之外會變得相當不確定。此處提到的量測結果是指合成的光向量場經過時間平均後，其強度會趨近一定值，向量場強度變化的頻率約為一般光頻 10^{14} Hz 左右，而人的眼睛是看不出它的變化，於是我們在同調時間 (或長度) 外只會量到一個沒有明暗變化的定值。因此，邁克森干涉儀量到的結果會類似圖 8.2-1 (b) 中的**干涉圖譜** (俗稱 interferogram)，值得注意的是，干涉圖譜的波包(envelope) 厚度就是 $2|g(\tau)|2I_0$，吾人可以從一個干涉圖譜的波包長度斷定出一道光波的時間同調長度。

由於功率頻譜與時間同調函數有一個傅立葉轉換的關係，同調時間與光源頻寬互為倒數，如圖 8.2-2 所示，只要知道一個光源的同調時間，就可以求得該光源的頻寬。其實，式 (8.1-6) 只是一個近似的結果，由嚴格的傅立葉分析，可以算出以下幾種頻譜分佈與其對應到的同調時間相乘之後的值：

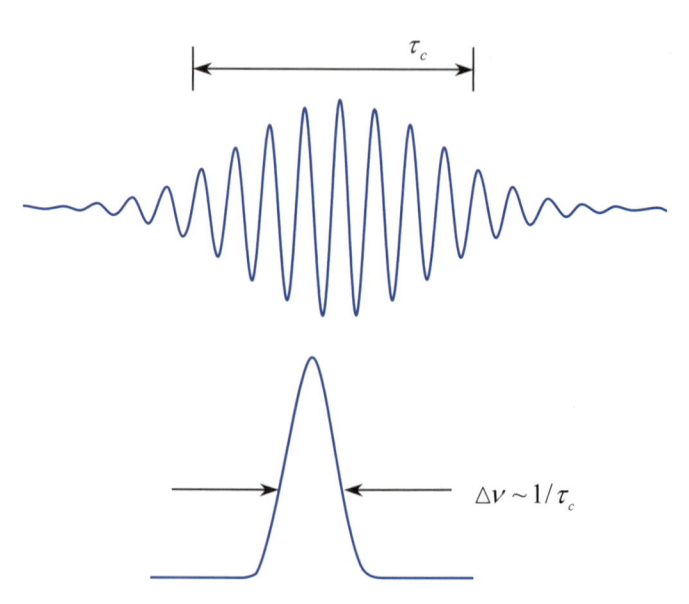

圖 8.2-2　干涉圖譜 (上圖) 與功率頻譜 (下圖) 經由傅立葉轉換可以發現：光的頻寬與同調時間之間互為倒數關係。

$\tau_c \cdot \Delta \nu = 0.664$ for Gaussian spectral distribution

$\tau_c \cdot \Delta \nu = 0.318$ for Lorentzian spectral distribution

$\tau_c \cdot \Delta \nu = 1$ for rectangular spectral distribution.

在本次實驗終將量測三種光源的同調長度，這三種光源包括雷射二極體、發光二極體 (LED) 及手電筒。一般雷射二極體的同調長度與輸入的電流有關，LED 光源的同調長度在次毫米 (sub-mm) 左右，一般白光手電筒的同調長度則在次微米 (sub-μm) 以內。以上的數據僅供參考，因為不同製程，材料所產生的光源，其特性也相當地不一樣。

四、實驗內容

將實驗如圖 8.2-3 裝置好。在做實驗時，依序將光源換成二極體雷射、LED 光源及白光光源；注意在以下的架設例子裡，可以將 LED 手電筒的頭取下來置換特定顏色或白光的 LED。在量測不同光源的同調長度時需要改變 d_A 及 d_B 的相對長度，例如沿著光路移動 M2 的位置。

注意，相位補償玻片是為了補償光波在分光鏡中相對於另一軸所多走的光程差，因此，必須放在分光鏡鍍膜的那一側 (示意圖中橘線部分)。因為分光鏡的鍍膜側有可能是靠干涉儀兩臂的任一臂，以下的照片雖然顯示相位補償玻片架在滑軌的那一側，但是相位補償玻片應該放在干涉儀兩臂的哪一側，要由實驗者檢視分光鏡的鍍膜自行決定。

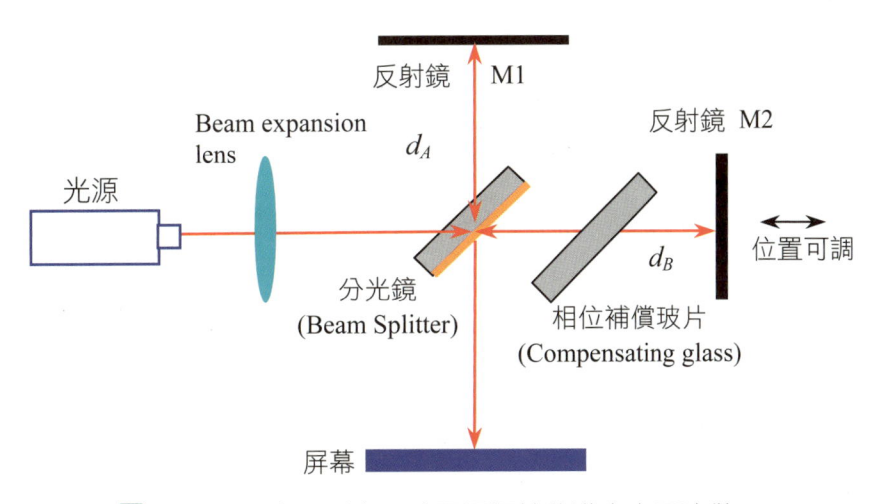

圖 8.2-3　用來量測光源時間同調性的邁克森干涉儀。

A. 實驗裝置

No.	器材名稱 (中文)	器材名稱 (英文)	建議規格	數量
1.1	紅光二極體雷射	Red diode laser	Eg. CW ~mW diode laser at 635, 650, or 670 nm	1
1.2	可調式二極體雷射電源	Current adjustable Diode laser driver	Eg. 2.3 V, < 40 mA with 1 mA incremental control.	1
2.1	發光二極體手電筒 (見小附圖)	LED light source (see magnified photo)	Battery powered LED flashlight with exchangeable red and white LED.	25
2.2	手電筒夾環 (見小附圖)	Light source holder (see magnified photo)	Eg. A lens mount with $\sim\phi = 1''$ clear aperture	1
3	光源座	Light source base	Tilt adjustable base	1
4	雙凸透鏡，焦距 50 mm	Positive lens	Double-convex lens with 1" diameter and $f = 5$ cm	1
5	透鏡鏡座	Lens holder	Typical lens mount for 1" optics	1
6	反射鏡	Surface mirror,	$\phi = 1''$ high reflection mirror @ normal incidence and visible wavelengths (Eg. Silver-coated mirror)	2
7	反射鏡鏡座	Mirror mounts	Typical mirror mounts for 1" optics	2
8	分光鏡	Beam Splitter	50%R/50%T @ 45° and near 650 nm	1
9	相位補償鏡片	Compensating glass	Same thickness and material as the beam splitter	1
10	分光鏡座	Beam splitter mounts for beam splitter and compensating glass	Typical beam splitter mount with clear aperture and xy adjustment for 1" optics	2
11	1" 支撐棒	Post	1" length	1

A. 實驗裝置(續)

No.	器材名稱 (中文)	器材名稱 (英文)	建議規格	數量
12	2" 支撐棒	Post	2" length	3
13	3" 支撐棒	Post	3" length	3
14	2" 支撐座	Post holder	2" height	7
15	支架底板	Base plate	Eg. 2" × 3" size with two mounting slots	5
16	圓形底板	Post riser	Pedestal mount under a post holder	1
17	叉狀壓片	Fork clamp	Typical one for holding a post raiser	1
18	屏幕固定架	Screen holder	Eg. A plate holder	1
19	1-m 光學軌道	1-m optical rail	Typical 1-m optical rail with 1-mm reading scale	1
20	滑座	Rail carriers	Typical	1
21	平移台	Translation stage	Typical one such as crossed-roller bearing miniature translation stage with micrometer pusher	1
22	平移台專用底板	Translation-stage base plate	Mounting plate between translation stage and rail carrier	1
23	12″ × 18″光學板	Optical breadboard	12″ × 18″ size with 1/4-20 tapped holes separated by 1″ distance	1
24	光學軌道支撐座	Rail support	A steady support underneath the extended rail and above the optical table.	1

182 近代實驗光學

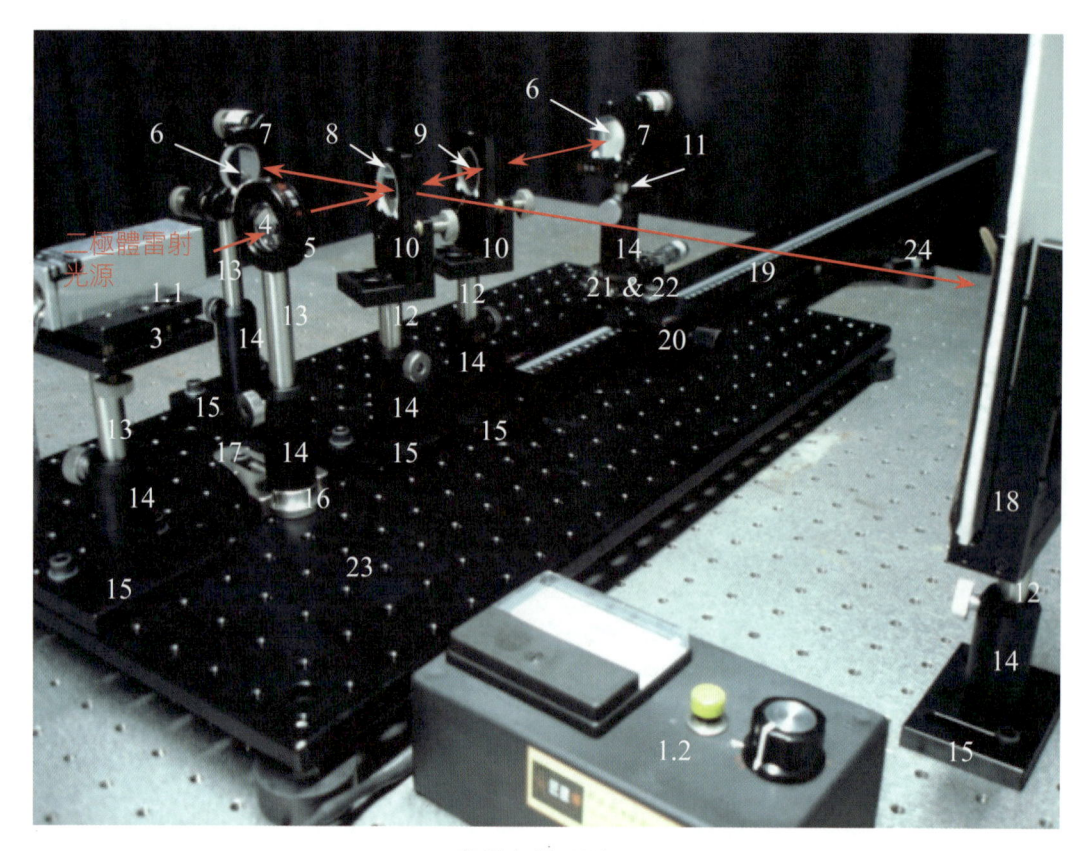

(實驗架設照片)

(LED 光源放大圖)

B. 實驗步驟

1. 二極體雷射的同調長度

(1) 在電源線與半導體雷射中間串聯一個可變電阻 (可以串聯在正極，也可以串聯在負極)。

(2) 將二極體雷射點亮後，慢慢地將電阻值調大，也就是將所供應的電流值調小，從眼睛觀察中確定你有一個光度可調的二極體雷射。用一個光偵測頭記錄雷射輸入電流與雷射光輸出強度的關係。

(3) 用可變電阻設定不同的雷射亮度，依以下 (4~7) 的步驟，在不同的亮度下量測該二極體雷射的同調長度，並記錄量得該同調長度時的雷射電流值。(建議先從低電流值開始量測，因為高電流亮度的二極體雷射可能有相當長同調長度，會造成量測上的不便。)

(4) 將二極體雷射裝入如圖 8.2-3 的光源位置，再用一般的尺小心量測，將 d_A 及 d_B 的距離調成一樣。

(5) 調整光路的準直，直到在干涉方向的屏幕上看到清晰的干涉條紋為止。這時，調整 M1 與 M2 的傾角使在屏幕上出現同心圓形狀之干涉條紋，若條紋不是很清楚可移動 beam expansion lens 做調整。

(6) 移動反射鏡 M1 或 M2 的相對位置以改變 d_A 與 d_B 的距離差，觀察干涉條紋的清晰度，直到干涉條紋消失為止。此時估計該光源的同調長度 $\approx |d_A - d_B|$。

(7) 調整電流，增加一點二極體雷射的亮度，重量該雷射的同調長度，並解釋量到的結果。

2. 發光二極體 (LED) 光源的同調長度

(1) 接續上個實驗，將二極體雷射的亮度調到最低，讓亮度只足夠從干涉儀中勉強觀察到干涉條紋。這時將二極體雷射移開，點亮一個單色 LED 當作干涉儀的光源。

(2) 重複第 1 實驗中量測同調長度的步驟，以量測該單色 LED 光源的同調長度，並估算這個單色 LED 光源的頻寬。

3. 白光光源的同調長度

(1) 接續上個實驗，將單色 LED 光源用一個白光光源取代，當作是干涉儀的光源。

(2) 重複第 1、2 實驗中量測同調長度的步驟，以量測該白光光源的同調長度，並估算該白光光源的頻寬。(這個實驗的困難度相當高，因為必須將邁克森干涉儀的兩條光路長度調到幾乎一樣，但是耐心地做絕對可以看到白光干涉。)

五、參考資料

1. Basic concepts on coherent theory are introduced in
   i. B. E. A. Saleh and M. C. Teich, *Fundamental of Photonics*, Chapter 10, John Wiley & Sons Inc., 1991.
   ii. Eugene Hecht, *Optics* 3rd Ed., Chapter 12, Addison-Wesley, 1998.

2. A classic graduate-level textbook on statistical optics and imaging is *Statistical Optics* by Joseph W. Goodman (John Wiley and Sons, 1985).

III. 習　題

1. 用式 (8.2-3) 的平面波脈衝光來作圖 8.1-3 中的楊氏雙狹縫干涉實驗，假設該平面波脈衝光的時間長度為 10 ps (1 ps = 10^{-12} sec)、波長為 500 nm，狹縫與屏幕間的距離為 1 m，兩個狹縫之間的寬度為 1 mm。
   (1) 這個平面波脈衝光的同調時間是多少？
   (2) 這個平面波脈衝光的同調長度是多少？
   (3) 屏幕上明暗條紋的週期為何？
   (4) 計算在屏幕上可以觀察到幾個週期的明暗條紋？

2. 假如一個光源的同調長度為 1 cm，在利用圖 8.2-3 中邁克森干涉儀量測該光源的同調長度時，首先將干涉儀的兩臂長度調成一樣 (即 $d_A = d_B$)，這時將鏡子 M1 相對於 M2 調開多少長度之後，就看不到干涉條紋？

3. 為什麼半導體雷射的同調長度與雷射強度有關？

4. 一個紅光發光二極體 (light emitting diode, LED) 的線寬大約是 50 nm (假設中心波長為 650 nm)，估計這個 LED 光源的同調長度，從而瞭解到在第三個實驗中要將邁克生干涉儀的兩臂長度調到多接近。

5. 從白光的頻譜估計白光的同調長度，從而瞭解第三個實驗「白光光源的同調長度」的困難度。

6. 在第二個實驗量測「LED 光源的同調長度」時，為何先用一個低亮度的二極體雷射做實驗？

7. 在本實驗中，有沒有什麼原因要依序將光源從雷射換成 LED，再換到白光光源？假如將實驗順序反過來，會不會比較容易？

第九章　光的繞射現象

Diffraction Phenomenon

I. 基本概念

當入射光通過一個孔洞或是一個物體邊緣的時候，在之後的屏幕上 (如牆上) 所產生的影像會有擴散的現象，這種現象不再是幾何光學中所描述的直線傳播可以解釋，這時必須引用**惠更斯原理** (Huygens's principle)，才能夠充分瞭解這種所謂的「繞射現象」。惠更斯原理表示：光通過孔洞、狹縫，或物體邊緣時，在其後方所產生的繞射現象可以解釋成，在光通過的孔洞中、狹縫裡，或物體邊緣的每一點，都可以看做是一個重新出發的點波源，如圖 9.1-1 所示，每一個點波源的光場會向前傳播，經過一段距離之後，將所有點波

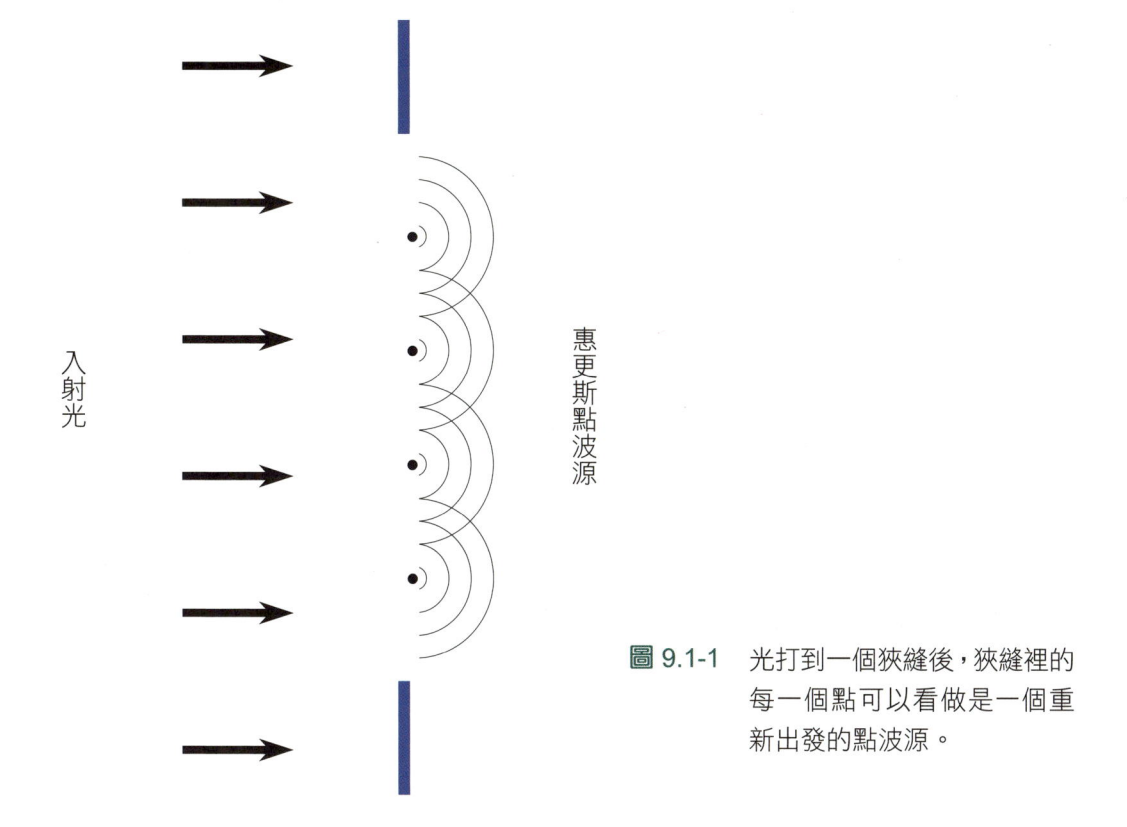

圖 9.1-1　光打到一個狹縫後，狹縫裡的每一個點可以看做是一個重新出發的點波源。

源的光場疊加在一起就會形成屏幕上的繞射圖形。

光的繞射與干涉現象，兩者都可以證實光的波動性，因為這兩種現象都必須將光當作波來處理才能夠得到適當的解釋。

一般來說，繞射可區分為**遠場** (far-field) 繞射和**近場** (near-field) 繞射兩種，這兩種繞射的區隔是由繞射孔徑相對於繞射場分佈的大小，或波長相對於觀測位置的距離來決定。若觀測位置與光源的距離比波長大很多，遠方的繞射條紋則可視為是由平面波的疊加所形成，這種繞射的現象稱為遠場繞射，或稱為 **Fraunhofer 繞射**；若觀測者在觀測位置上看到的繞射現象是由光源從繞射孔附近發出來的惠更斯球面波前所形成的，且觀測者所觀測到的光波還保留著球面波前的特性，這種繞射的現象稱為近場繞射或稱為 **Fresnel 繞射**。接下來將順序介紹這兩種繞射現象。

一、單狹縫遠場繞射

如圖 9.1-2 所示，考慮一平面波入射到一個寬度為 b 的狹縫上，在狹縫中的一特定地方 s 處，按照惠更斯原理，往 s 點重新出發的點波源的振幅可表示成以下的複數光場形式：

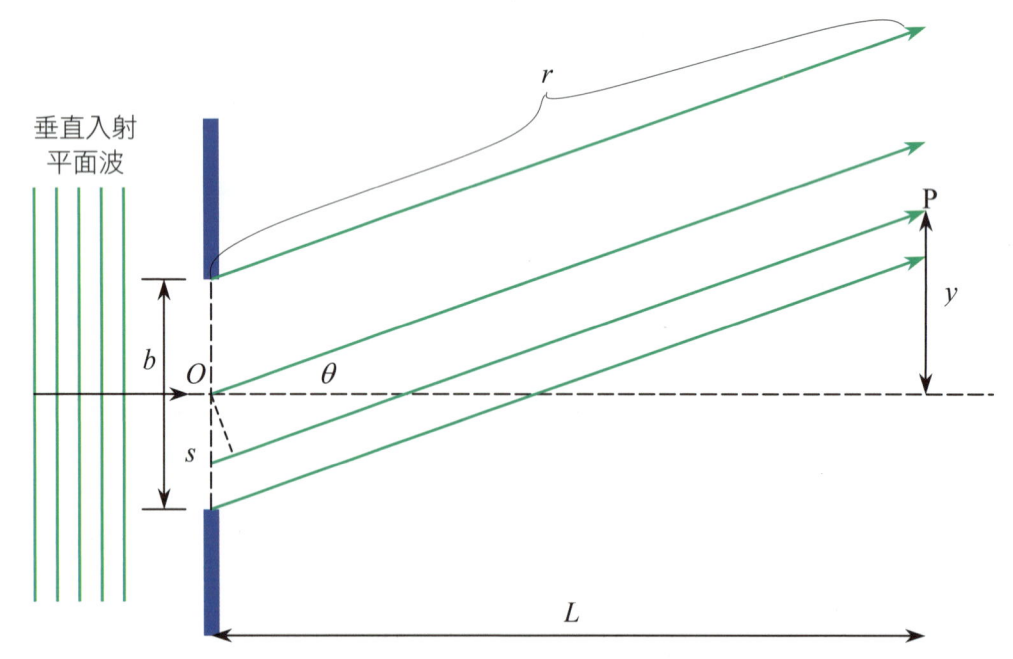

圖 9.1-2 Fraunhofer 繞射計算的示意圖：一道平面光波垂直入射到一寬度為 b 的狹縫上，狹縫上的每一點都可以看作是一個重新出發的點光源，但是因為觀察位置與狹縫間的距離很大，在觀察位置上看每個點光源產生的光波相當於是一個平面波。

$$\frac{A}{r}\exp[-jk(r-s\times\sin\theta)]\cdot ds \tag{9.1-1}$$

其中，$ks\times\sin\theta$ 項表示該波相對於 O 點出發的波的**相位落後** (phase delay)，$k=2\pi/\lambda$ 是波數，λ 是光的波長，r 是點波源 s 與觀測點的距離，A 只是一個振幅常數。

為了求得在 P 點的總光場 U_{total}，可以對整個狹縫的所有點波源做積分，也就是將狹縫上所有重新出發的波源重新疊加起來；當觀察點在很遠的地方時，距離 r 對於每個惠更斯點波源來講近乎是定值；極端地說，當觀察點在近乎無限遠處，每個惠更斯點波源發出的光波對一個觀察者而言，都是振幅相同的平面波。因此，在做遠場繞射積分計算時，可將 r 當作是個定值，這時就可以把和 r 有關的項移到積分式外頭去，如下：

$$\begin{aligned}U_{total}&=\frac{A}{r}\exp(-jkr)\int_{-\frac{b}{2}}^{\frac{b}{2}}\exp(jk\cdot s\cdot\sin\theta)\cdot ds\\&=\frac{A}{r}\exp(-jkr)\frac{1}{jk\sin\theta}\int_{-jk\frac{b}{2}\sin\theta}^{jk\frac{b}{2}\sin\theta}\exp(jks\sin\theta)\cdot d(jk\cdot s\cdot\sin\theta)\\&=\frac{A}{r}\exp(-jkr)\frac{1}{jk\sin\theta}\left[\exp(jk\frac{b}{2}\sin\theta)-\exp(-jk\frac{b}{2}\sin\theta)\right]\\&=\frac{A}{r}\exp(-jkr)\frac{2j}{jk\sin\theta}\sin(\frac{kb\sin\theta}{2})\end{aligned} \tag{9.1-2}$$

以上的計算並沒有考慮到個別光場的向量，換句話說，以上的計算假設光場的方向在繞射屏幕上是一致的，這個假設叫做**純量繞射理論** (scalar diffraction theory)，在討論遠場繞射時，純量繞射理論是成立的，因為點光源的遠場波前類似一個平面波，所有點光源的遠場的極化方向近乎是在同一方向上。

令 $\beta\equiv\frac{kb\sin\theta}{2}$，則上式可以簡化成

$$U_{total}=\frac{Ab}{r}\frac{\sin\beta}{\beta}\exp(-jkr) \tag{9.1-3}$$

式 (9.1-3) 的結果就是在 P 點的總繞射光場。一般來說，我們所觀測到的繞射現象都是光的平均強度，光平均強度可由以下計算得到

$$I = U_{total}U_{total}^* = I_0 \frac{\sin^2 \beta}{\beta^2} = I_0 \text{sinc}^2(\frac{b\sin\theta}{\lambda}) \tag{9.1-4}$$

其中，$I_0 = (\frac{Ab}{r})^2$，sinc 函數的定義是 $\text{sinc}(\alpha) \equiv \frac{\sin \pi\alpha}{\pi\alpha}$。在遠場的狀況下，$\sin\theta \approx \tan\theta \approx \theta \approx \frac{y}{L}$，$y$ 是 P 點橫座標，如圖 9.1-2 所標示。若對式 (9.1-4) 做微分求其極值，結果是，在符合下式的情況下，

$$\tan\beta = \beta \tag{9.1-5}$$

繞射圖形的強度有最大值。

圖 9.1-3 是依據式 (9.1-4) 畫出的 (a) 單狹縫 Fraunhofer 繞射強度與繞射相位 β 的關係圖，(b) 在入射波長 = 632.8 nm (奈米) 及 b = 100 μm (微米)

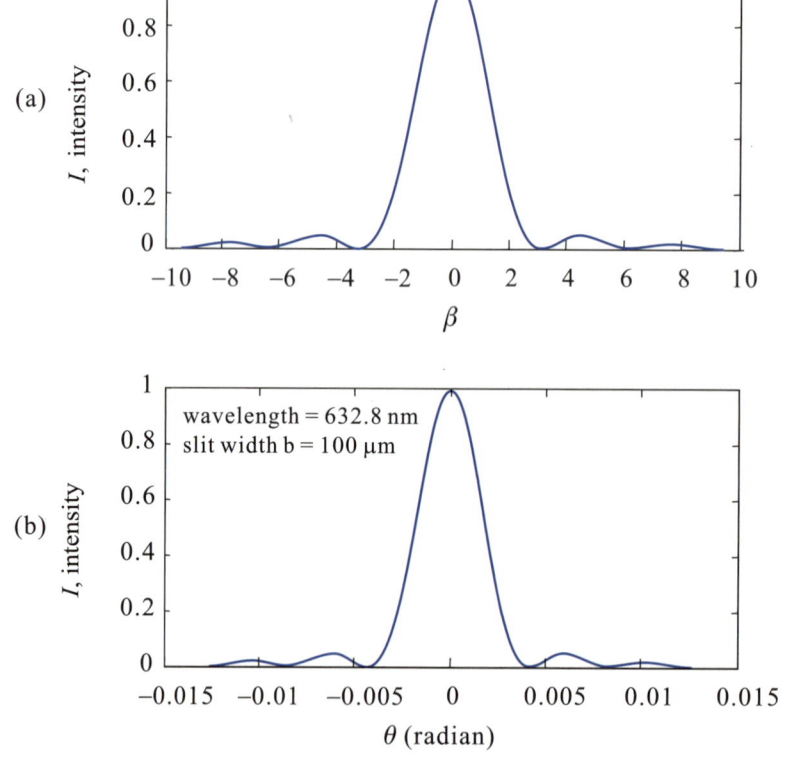

圖 9.1-3　(a) 單狹縫 Fraunhofer 繞射強度與繞射相位 β 的關係圖。
(b) 在入射波長＝632.8nm 及 b = 100 μm 的情形下，單狹縫 Fraunhofer 繞射強度與繞射角 θ 的關係圖，由圖中知道，在一米之外，中間繞射亮紋的寬度約為 7 mm (毫米)。

的情形下，Fraunhofer 繞射強度與繞射角 θ 的關係圖。從圖 9.1-3 (b) 可以很容易地看出，在一米之外，中間繞射亮紋的寬度約為 7 mm (毫米)。

圖 9.1-4 是兩個典型的單狹縫繞射圖形： (a) 圖取得時，使用的狹縫寬度為 100 μm， (b) 圖使用的狹縫寬度為 50 μm；注意到中間較寬的亮紋及其附近變化較快的明暗條紋和圖 9.1-3 的理論計算相當吻合。熟知傅立葉轉換的讀者可以從式 (9.1-2) 中看出，Fraunhofer 繞射最特別的一點就是繞射的結果，其實就是狹縫形狀的空間**傅立葉轉換** (Fourier transform)，這個說法到第十一章時會有清楚的解釋；一個寬度為 b 的狹縫，其空間頻率的頻寬約為 ~1/b，因此經過傅立葉轉換之後，在繞射屏幕上的主繞射條紋寬度就正比於 1/b。當 b 小的時候，繞射強度在屏幕上的變化就比較慢，中間的亮點也比較寬；反之，當 b 比較大的時候，繞射強度在屏幕上的變化就比較快，中間的亮點也就比較窄。以上的推導結果是針對光場的大小，但是我們所觀察到的繞射結果是光的強度，因此嚴格說 Fraunhofer 繞射所表現出的是狹縫形狀空間傅立葉轉換結果的絕對值平方。不過由於這種傅立葉轉換的對應關係，在討論遠場繞射時很容易從已知的數學計算，就可以立即想到遠場繞射的答案；譬如，若將一個繞射狹縫換成一個週期光柵，很容易可以立即推測出來它的遠場繞射圖形應該就是具有週期排列的光點，因為一個週期函數的傅立葉轉換也是一個週期函數。

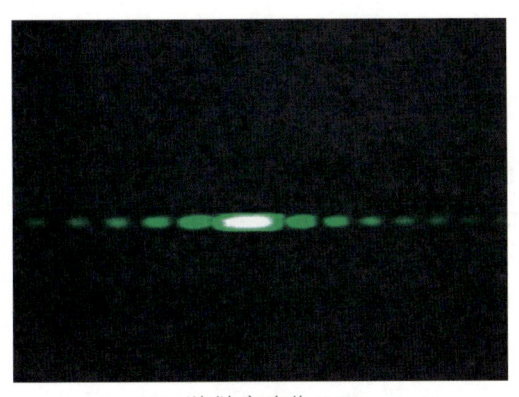

(a) 狹縫寬度為 100 μm   (b) 狹縫寬度為 50 μm

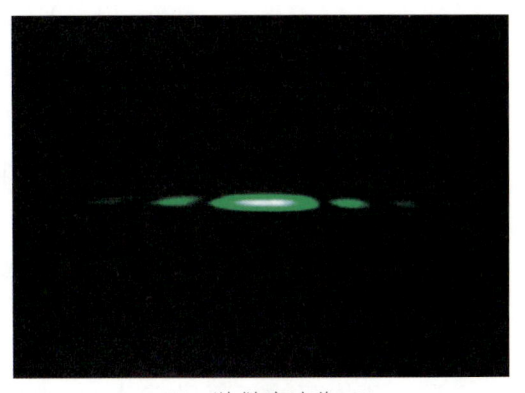

圖 9.1-4 兩個典型的單狹縫繞射圖形；狹縫越細，中間亮紋越寬。所使用的雷射光源是倍頻的 Nd:YVO$_4$ 雷射，波長為 532 nm。

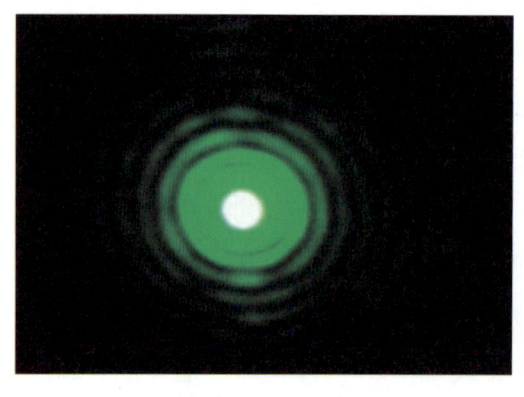

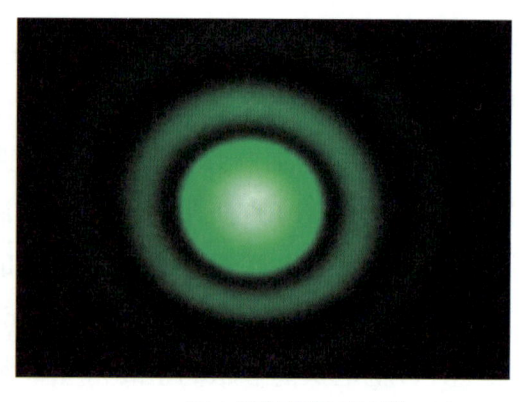

(a) 繞射圓孔直徑為 300 μm　　　　　　　(b) 繞射圓孔直徑為 50 μm

圖 9.1-5　典型的圓孔遠場繞射圖形，攝取這兩張照片時，屏幕與相機的距離保持不變。所使用的雷射光源是倍頻的 Nd:YVO$_4$ 雷射，波長為 532 nm。

若將入射的狹縫換成圓形的孔徑，利用相同的分析所得到繞射強度的結果為

$$I = I_0 \left[\frac{2J_1(\beta)}{\beta}\right]^2 \tag{9.1-6}$$

其中 J_1 是第一階的 Bessel 函數，實際觀察中看到的繞射圖形就是亮暗相間的同心圓。中心處的亮圓稱為 **Airy disk**，它在衡量光學儀器的解析度上扮演著重要的角色。從 Airy disk 中心點到第一暗紋半徑的理論值，經查表可知是

$$r = 1.22 \frac{L\lambda}{b} \tag{9.1-7}$$

在這裡 b 是圓孔的直徑。

圖 9.1-5 為典型的圓孔遠場繞射圖形：(a) 圖取得時，使用的圓孔直徑為 300 μm，(b) 圖使用的圓孔直徑為 50 μm；和狹縫繞射類似的是，當圓孔越小時，因為傅立葉轉換的關係，繞射圖形的中心圓就越大。

二、近場繞射 (Fresnel 繞射)

當光源的距離不再是遠遠地大於波長的時候，Fraunhofer 繞射的近似計算便不成立，此時應用 Fresnel 繞射較能夠解釋繞射的現象，因為觀察點上總光場的振幅和相位與不同惠更斯點波源的位置有密切的關係，同時每個惠更斯點光源發出來的光場在近距離內仍具有球面波的特性。Fresnel 繞射的理

第九章 光的繞射現象

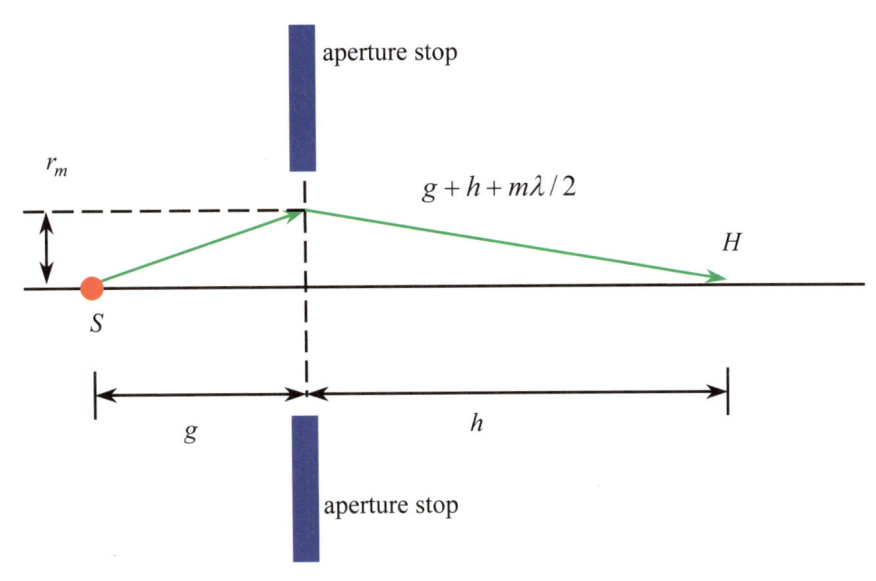

圖 9.1-6 介紹 Fresnel Diffraction 概念的簡圖，繞射狹縫在兩個 aperture stop 的中間，光源在 S 的位置，觀察點在 H 的位置。

論計算較為複雜，要到第十一章的傅利葉光學(式 (11.1-17))才容易解釋，在本章的原理說明中，我們從物理直覺以及幾何光學的角度上切入，只做一些概念上的說明。

在圖 9.1-6 中，假設光源 S 與一圓形繞射圓孔的直線距離為 g，該圓孔的半徑為 r，觀察點 H 與繞射圓孔的直線距離為 h。光線由光源 S 經由繞射圓孔上半徑為 r_m 的一點走到 H 的距離若為 $g+h+m\dfrac{\lambda}{2}$，此一半徑 r_m 稱為第 m 個 **Fresnel zone** 的半徑。Fresnel zone 中，除了 first zone 是圓之外，其它的 zone 皆是同心圓環，並且 zone 的大小隨著 r 的增加逐漸地縮小，這點可以從幾何上清楚地看出來。對觀察點 H 來講，由於每個相鄰 Fresnel zone (對應到一個 m 值) 的光程都是差半個波長，每一個 Fresnel zone 與相鄰的 zone 在光相位上差 180°。

要找出每一個 Fresnel zone 的位置半徑 r_m，可從圖 9.1-6 的幾何中推求如下：

$$g + h + m\frac{\lambda}{2} = \sqrt{g^2 + r_m^2} + \sqrt{h^2 + r_m^2}$$

假設 $r_m^2 \ll g^2$，$r_m^2 \ll h^2$，因此

$$\sqrt{g^2 + r_m^2} = g\sqrt{1 + (\frac{r_m}{g})^2} \approx g[1 + \frac{1}{2}(\frac{r_m}{g})^2] = g + \frac{r_m^2}{2g}$$

所以 $\quad g + h + m\frac{\lambda}{2} = (g + \frac{r_m^2}{2g}) + (h + \frac{r_m^2}{2h}) \Rightarrow \frac{1}{2}(\frac{1}{g} + \frac{1}{h})r_m^2 = m\frac{\lambda}{2}$

整理後得到

$$r_m^2 = m\frac{\lambda}{2}\frac{2gh}{g + h} \tag{9.1-8}$$

在以下的實驗中 $h \gg g$，$r_m^2/g \approx m\lambda$，但是繞射圓孔的半徑是個固定值 $r_m = r_0$，所以

$$\Delta g = \lambda \times (g^2/r_0^2) \tag{9.1-9}$$

這表示在，$h \gg g$ 的條件下，若將光源往前或往後移動一個距離 $\Delta g = \lambda \times (g^2/r_0^2)$，觀察者在 H 的位置上就會看到一個亮暗的變化。

當一個繞射圓孔中包含許多 Fresnel zones 時，觀察點 H 上的光波振幅總和可以使用圖 9.1-7 的向量圖來估算。若繞射孔洞的大小相當於包含 n 個 Fresnel zones，在觀察點 H 上量測到的繞射光場振幅相當於從第 1 個的 Fresnel zone 到第 n 個 zone 的光波振幅總和為：

$$A = A_1 - A_2 + A_3 - A_4 \cdots + (-1)^{n-1} A_n \tag{9.1-10}$$

其中，A_i 是第 i 個 Fresnel zone 發出的光波振幅，強度因距離的關係隨著階數 m 遞減。顯然，在這種情形下我們可以發現，若讓所有的 Fresnel zones 的光都通過圓孔，在軸上一點 H 的光場振幅會接近第一個 Fresnel zone 中光場振幅強度的一半。

從圖 9.1-7 中也可以看出，相鄰光場的振幅大小相當，因為和觀察點的距離幾乎是一樣，例如 $|A_1| \approx |A_2| \approx |A_3| \cdots$。假使，一剛開始就讓光軸上的觀察點 H 離繞射圓孔很近 (h 很小)，圓孔中的 Fresnel zone 數目於是很

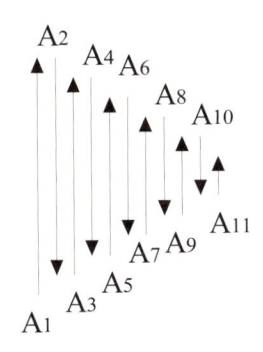

圖 9.1-7　來自各個 Fresnel zone 的光波振幅向量相加圖。階數 m 越大的 Fresnel zone 離觀察點越遠，其振幅也越小。

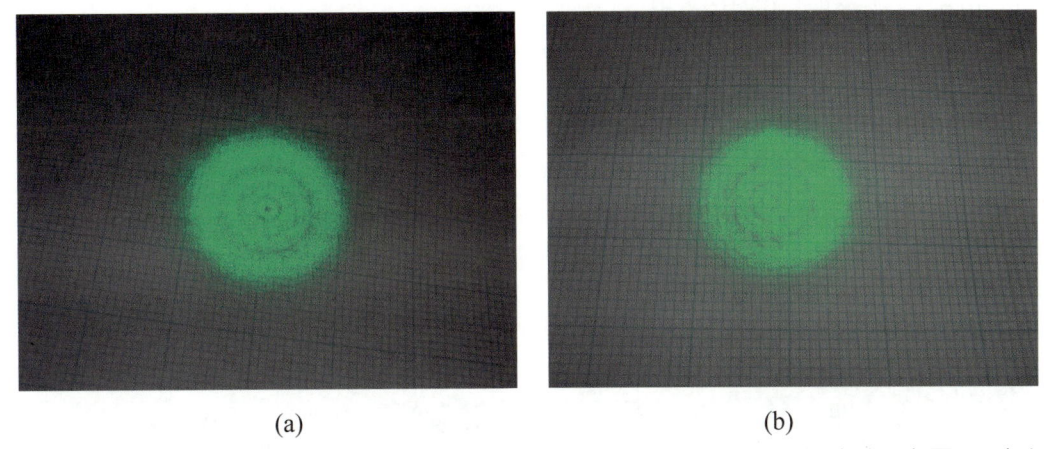

(a)　　　　　　　　　　　　(b)

圖 9.1-8　兩個典型的圓孔近場繞射圖形，注意，左圖 (a) 中心點是一個暗點，右圖 (b) 中心點是一個亮點。所使用的圓孔直徑為 500 μm，雷射光源是倍頻的 Nd:YVO₄ 雷射，波長為 532 nm。在量取這兩張照片時曾用顯微鏡物鏡將雷射光源強烈聚焦，使得在繞射圓孔上產生一球面波前。

少 (例如只有個位數個)，接著讓 H 點的觀察者一邊量測總光場的大小、一邊走離繞射圓孔，則該觀察者起初將量得一明一暗快速變化的振幅，然後漸漸量得一緩慢明暗變化的振幅，最後將量得一個永遠是亮的點。由此可知，近場繞射和遠場繞射在觀察上最大的差異就是：遠場繞射圖形的中心點永遠是一個亮點，但是近場繞射圖形的中心點會因為觀察者與繞射圓孔的距離不同而觀察到時暗時亮的光強度。圖 9.1-8 是兩個典型的近場繞射圖形，圖的背景是一張方格紙，值得注意的是，左圖 (a) 中心點是一個暗點。但是若改變光源與繞射圓孔的距離，或觀察者與繞射圓孔的距離，中央暗點會變成亮點，如右圖 (b) 所示。圖 9.1-8 中的照片所使用的圓孔直徑為 500 μm，雷射光源是倍頻的 Nd:YVO$_4$ 雷射，波長為 532 nm，在量取這兩張照片時，曾用顯微鏡物鏡將雷射光源強烈聚焦，使得在繞射圓孔上產生一個球面波前。

假設將 m 是奇數 (或偶數) 的 Fresnel zones 遮起來，只讓 m 是偶數 (或奇數) 的 Fresnel zones 透光，由於同相位的光場形成建設性干涉的結果，在觀察點 H 處會量到一個非常亮的點；應用這原理做成的聚焦透鏡稱為 **Fresnel lens** 或 **Fresnel zone plate**，這種透鏡的好處在於不需要將鏡面磨成曲面就可以聚光。圖 9.1-9 (a) 顯示一個 Fresnel lens 的側面，跟一般透鏡不同的是，圖中的 Fresnel lens 幾乎沒有厚度，但是在使用時，如圖 (b)，一個 Fresnel lens 也會有透鏡般的放大效果。

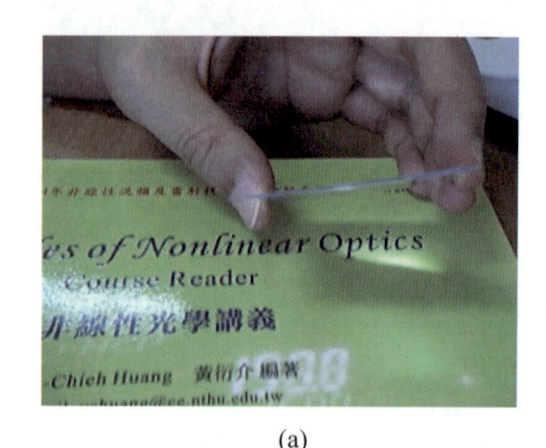

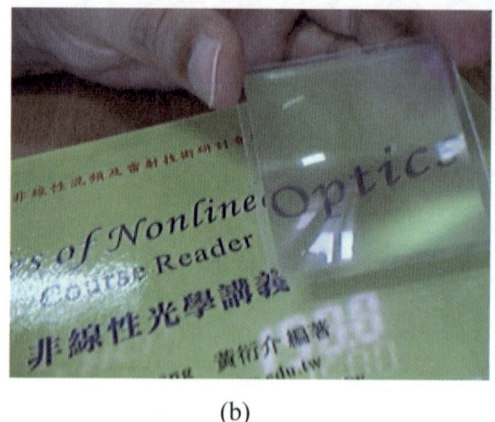

圖 9.1-9　(a) 一個 Fresnel lens 幾乎沒有什麼厚度，(b) 但是在使用時，一個 Fresnel lens 也會有透鏡般放大的效果。

II. 實　驗

一、實驗名稱：光的繞射實驗

二、實驗目的

　　從觀察並量測圓孔、單狹縫及雙狹縫繞射現象來瞭解光的近場繞射與遠場繞射的原理。

三、實驗原理

　　單狹縫、單孔繞射已在先前的基本概念中已經做過介紹。以下，我們用線性疊加的原理介紹雙狹縫遠場繞射。

　　如圖 9.2-1，假設一平面 Σ 上有二道相同的狹縫，該二狹縫的中心點相距一個距離 a，每個狹縫的寬度是 b。光通過第 1、2 狹縫在觀察點 P 處產生的繞射場，根據式 (9.1.3) 分別為

$$U_1 = \frac{Ab}{r}\frac{\sin\beta}{\beta}\exp(-jkr) = U_0 \frac{\sin\beta}{\beta} \tag{9.2-1}$$

及

$$\begin{aligned}U_2 &= \frac{Ab}{r+a\sin\theta}\frac{\sin\beta}{\beta}\exp(-jkr-jka\sin\theta)\\ &\approx \frac{Ab}{r}\frac{\sin\beta}{\beta}\exp(-jkr-jka\sin\theta)\\ &= U_0\frac{\sin\beta}{\beta}\exp(-jka\sin\theta)\end{aligned} \tag{9.2-2}$$

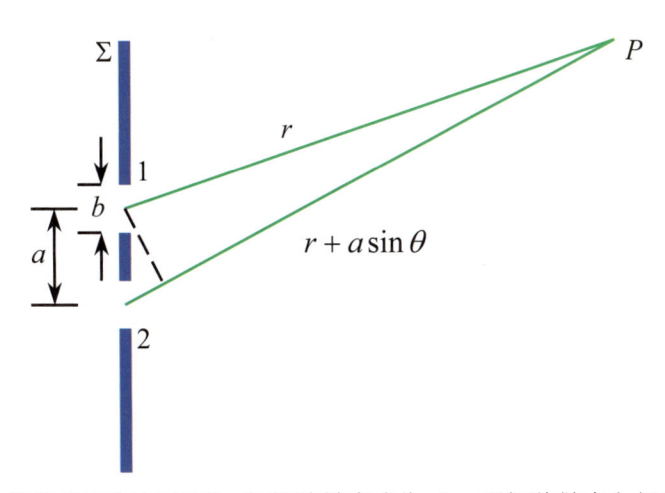

圖 9.2-1　雙狹縫繞射示意圖：每個狹縫寬度為 b、兩個狹縫中心相距 a。

其中，$U_0 \equiv \dfrac{Ab}{r}\exp[-jkr]$。將式 (9.2-1, 2) 加在一起，就可以得到觀察點 P 處的總繞射光場

$$U_{total} = U_0 \frac{\sin\beta}{\beta}\exp[-j(ka\sin\theta)/2]$$

$$\times [\exp(j(ka\sin\theta)/2) + \exp(-j(ka\sin\theta)/2)]$$

$$= 2U_0 e^{-j\alpha}\frac{\sin\beta}{\beta}\cos\alpha \qquad (9.2\text{-}3)$$

其中，$\alpha \equiv (ka\sin\theta)/2$。於是，觀察點 P 上的平均繞射光強度為

$$I = U_{total}U_{total}^*$$

$$= 4I_0 \frac{\sin^2\beta}{\beta^2}\cos^2\alpha$$

$$= 4I_0 \frac{\sin^2(\pi b\sin\theta/\lambda)}{(\pi b\sin\theta/\lambda)^2}\cos^2(\pi\frac{a\sin\theta}{\lambda}) \qquad (9.2\text{-}4)$$

其中，$I_0 = U_0 U_0^*$ 是單一繞射狹縫上光源的強度。

假使狹縫寬度極小，b 趨近於 0，所以 $\sin\beta/\beta \to 1$，則式 (9.2-4) 就變成著名的**楊氏雙狹縫干涉** (Young's two-slit interference) 公式；若 $a = 0$，則式 (9.2-4) 變成單狹縫繞射公式 (9.1-4)。值得注意的是，當建設性干涉出現時，繞射條紋的最高強度可以是單一狹縫光源強度的四倍。由式 (9.2-4) 中亦可看出，雙狹縫繞射的光強度分佈其實只是將單狹縫繞射強度分佈項 ($[\sin\beta/\beta]^2$，(圖 9.2-2 (a) 中的綠線)) 做一個干涉相位的調變 ($\cos^2\alpha$)。

圖 9.2-3 是一個典型的雙狹縫遠場繞射圖形，雙狹縫的規格與圖 9.2-2 中的參數相同。所使用的雷射光源是倍頻的 Nd:YVO$_4$ 雷射，波長為 532 nm。注意繞射圖形中心三亮點的強度分佈情形與圖 9.2-2 中的計算結果相吻合，即使計算圖 9.2-2 時所使用的雷射波長稍微有點不同。

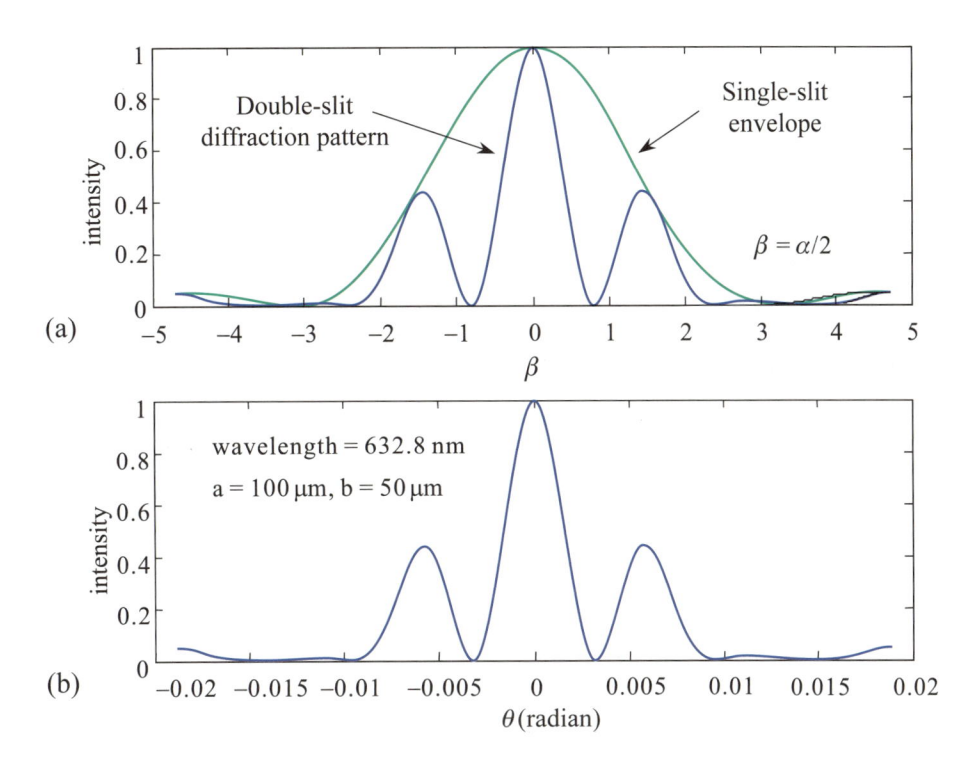

(a)

(b)

圖 9.2-2　(a) 雙狹縫 Fraunhofer 繞射強度與 β 的關係圖 (藍線)，圖中取 $\beta = \alpha/2$ 為例；(b) 在入射波長 = 632.8 nm、$a = 100$ μm 及 $b = 50$ μm 的情形下，雙狹縫 Fraunhofer 繞射強度與繞射角 θ 的關係圖。

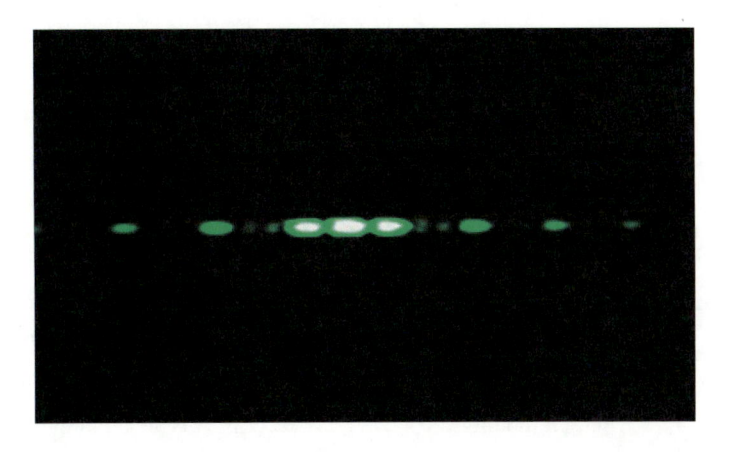

圖 9.2-3　典型的雙狹縫遠場繞射圖形，雙狹縫的規格與圖 9.2-2 中的參數相同。所使用的雷射光源是倍頻的 Nd:YVO$_4$ 雷射，波長為 532 nm。注意繞射圖形中心三亮點的強度分佈情形與圖 9.2-2 中的計算結果相當吻合。

四、實驗內容

A. 繞射狹縫及圓孔規格

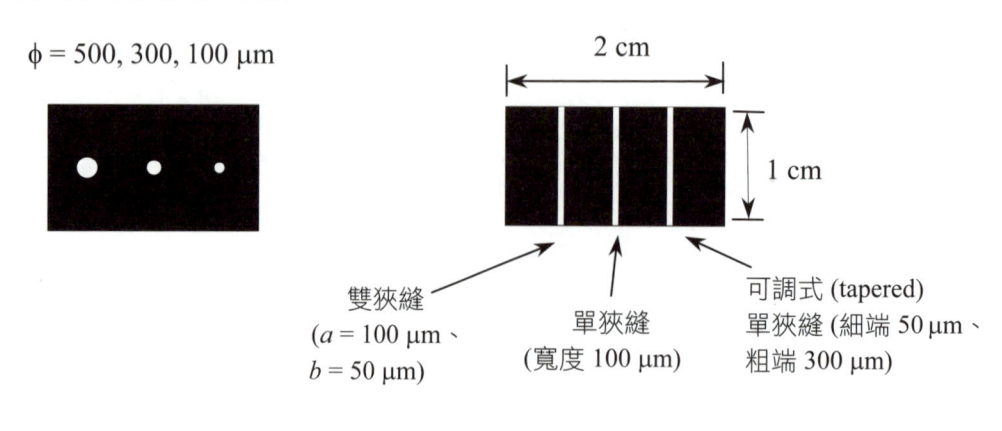

φ = 500, 300, 100 μm

2 cm

1 cm

雙狹縫 (a = 100 μm、b = 50 μm)

單狹縫 (寬度 100 μm)

可調式 (tapered) 單狹縫 (細端 50 μm、粗端 300 μm)

(a) 繞射圓孔　　　　　　　　　　(b) 繞射狹縫

圖 9.2-4　繞射圓孔及狹縫的規格，參數 a、b 的定義見圖 9.2-1。

B. 實驗架設

1. 近場繞射實驗

No.	器材名稱 (中文)	器材名稱 (英文)	建議規格	數量
1	雷射	Laser	Eg. CW frequency doubled Nd^{3+} laser at 532 nm	1
2	雷射夾具	Laser mount	Tilt adjustable laser mount	1
3	10 倍物鏡	Microscope objective lens	Typical one with 10X magnification	1
4	物鏡座	Objective lens mount	Typical	1
5	繞射圓孔鏡組 (含支撐棒及座)	Diffraction-aperture plate mounted on a post and a post holder	繞射圓孔規格見圖 9.2-4 (a)．2" length post and 60-mm height post holder	1 set
6	屏幕架	Screen mount	Eg. A typical plate holder	1
7	2" 支撐棒	Post for objective lens	2" length	1
8	3" 支撐棒	Post for laser	3" length	1

1. 近場繞射實驗 (續)

No.	器材名稱 (中文)	器材名稱 (英文)	建議規格	數量
9	2" 支撐座	Post holders for laser and objective lens	2" height	2
10	平移台	Translation stages for objective lens and diffraction aperture	Eg. Crossed-roller bearing miniature translation stage with micrometer pusher	2
11	平移台專用底板	Translation-stage base plate	A base plate suitable for mounting translation stage onto a rail carrier	2
12	1.5-m 光學軌道	Optical rail	A typical 1.5-m optical rail with 1-mm reading scale	1
13	滑座	Rail carrier	Typical	4
14	數位照相機	Digital camera	Typical	1

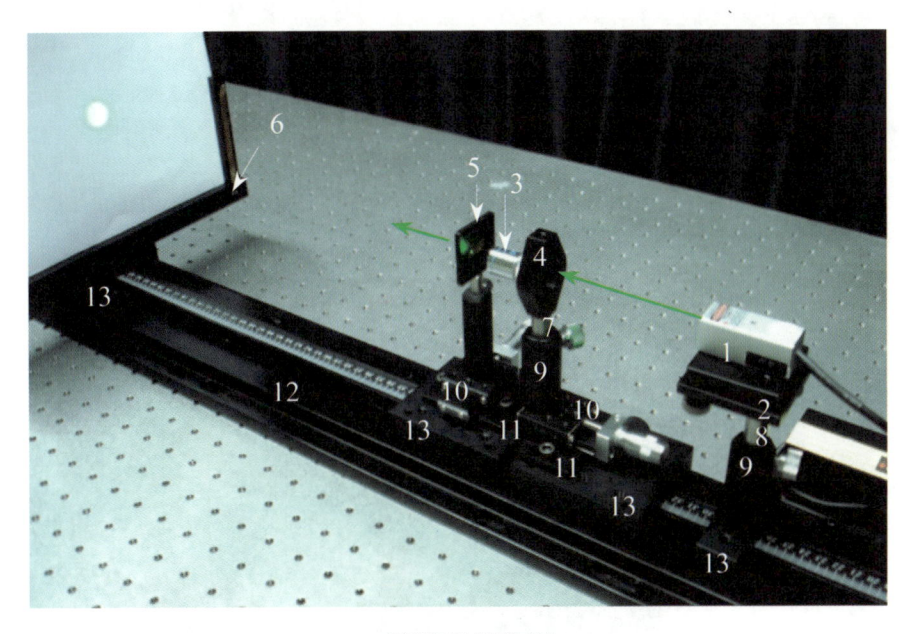

(實驗架設照片)

2. 遠場繞射實驗

No.	器材名稱 (中文)	器材名稱 (英文)	建議規格	數量
1	雷射	Laser	Eg. CW frequency doubled Nd^{3+} laser at 532 nm	1
2	雷射夾具	Laser mount	Tilt adjustable laser mount	1
3	繞射狹縫鏡組 (含支撐棒及座)	Diffraction-aperture plate mounted on a post and a post holder	繞射狹縫規格見圖 9.2-4 (b)。2" length post and ~60-mm height post holder	1 set
4	屏幕架	Screen mount	Eg. Plate holder	1
5	3" 支撐棒	Post for laser	3" length	1
6	2" 支撐座	Post holders for laser	2" height	1
7	平移台	Translation stage for objective lens and diffraction aperture	Eg. typical crossed-roller bearing miniature translation stage with a micrometer pusher	1
8	平移台專用底板	Translation-stage base plate	A base plate suitable for mounting translation stage	1
9	1.5-m 光學軌道	Optical rail	A typical 1.5-m optical rail with 1-mm reading scale	1
10	滑座	Rail carrier	Typical	3
11	數位照相機	Digital camera	Typical	1

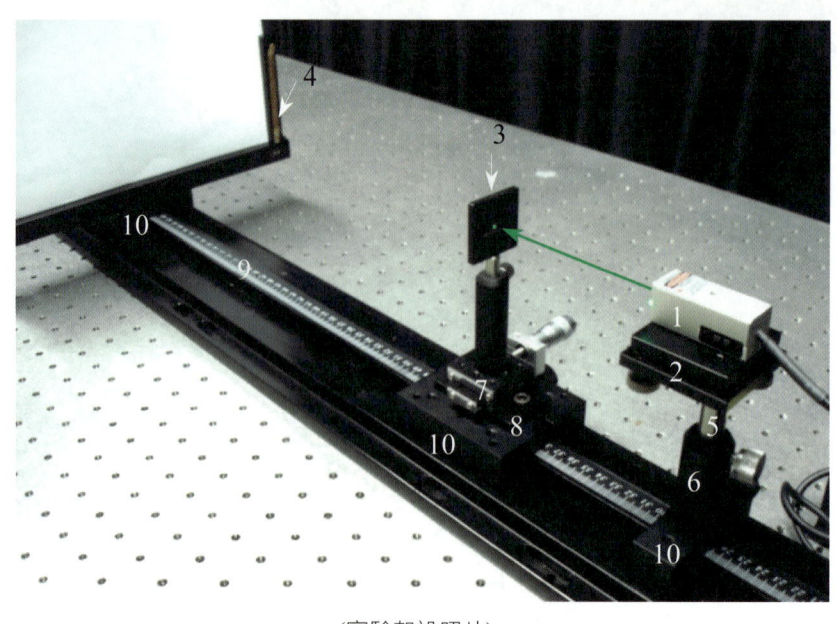

(實驗架設照片)

注意，一般的方格紙可能印刷得太淡，雖然有些數位相機拍得下來 (如圖 9.1-8)，但是有些數位相機在比較暗的環境下無法將繞射圖形及方格一起拍下來。若是如此，可以自己用印表機列印出具有適當黑線的方格紙，必要的話，在拍照時用一小手電筒或市面上販售的小紫外燈提供一點背景光，就可以把繞射圖形及方格紙上的黑線一起拍下。

C. 實驗步驟

1. 觀察及量測圓孔的近場繞射 (架設如圖 9.2-5)

(1) 利用一個 10X 的物鏡 L_1，將雷射聚焦後產生一個近似球面波打到圓孔上，先選擇直徑為 500 μm 的圓孔，物鏡與圓孔的距離取 g ～2 cm。

(2) 在接近圓孔之後約 60 cm 的地方緩慢移動一方格紙屏幕，仔細觀察雷射光軸方向是否有前述的 Fresnel 繞射現象。注意，在適當的 g、h 距離 (定義在圖 9.1-6 中) 組合下，Fresnel 繞射實驗可以在繞射圖形中心調出一個暗點；但是 Fraunhofer 繞射則不同，其繞射圖形的中心點一定是亮點。當觀察到一個中心暗點時，量測 g 與 h 的距離。假如一直無法觀察到中心暗點，可以試著稍微移動 g 的距離來改變光波打在圓孔上的波前。

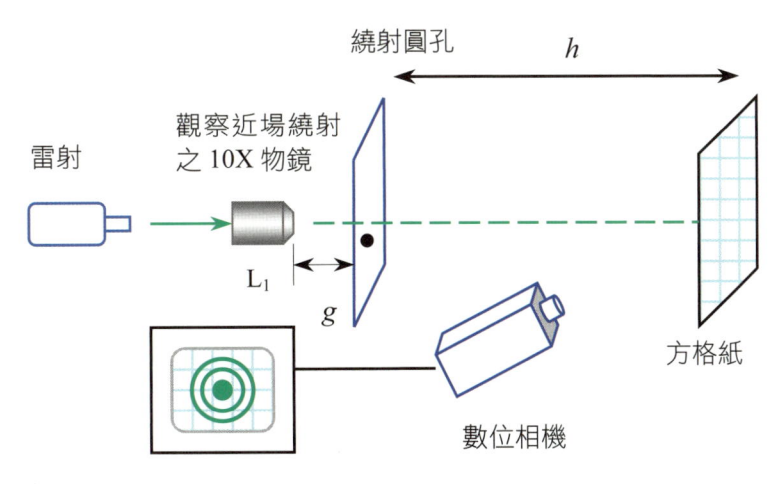

圖 9.2-5　近場繞射實驗架設圖。

(3) 固定物鏡 L₁，移動圓孔位置來調整距離 g，觀察繞射圖形的中心點由暗變亮，再由亮變暗，量測每次觀察到暗點及亮點時 g 的值。

(4) 持續步驟 (3)，多取幾組數據，用式 (9.1-9) 解釋量測到的結果，並求出繞射圓孔半徑。

(5) 將圓孔直徑換成 300 μm，重複以上實驗。

(6) 將圓孔直徑換成 100 μm，重複步驟 (1-4) 的實驗。若再也看不到 Fresnel 繞射的結果，解釋其原因。

2. 觀察及量測圓孔遠場繞射 (架設如圖 9.2-6)

(1) 選擇在實驗 1 中直徑 100 μm 的繞射圓孔，將實驗如圖 9.2-6 般架設，讓雷射垂直射入圓孔。

(2) 將一方格紙屏幕置於繞射圓孔之後 L = 40 cm, 80 cm, 120 cm 的距離處。

(3) 針對不同的屏幕位置，分別用數位照相機擷取屏幕上的繞射圖形，或用一枝筆在方格紙上記錄繞射圖形中暗環中心線的位置。比對量得的數據及理論式 (9.1-6, 7)，求出圓孔直徑是否的確是 100 μm。

3. 觀察及量測單狹縫遠場繞射 (架設如圖 9.2-6)

(1) 實驗如圖 9.2-6 般架設，但是將上一實驗的繞射圓孔換成如圖 9.2-4 (b) 的狹縫片。裝置一個屏幕在狹縫片後頭 L = 100 cm 處。

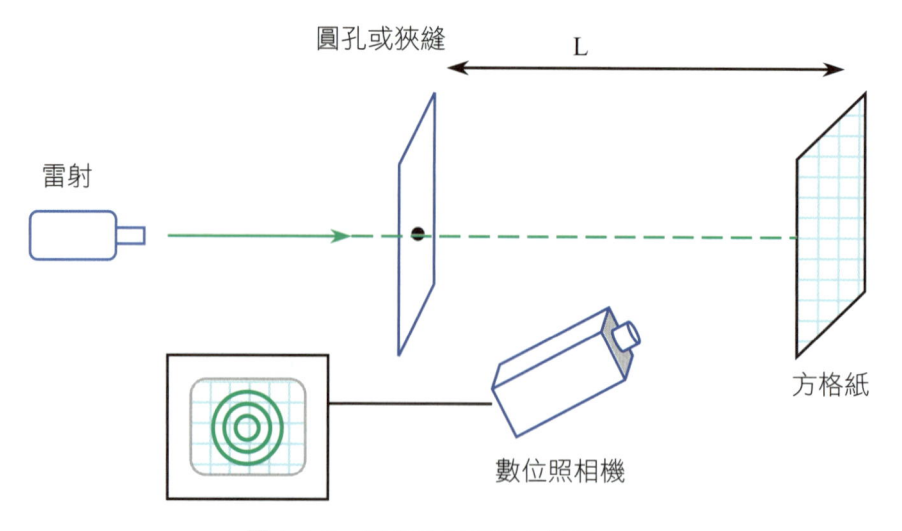

圖 9.2-6　遠場繞射實驗架設圖。

(2) 首先將雷射垂直入射狹縫片邊側的可調式 (tapered) 單狹縫,調整狹縫上下位置,觀察並描述方格紙上的繞射圖形與狹縫寬度間的變化情形。

(3) 針對可調式狹縫上、中、下三個位置,分別用數位照相機擷取屏幕上的繞射圖形,或用一枝筆在方格紙上記錄繞射圖形中每個亮紋的中心位置。比對量得的數據及理論式 (9.1-4, 5),求出可調式單狹縫的寬度形狀。

(4) 將雷射垂直入射狹縫片中間的單狹縫,將一方格紙屏幕置於繞射狹縫之後 L = 40 cm, 80 cm, 120 cm 的距離。

(5) 針對不同的屏幕位置,分別用數位照相機擷取屏幕上的繞射圖形,或用一枝筆在方格紙上記錄繞射圖形中每個亮紋的中心位置。比對量得的數據及理論式 (9.1-4, 5),求出單狹縫的寬度。

4. 觀察及量測雙狹縫遠場繞射 (架設如圖 9.2-6)

(1) 將上個實驗使用的單狹縫換成狹縫片另一邊側的雙狹縫。

(2) 將雷射垂直入射雙狹縫,將一方格紙屏幕置於繞射狹縫之後 L = 40 cm, 80 cm, 120 cm 的距離處。

(3) 針對不同的屏幕位置,分別用數位照相機擷取屏幕上的繞射圖形,或用一枝筆在方格紙上記錄繞射圖形中每個亮紋的中心位置。比對量得的數據及理論式 (9.2-4),推求出狹縫寬度及雙狹縫之間隔。

五、參考資料

1. Classic diffraction theory can be found in most optics textbooks, eg.,
   i. Eugene Hecht, *Optics* 3rd Ed., Chapter 10, Addison-Wesley, 1998.
   ii. Francis A. Jenkins and Harvey E. White, *Fundamentals of Optics* 4th Ed. Chapters 15-18, McGraw-Hill, 1981.

2. Far-field diffraction discussed in the realm of Fourier optics can be found in
   i. B. E. A. Saleh and M. C. Teich, *Fundamental of Photonics*, Chapter 4, John Wiley & Sons Inc., 1991.
   ii. Joseph W. Goodman, *Introduction to Fourier Optics*, McGraw-Hill, 1968.

III. 習　題

1. 單狹縫遠場繞射的實驗中，若將雷射波長變成兩倍，繞射圖形的中間亮紋將會變大或變小多少倍？

2. 參考下圖的雙狹縫遠場繞射裝置，其中狹縫的寬度為 b、兩狹縫的中心距離為 a，同時下方的狹縫裝設了一個 180° 的相位延遲薄片，這個相位延遲薄片不會改變通過狹縫的光強度。假設有一強度 I_0、波長 λ 的平面波垂直入射這個雙狹縫遠場繞射裝置。

(1) 推導出在 P 點處遠場繞射的光強度公式。

(2) 假設 $a = 2b$，如圖 9.2-2 一樣，將光強度對 $\beta \equiv kb\sin\theta/2$ 作圖，並與圖 9.2-2 比較異同。

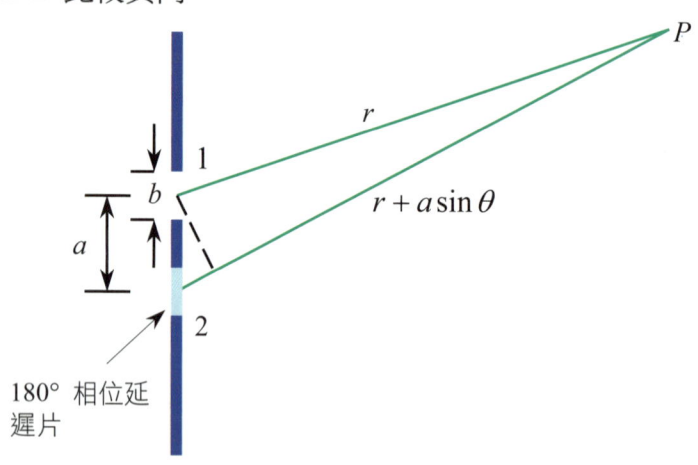

3. 下圖顯示三個繞射狹縫在一個不透明的平面上，狹縫的寬度為 b，兩狹縫的中心距離為 a，假設有一強度 I_0、波長 λ 的平面波垂直入射這個三

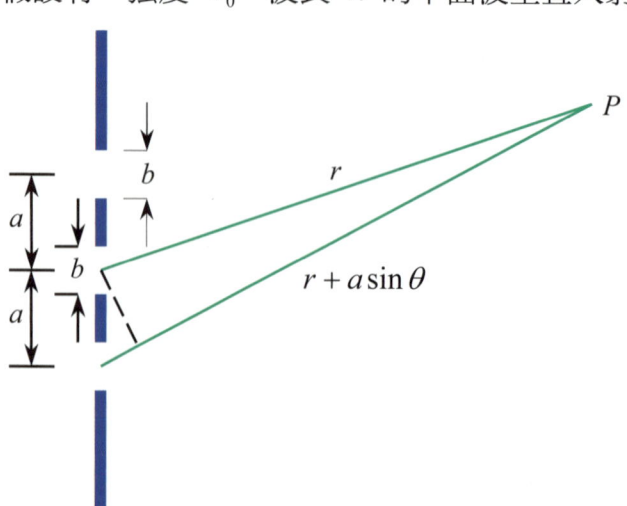

狹縫繞射裝置。

(1) 參考單狹縫及雙狹縫遠場繞射的計算，推導出三狹縫遠場繞射在位置 P 點的光強度公式。

(2) 假設 $a = 2b$，如圖 9.2-2 一樣，將光強度對 $\beta \equiv kb\sin\theta/2$ 作圖，並與圖 9.2-2 比較異同。

4. 參考圖 9.1-6 的近場繞射圖，讓 $g = h = d$，繞射圓孔的半徑為 1 mm，入射光的波長為 532 nm，求出 d 的距離使得在 H 的觀察者只看到一個 Fresnel zone。

5. 在觀察圓孔近場繞射實驗時，為何圓孔直徑越小越難以觀察到近場繞射的特徵？

6. 式 (9.1-8) 中，參數 g 與 h 是對稱的，即 g 與 h 互換不會改變原來的式子。在觀察圓孔近場繞射實驗時，為什麼改變 g 比改變 h 更容易看到中心繞射點由暗變亮或由亮變暗？

7. 解釋為什麼圓孔近場繞射圖形的中心點有時候會是一個暗點，但是遠場繞射圖形的中心點永遠是一個亮點？

第十章 光 柵

Optical Grating

I. 基本概念

　　光柵是一種具有多個週期性反射狹縫或穿透狹縫的光學元件。一個**反射式光柵** (reflection grating) 上面，有許多週期排列的微小反射面，如圖 10.1-1 所示，光線 (圖中的綠線) 由同一面入射及反射；一個**穿透式光柵** (transmission grating) 則有許多週期排列的穿透狹縫，如圖 10.1-2 所示，光線由光柵的一面透射進入另一面。當光線經由反射式光柵上的單一微小反射面反射，或穿過穿透式光柵的單一狹縫後，會產生單狹縫繞射的效果；因此，光線經由整片反射式光柵反射或光線穿透整片穿透式光柵後所表現出來的現象，可以視為是多個獨立單狹縫產生的繞射場彼此在遠處互相干涉所致。有關單狹縫或

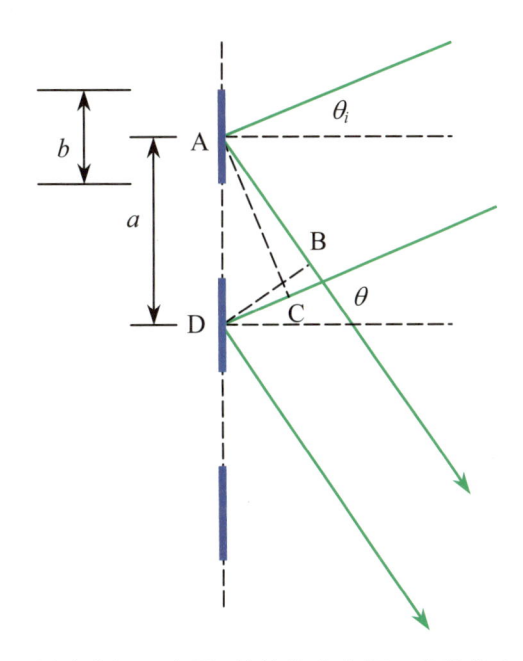

圖 10.1-1　反射式光柵示意圖 (藍線代表光柵，綠線代表光線)。

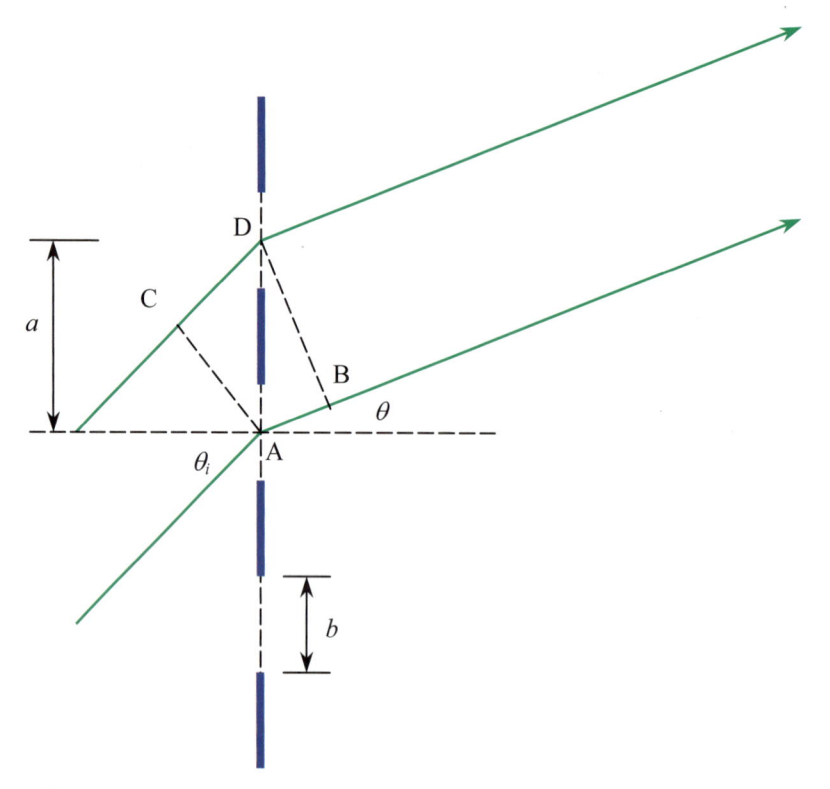

圖 10.1-2　穿透式光柵示意圖 (藍線代表光柵，綠線代表光線)。

雙狹縫所產生的遠場繞射的計算，已在上一章中詳述。藉由相同的分析方法，將多個獨立單狹縫的遠場繞射場作線性疊加，就可得到週期性排列的多狹縫 (光柵) 遠場繞射結果。換句話說，若一光柵上有 N 個繞射狹縫或微小反射面，則將單狹縫的繞射場加入適當的物置相位後，再針對 N 個位置作**同調線性疊加** (coherent linear superposition)，即得到光柵的遠場繞射結果。在數學上可以表示為：

$$U_g = U_s(1+e^{-j2\gamma}+e^{-j4\gamma}+...+e^{-j2(N-1)\gamma}) = U_s \frac{1-e^{-jN2\gamma}}{1-e^{-j2\gamma}} \quad (10.1\text{-}1)$$

式子中的 U_g 是光經由光柵繞射後在遠方所形成的總光場 (複數光場)，U_s 是單一狹縫繞射後在遠方形成的光場，$\gamma \equiv \frac{ka}{2}(\sin\theta - \sin\theta_i) = \frac{k}{2}(\overline{AB} - \overline{CD})$，其中，$a$ 是光柵週期、$k=2\pi/\lambda$ 是光的波數、θ_i 是入射角、θ 是繞射角，長度 $\overline{AB}, \overline{CD}$ 的定義，參照圖 10.1-1, 10.1-2。

由式 (10.1-1) 中總繞射場的疊加結果，可以求得光的強度

$$I_g = |U_g|^2 = I_s \frac{\sin^2 N\gamma}{\sin^2 \gamma} \tag{10.1-2}$$

其中，$I_s = I_0 \frac{\sin^2 \beta}{\beta^2}$ 是單一狹縫的遠場繞射強度，$\beta = \frac{kb}{2}(\sin\theta - \sin\theta_i)$，$b$ 是狹縫寬度。從上面的式子中不難發現：光柵遠場繞射所形成的光強度，乃是將多個點光源的遠場干涉結果乘上一個單狹縫遠場繞射的強度，這個結果顯然和上一章中雙狹縫繞射的計算結果類似。

由式 (10.1-2) 可以知道，多個週期性點光源的干涉結果，其光強度最大值發生在 $\gamma = m\pi, m = 0, \pm 1, \pm 2, \pm 3, \cdots$，如圖 10.1-3 所示，圖中假設 $N = 5$ 及 $\beta = \gamma/3$；而各階光強度逐步減弱，是因為受到繞射項 $\sin^2\beta/\beta^2$ 的影響。$\gamma = m\pi$ 的條件同時也意味著以下的建設性干涉條件

$$a(\sin\theta_m - \sin\theta_i) = m\lambda. \qquad m = 0, \pm 1, \pm 2, \pm 3, \cdots \tag{10.1-3}$$

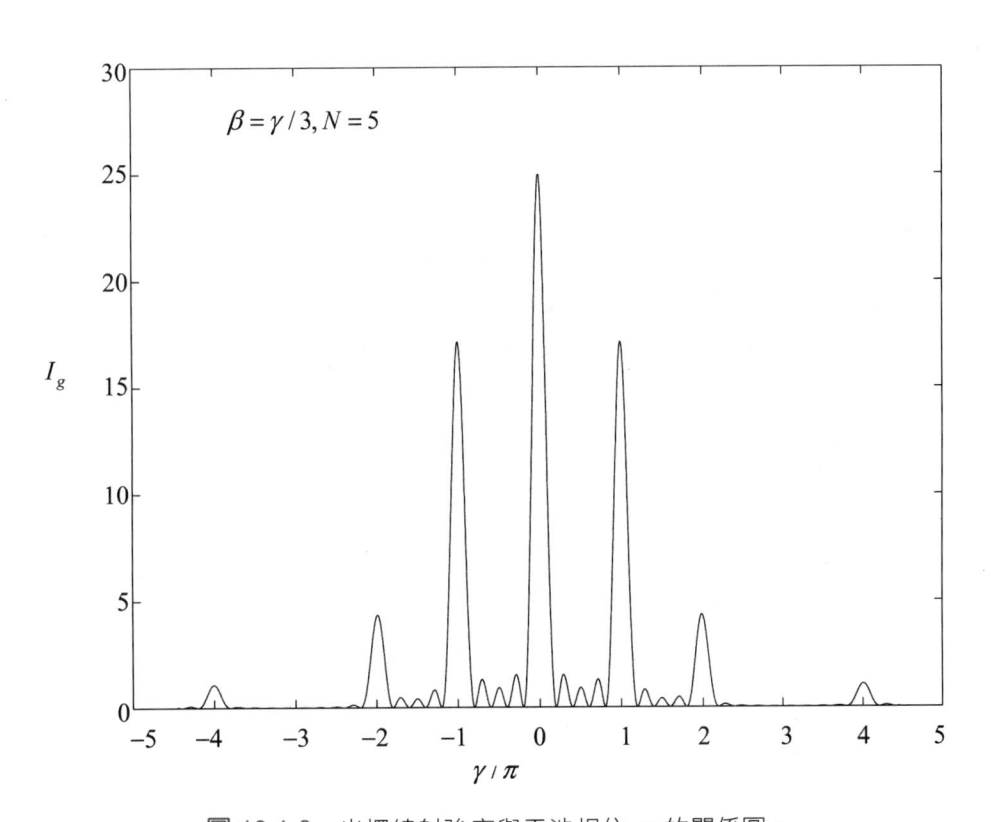

圖 10.1-3　光柵繞射強度與干涉相位 γ 的關係圖。

這就是所謂的**光柵公式** (grating equation)。因此，若入射角 θ_i 為已知，在 θ_m 的繞射方向上，將會產生建設性干涉的亮點，繞射角 θ_m 的值顯然與光柵週期 a、及入射光的波長 λ 有關。因此，光柵經常被用來量測光的波長。

從式 (10.1-3) 中不難發現，第零階 ($m = 0$) 的繞射光束即光柵之反射光，與波長無關，總是出現在入射角等於反射角的方向上；但是，其它階的繞射光束的出現角度便與波長有關，而正因為繞射角與波長間有一個特定的關係，一個繞射光柵可以用來量測光的波長。第一階的繞射光束多半強度較強，很容易觀察得到，經常成為光柵分光儀用來量測波長時主要觀察的訊號。在某些狀況下，經由光柵的特別設計，譬如將反射式光柵的每個微小反射面製成具有一特定的反射角度，則大部分的繞射能量可以集中在某一階的繞射光束上。

圖 10.1-4 是將一波長為 532 nm 的綠光雷射打到一 100 lines/mm 的穿透式光柵上在後方牆上所看的繞射點。中間最亮的點是垂直入射所產生之第零階繞射點，緊接著在它左、右的亮點就是第 ±1 階的繞射點，最旁邊兩側最弱的兩點則是 ±2 階的繞射點，越高階的點亮度越弱。注意到圖 10.1-4 的實驗結果與圖 10.1-3 的理論計算結果相當接近。

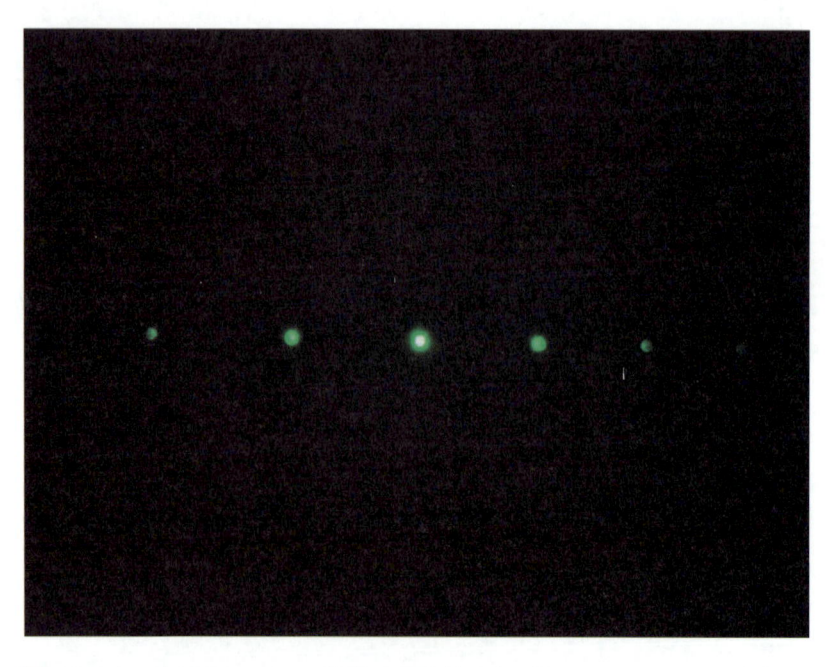

圖 10.1-4　波長為 532 nm 的綠光雷射打到一個 100 lines/mm 的穿透式光柵在牆上所形成的繞射點。

不同波長的光打在光柵上，繞射角度就會變得不同。若將圖 10.1-4 的雷射波長改成較長的紅光，根據式 (10.1-3)，相鄰兩繞射點的間距就會變大，因為紅光的波長比綠光長。因此，光經過一個光柵產生繞射之後，會產生分光的效果，即不同波長的光在不同的繞射角度上會產生建設性干涉。這種情形可以從以下的一個實例中清楚地看到：一般的光碟片上有許多週期性排列的小結構，這些整齊排列的小結構就像光柵一般，當光照射上去時會產生光柵繞射；圖 10.1-5 是兩個光碟片分別在不同角度下觀察到的光柵繞射情形，由圖中可以清楚地看出一個光柵分光的能力。

因此，光柵可以用來量測光的波長，只要曉得光柵的週期 a，並量得繞射角 θ_m 及入射角 θ_i，就可由式 (10.1-3) 中推求出光的波長；另外，未知光柵的週期 a，也可以利用一已知波長的雷射光源入射該光柵，經由量測繞射角 θ_m 及入射角 θ_i，再由式 (10.1-3) 中求獲得光柵的週期 a。

在不考慮光柵分光儀的結構下，我們在以下討論光柵本身和分光解析度有關的一些問題。

讓光線的入射角度 θ_i 固定，從光柵公式 $a(\sin\theta_m - \sin\theta_i) = m\lambda$ 中，將繞射角對光波長做一微分，可立即得到**角度色散** (angular dispersion) 的式子

$$\frac{d\theta_m}{d\lambda} = \frac{m}{a\cos\theta_m} \tag{10.1-4}$$

圖 10.1-5　在日光燈下，從不同角度觀察到的光碟片光柵繞射情形，由圖中可以清楚地看出光柵分光的現象。

其中角度色散的值隨著階數 m 的增加而增加。式 (10.1-4) 可以告訴我們光柵繞射角度隨著波長改變的敏感度，繞射角度隨著波長變化得越快，光柵分光的靈敏度就越高。因此，高階繞射角對波長變化的敏感度要比低階繞射角來得高，同時，光柵週期 a 越小，角度色散也越大。

從光柵繞射強度的式子 (10.1-2) 中，可以立即算出繞射光強度峰值的半高寬為 $\Delta\gamma_{1/2} = \pi/N$；此外，由 $\gamma = ka(\sin\theta - \sin\theta_i)/2$ 可以得到

$$\frac{\Delta\gamma}{\Delta\theta} = \frac{ka}{2}\cos\theta$$

因此，對應到的繞射光強度峰值半高全寬的繞射角度為

$$\Delta\theta_{1/2} = \frac{2\Delta\gamma_{1/2}}{ka\cos\theta} = \frac{2\pi/N}{ka\cos\theta} = \frac{\lambda}{Na\cos\theta} = \frac{\lambda}{W} \tag{10.1-5}$$

其中 $W = Na\cos\theta$ 是一片光柵的等效寬度。因此，光柵的等效寬度越大，半高寬角度越小，解析度就越高。在實際應用上，為能提高光柵分光的解析度，應該讓入射光照滿整個光柵。

由 $\Delta\gamma_{1/2} = \pi/N$ 及之前的 γ 表示式可以得到下面的關係式

$$\frac{\pi}{N} = \Delta\gamma_{1/2} = \frac{a}{2}(\sin\theta_m - \sin\theta_i)\Delta k_{1/2}$$

若先將光強度偵測器固定在某一雷射波長第 m 階的繞射角 θ_m 上，然後開始改變入射雷射的波長 (或頻率)，由上式可知，所量到繞射峰值半高寬的頻率為

$$\Delta\nu_{1/2} \text{ or } \Delta(\frac{1}{\lambda})_{1/2} \text{ (cm}^{-1}) = \frac{1}{Na(\sin\theta_m - \sin\theta_i)} \tag{10.1-6}$$

假使繼續調動該雷射頻率 (或波長)，光強度偵測器將首先失去信號，繼而得到信號，其間，雷射頻率所需調動的範圍大小稱為一個 **free spectral range** $\Delta\nu_{fsr}$，以 γ 的變化來說，剛好改變了一個 π 值，因此由

$$\pi = \Delta\gamma_{fsr} = \frac{a}{2}(\sin\theta_m - \sin\theta_i)\Delta k_{fsr}$$

可算出光柵的 free spectral range 為

$$\Delta \nu_{fsr} \text{ or } \Delta(\frac{1}{\lambda})_{fsr} \text{ (cm}^{-1}\text{)} = \frac{1}{a(\sin\theta_m - \sin\theta_i)} = \frac{1}{m\lambda} \quad (10.1\text{-}7)$$

和 etalon 比起來，etalon 的 free spectral range 是 $\Delta\nu_{fsr}=1/2d$ (cm^{-1})，其中 $d = m\lambda/2$ 是 etalon 的厚度。因此，etalon 和光柵有同樣的 free spectral range $\Delta\nu_{fsr}=1/(m\lambda)$。光柵如同 etalon 一樣，是一種分光元件，當然也可以定義出 **Finesse** 來，其形式為

$$\frac{\Delta\nu_{fsr}}{\Delta\nu_{1/2}} = N \quad (10.1\text{-}8)$$

因此，N 越大或者光柵越大，光柵分光的能力就越好。

一個光柵分光儀的 **chromatic resolving power** 可以定義為

$$R \equiv \left|\frac{\lambda}{\Delta\lambda_{1/2}}\right| = \left|\frac{\nu}{\Delta\nu_{1/2}}\right| = \left|\frac{1/\lambda}{\Delta(1/\lambda)_{1/2}}\right|$$

注意，這與 Rayleigh 對光學解析度的定義是相符合的，即 $R = 1$ 時，一個光點的中心位置剛好跟另一光點的半高寬位置重合。因此，可以算出

$$R = \frac{Na(\sin\theta_m - \sin\theta_i)}{\lambda} = mN \quad (10.1\text{-}9)$$

對 etalon 來講，etalon 的 chromatic resolving power 是 $R = m\mathfrak{F}$，其中 m 是 etalon 共振腔中**縱向** (longitudinal) 駐波所產生的半波波包數 (約等於節點數)，這和光柵的 chromatic resolving power 有一樣的形式，因為光柵的 Finesse 就是 N。

若讓入射角與繞射角相等 $\theta_m = -\theta_i$ (**Littrow mounting scheme**)，可將 chromatic resolving power 寫成

$$R = \frac{Na(\sin\theta_m - \sin\theta_i)}{\lambda} = \frac{2Na\sin\theta_i}{\lambda} = \frac{2W\tan\theta_i}{\lambda} \quad (10.1\text{-}10)$$

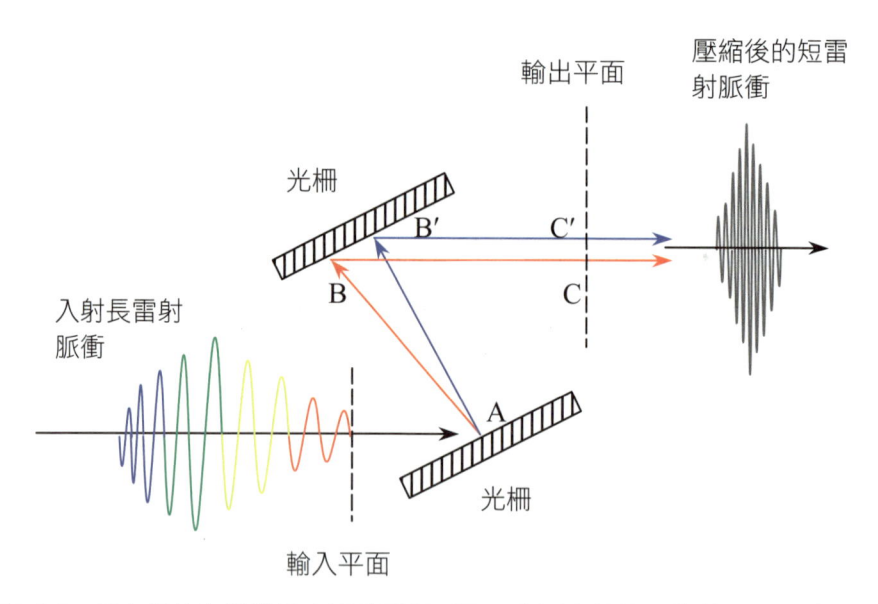

圖 10.1-6 用光柵的色散特性來壓縮雷射脈衝。在圖中的輸入條件下，短波長的能量經過光柵之後趕上長波長的能量，整個雷射脈衝得到壓縮。

若用波數 $1/\lambda$ 來表示，量測到光波頻率的半高寬為

$$\Delta(1/\lambda)_{1/2} = \frac{1}{\lambda R} = \frac{1}{2W \tan\theta_i} \tag{10.1-11}$$

所以在 **Littrow 分光儀**中，較大的光柵 W 及較大的入射角 θ_i 會有較好的解析度。

　　一個有趣的光柵應用，就是利用光柵的色散特性來壓縮雷射脈衝。一個短脈衝雷射中包含了許多波長成分，因為雷射脈衝要能夠短，由傅立葉轉換原理可以知道，雷射頻寬要夠寬，亦即雷射脈衝中所包含的波長成分要夠多。參考圖 10.1-6，若要壓縮一個長雷射脈衝成為短雷射脈衝，首先將此一長雷射脈衝從輸入平面打入下圖的光柵結構中，在輸入平面的位置上，假設該長雷射脈衝中長波長的成分 (圖中紅色部分) 在脈衝前面，短波長的成分 (圖中藍色部分) 在脈衝後面 (這種脈衝可將光打入適當的色散元件或色散物質中得到，稱為 chirped pulse)，經過光柵色散分光到達輸出平面時，長波長能量所走的距離 ABC 比短波長能量走的距離 $AB'C'$ 要長，因此原來在脈衝後頭的短波長能量在輸出平面可以趕上了長波長能量，而達到脈衝壓縮的效果。利用同樣的原理也可以將雷射波長拉長。

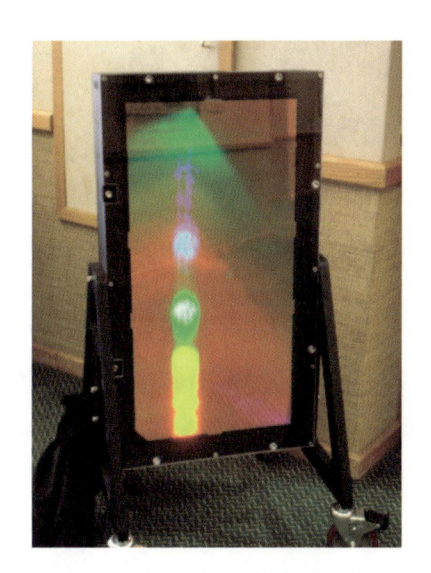

圖 10.1-7　美國 Lawrence Livermore 國家實驗室用來壓縮巨大雷射能量的大型多層膜光柵，邊長為 80 cm × 40 cm。(photograph taken by the author at the First International Conference on Ultrahigh Intensity Lasers, Lake Tahoe, California, Oct. 4-7, 2004)

脈衝壓縮 (pulse compression) 的技術可以大幅提高雷射的功率 (雷射能量除以脈衝時間長度)，在高能量密度的研究應用上有極大的貢獻。圖 10.1-7 是美國 Lawrence Livermore 國家實驗室 (NIF facility) 用來壓縮巨大雷射能量 (通常是 >kJ) 的大型多層膜光柵，邊長為 80 cm × 40 cm，雷射脈衝壓縮之後的瞬間功率可達 10^{15} W (PW) 以上，其主要目的是進行雷射核融合的實驗。

II. 實　驗

一、實驗名稱：光柵分光儀實驗

二、實驗目的

瞭解光柵的操作原理並學習用光柵分光儀來量測波長。

三、實驗原理

使用光柵來量測光波的波長是經常見到的光柵應用，一般常見的 **Czerny-Turner 分光儀**的結構如圖 10.2-1 所示，其等效光路畫在圖 10.2-2。

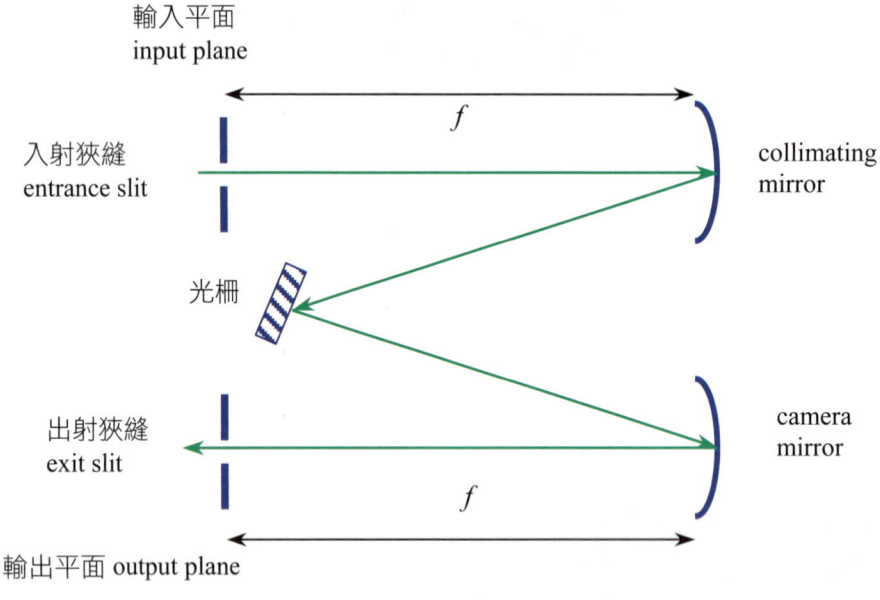

圖 10.2-1　一般 Czerny-Turner 分光儀的結構。

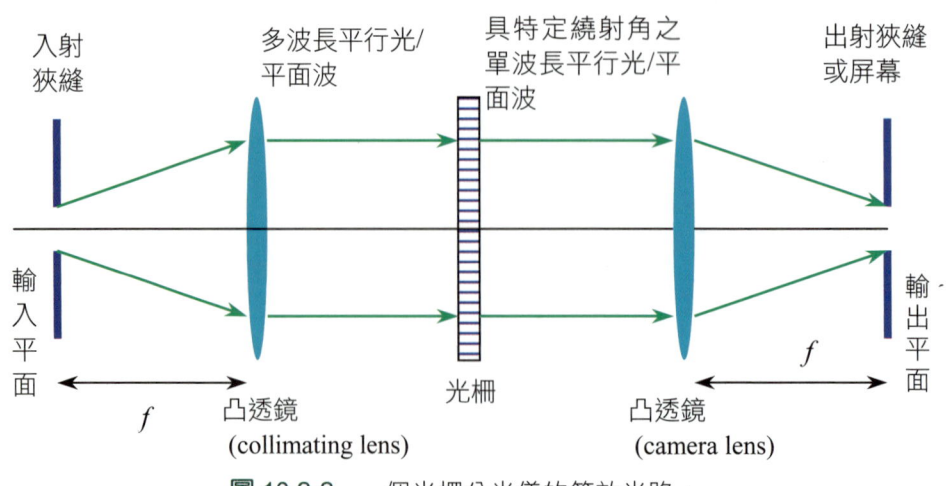

圖 10.2-2　一個光柵分光儀的等效光路。

由於大多數的光強度偵測器都是偵測一個點的強度，在儀器設計上，必須把先前平面波的分析拉到有限距離內做點的偵測，亦即，將平面波做聚焦的動作；因此，在分光儀中適當地使用聚焦面 (透) 鏡便可達到此一目的。圖 10.2-1、圖 10.2-2 中 **collimating mirror** 的目的，就是將**入射狹縫** (entrance slit) 所產生的點光源變成一個平面波射向光柵，因此，入射狹縫的位置就是設計在 collimating mirror 的焦點上；**camera mirror** 是將光柵繞射後產生的平面波聚焦在**出射狹縫** (exit slit) 上，但是經光柵繞射後，射向不同角度的平面波會聚焦到出射平面上的不同位置，因此，位於出射狹縫處的光偵測器經常是一個照相機，藉由照相底片上曝光得到的光強度分佈，可以量得入射光的光譜，第二面曲面鏡也因此通稱為 camera mirror。值得注意的是，兩面曲面鏡的基本功能是將入射狹縫成像在出射狹縫的位置上；因此，越窄的入射狹縫，便可以讓不同顏色的光於分光後在出射平面上的相互干擾越小，亦即具有較高的鑑別度；反之，若入射狹縫過大，該光譜儀就失去了解析度。關小入射狹縫的另一個功能是：利用狹縫的繞射效果將入射光填滿整個光柵，以取得光柵分光的最大解析度 (參考式 (10.1-10))。因此，即使入射光是一道雷射光，還是要將狹縫關到最小，才不會因為狹縫寬度的關係量到錯誤的光線頻寬。

一個光柵分光儀也可以折疊成如圖 10.2-3 所示的結構。使用方法是將一個光源從狹縫中輸入，光線經光柵繞射、反射後，再從同一狹縫輸出。這種分光儀有一個特性，就是入射角與繞射角在同一方向上，或者 $\theta_m = -\theta_i$，稱為 Littrow 分光儀。因此，對 Littrow 分光儀來講，它的光柵公式變成

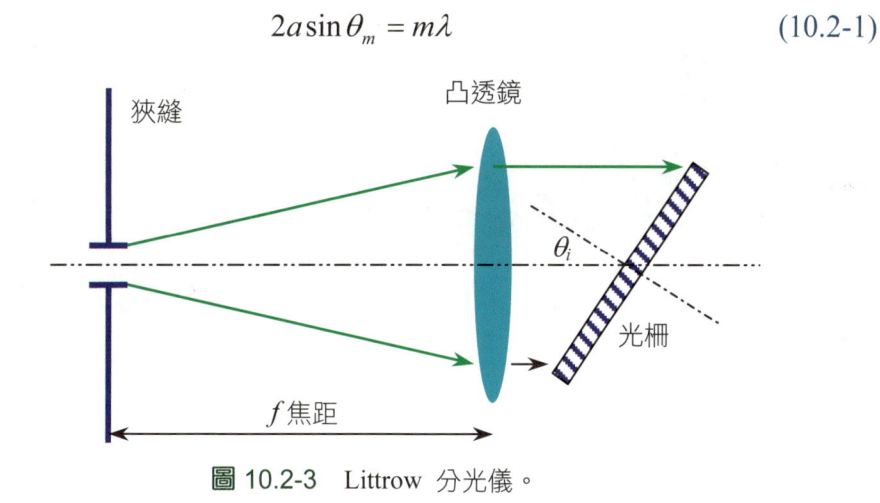

$$2a\sin\theta_m = m\lambda \tag{10.2-1}$$

圖 10.2-3　Littrow 分光儀。

四、實驗內容

1. 量測光柵週期

A. 實驗架設

No.	器材名稱 (中文)	器材名稱 (英文)	建議規格	數量
1	雷射	Laser	Eg. CW frequency doubled Nd^{3+} laser at 532 nm	1
2	雷射夾具	Laser mount	Tilt adjustable laser mount	1
3	光柵及光柵座	Grating and grating holder	1200 grooves/mm grating on a suitable holder	1
4	φ~2" 旋轉台	Rotation stage	φ = 2" with 360° continuous rotation and minimum increment of 1°	1
5	2" 支撐棒	2" post for grating	2" length	1
6	3" 支撐棒	3" post for laser	3" length	1
7	2" 支撐座	2" post holder	2" height	2
8	1-m 光學軌道	1-m optical rail	A typical 1-m optical rail with 1-mm reading scale	1
9	雷射滑座	Rail carrier for laser	Typical	1
10	旋轉台滑座	Rail carrier for rotation stage	Typical	1

(實驗架設照片)

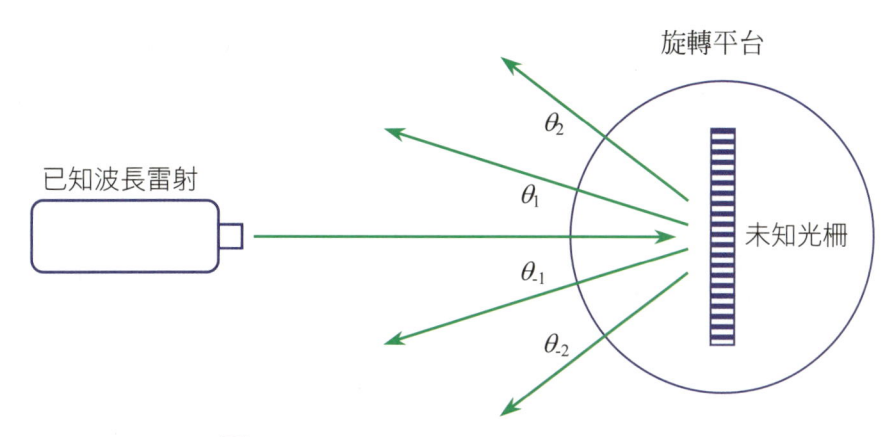

圖 10.2-4　量測光柵週期實驗架設圖。

B. 實驗步驟

(1) 將一已知波長的雷射 (例如倍頻的 Nd:YVO$_4$ 雷射，波長為 532 nm)，垂直入射一未知週期的光柵。

(2) 讓第零階的反射光反射回雷射輸出孔，以確認入射光的確垂直入射光柵，記錄旋轉平台上的角度作為起始角度。

(3) 轉動光柵，將各階繞射光反射回雷射輸出孔，記錄轉動之角度 (即記錄入射角及反射角 $\theta_m = -\theta_i$)。

(4) 利用式 (10.2-1) 的 Littrow 光柵公式求得該光柵的週期 a。

2. 量測光源波長

A. 實驗架設

No.	器材名稱 (中文)	器材名稱 (英文)	建議規格	數量
1	汞燈	Mercury lamp	A mercury lamp that can be mounted on a typical optical post.	1
2	光柵及光柵座	Grating and grating holder	~1200 grooves/mm grating on a suitable holder	1
3	φ~2" 旋轉台	Rotation stage	φ = 2" with 360° continuous rotation and minimum increment of 1°	1
4	2" 支撐棒	2" post for light source and grating	2" length	2

A. 實驗架設 (續)

No.	器材名稱 (中文)	器材名稱 (英文)	建議規格	數量
5	3" 支撐棒	3" post for slit and lens	3" length	2
6	2" 支撐座	2" post holder	2" height	4
7	1-m 光學軌道	1-m optical rail	A typical 1-m optical rail with 1-mm reading scale	1
8	小滑座	Rail carriers for light source, slit, and mirror	Typical	3
9	旋轉台滑座	Rail carrier for rotation stage	A larger one for rotation stage	1
10	f = 25 cm 正透鏡	Positive lens with f = 25 cm	Eg. Double-convex lens with ϕ = 1″ and f = 25 cm	1
11	透鏡座	Lens mount	Typical lens mount for 1″ optics	1
12	可調式狹縫	Adjustable slit	< 5 μm increment adjustable up to 200 μm width from a micrometer	1

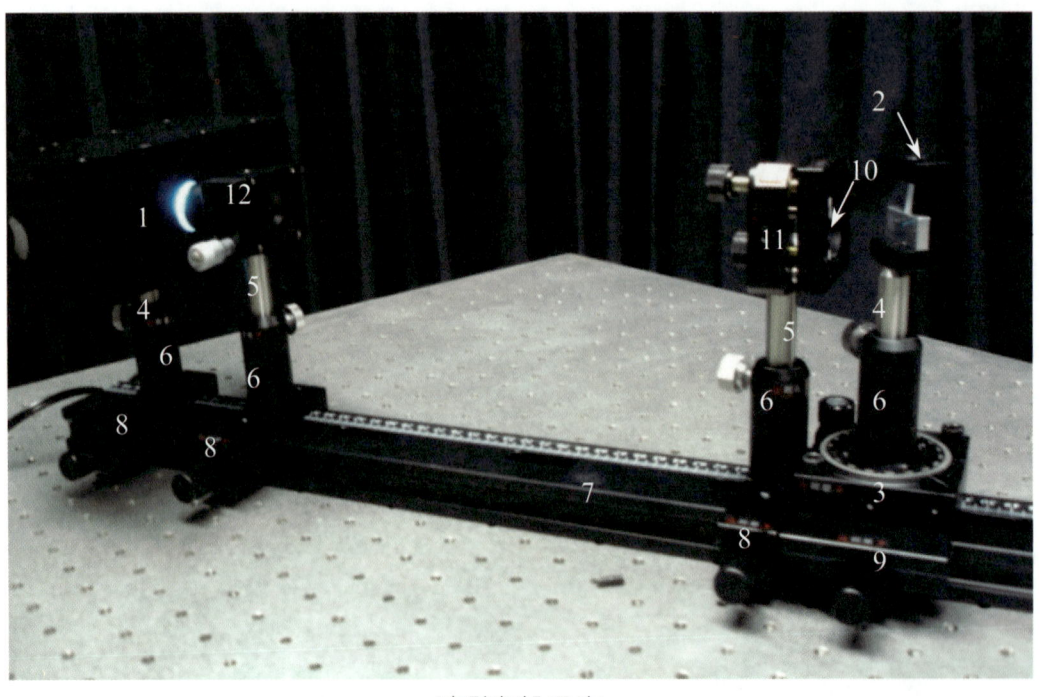

(實驗架設照片)

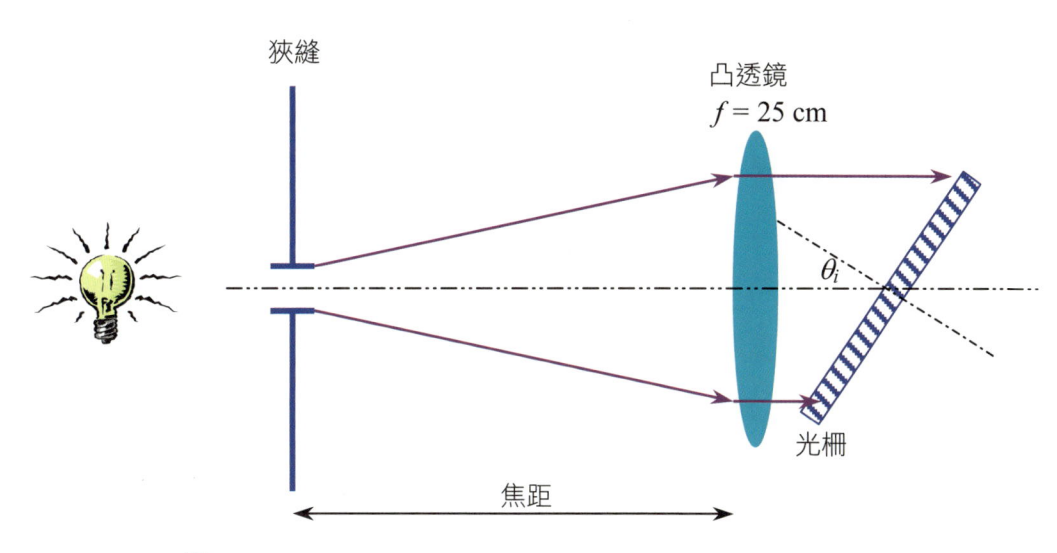

圖 10.2-5 用 Littrow 分光儀量測光源頻譜的實驗架設圖。

B. 實驗步驟

(1) 取一焦距為 25 公分的凸透鏡，將前一實驗的光柵及一個可調狹縫架設成如圖 10.2-5 的 Littrow 分光儀/光譜儀。將狹縫面對光柵的那一面貼上一張白紙以便觀察 (當然要把狹縫露出來)。

(2) 將未知光源導入可調式狹縫中，將狹縫關到最小，直到第一階繞射譜線勉強可以觀測到為止。

(3) 轉動光柵下的旋轉平台，讓第一階繞射譜線中最強的幾條譜線 (應該可以看到五、六條) 一一轉回到狹縫的位置，並一一記錄光柵法線與入射線的夾角。在觀察時，可以將透鏡稍微上下移動一點點，讓光譜線剛好回到狹縫上方或下方的白紙部分，以利觀察。

(4) 利用式 (10.2-1) (Littrow 光柵公式) 及上個實驗中已經求得的光柵週期，求取該未知光源各個譜線的波長。

(5) 查詢有關氣體放電的參考書籍，找出該未知光源是哪一種放電燈管。

六、參考資料

1. Eugene Hecht, *Optics* 3rd Ed., pp. 465-476, Addison-Wesley, 1998.

2. Francis A. Jenkins and Harvey E. White, *Fundamentals of Optics* 4th Ed., Chapter 17, McGraw-Hill, 1981.

III. 習 題

1. 參考下圖，有一道波長為 600 nm 的平面波雷射垂直入射一片週期為 1 μm 的穿透式光柵。

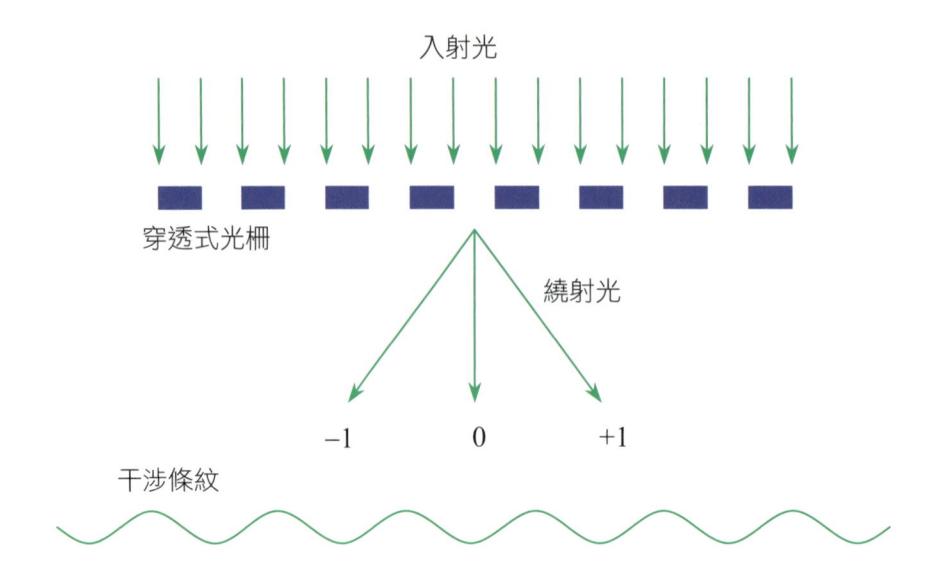

   (1) 證實繞射光中只有第 0 階及 ±1 階，並算出所有繞射光的角度。
   (2) 在製作光柵時可以用特別的方法將第 0 階的繞射光去掉，假設沒有第 0 階的繞射光，且入射光分到 ±1 階繞射光的功率相同，算出 ±1 階繞射光在光柵正下方形成的干涉條紋週期。
   (3) 假設沒有 −1 階的繞射光，且入射光分到 0 及 +1 階繞射光的功率相同，算出這兩道繞射光在光柵正下方形成的干涉條紋週期。

2. 假設一道波長為 532-nm 的綠光雷射入射一片 1200 條/mm 的反射式光柵，算出各階繞射光的 Littrow 繞射角度。

3. 參考下圖，假設有一道中心波長為 532 ±1 nm 的平面波垂直入射一片 1000 條/mm 的穿透式光柵，這個光柵在設計上將 +1 階的繞射光特別加強，其它階的繞射光可以忽略不計。將一個 $f = 1$ m 的正透鏡置於光柵後方，在幾何光學的條件下，計算在焦平面上這個綠光光點的大小。

穿透式光柵

$f = 1$ m 透鏡

入射光

焦平面

1 m

+1 階繞射光

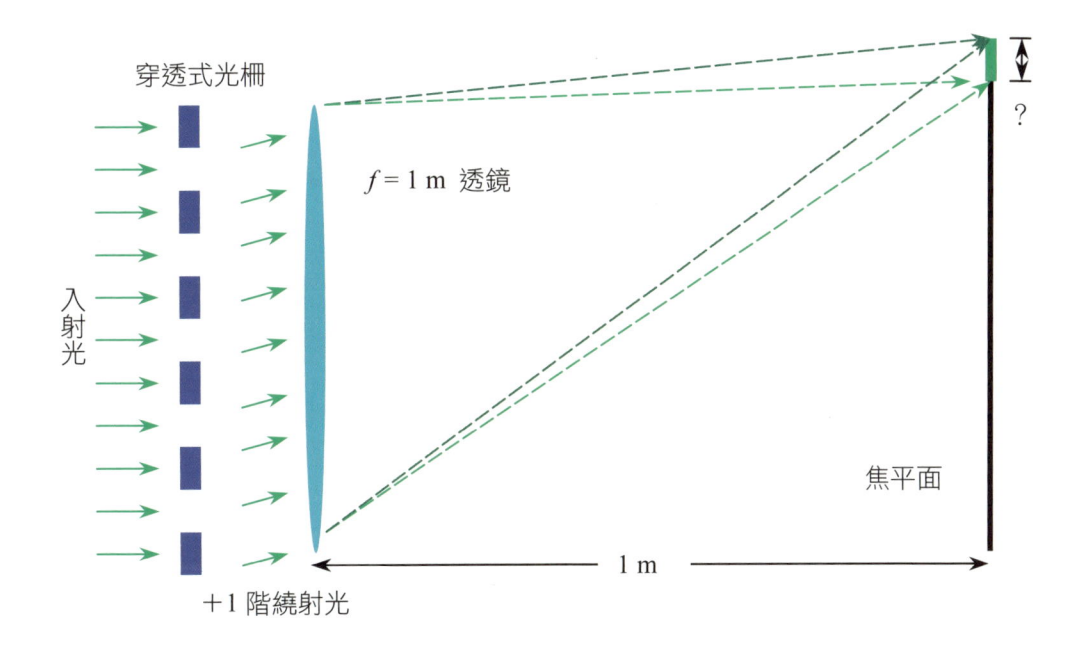

4. 由式 (10.1-5, 11) 可以知道：若入射光照滿整個光柵，可以得到較高的分光效果及較佳的波長解析度。這個條件可以先讓入射光照到分光儀的入射狹縫，藉由狹縫繞射的原理讓入射光來蓋滿整個光柵表面。在操作一個 Littrow 分光儀時，假設入射光的波長為 500 nm、光柵寬度為 2.54 cm、光柵與狹縫間的距離為 25 cm，計算最大允許的狹縫寬度，使得入射光經狹縫繞射後所產生的繞射中心亮紋可以蓋滿整個光柵。假設入射光的橫截面遠大於狹縫寬度。

5. 探討第一個實驗中求光柵週期的實驗誤差範圍。哪一個實驗參數是造成誤差的主要原因？

6. 針對第二個實驗，在不考慮入射狹縫寬度的情況下 (即假設入射狹縫寬度為無限小)，計算該 Littrow 光譜儀的理想波長解析度。注意，若入射狹縫寬度不為無限小，解答時必須知道光柵及分光儀的尺寸。一個光譜儀的解析度和光譜儀的長度有什麼關係？

第十一章　傅利葉光學

Fourier Optics

I. 基本概念

傅利葉光學，顧名思義，是利用到數學上的傅利葉分析或是線性疊加的原理來研究光學的現象。簡單地說，傅利葉光學就是將一個光場的強度分解成不同空間頻率的分量、將個別分量做篩選的處理之後，再利用線性疊加的原理將處理完的光場加回去，然後得到一個最後的結果。因此，要瞭解傅利葉光學要先瞭解**傅利葉分析** (Fourier analysis) 及**線性系統** (linear system) 的原理。

我們先複習一下線性系統的最基本觀念。假設一個線性系統的變數是時間 (這個假設並非必要，因為時間的變數也可以換成空間，我們在此只是用時間為例，來方便大家瞭解)。一個線性系統的輸入函數 $f_1(t)$ 與輸出函數 $f_2(t)$ 之間滿足所謂的**線性疊加原理** (principle of superposition)：

$$f_2(t) = \int_{-\infty}^{\infty} h(t,\tau) f_1(\tau) d\tau \qquad (11.1\text{-}1)$$

其中，t 是時間變數，這個積分式子告訴我們：輸出訊號在時間 t 所量到的值，是所有輸入訊號疊加起來的結果。假如這個線性系統在不同時間對同一個輸入訊號的反應都是一樣的話 (稱為 shift invariant)，上式可以進一步地寫成一個所謂的 **convolution integral**：

$$f_2(t) = \int_{-\infty}^{\infty} h(t-\tau) f_1(\tau) d\tau = \int h(\tau) f_1(t-\tau) d\tau \qquad (11.1\text{-}2)$$

這個結果是因為輸入的訊號若有一個時間平移，在 shift invariant 的情況下，輸出訊號也應該只差一個時間平移。要瞭解 $h(t)$ 這個函數的物理意義，可以將輸入訊號設定成一個 **Dirac 脈衝函數** (Dirac delta function) $f_1(t) = \delta(t)$，這個脈衝函數在 $t = 0$ 時是一個無限高、無限窄的訊號，$t \neq 0$ 時這個函數沒有值，同時這個函數滿足積分式 $\int_{-\infty}^{\infty} \delta(t)dt = 1$；因此，任意時間函數 $g(t)$ 跟 $\delta(t)$ 做 convolution integral 可以得到 $\int_{-\infty}^{\infty} \delta(t-\tau)g(\tau)d\tau = g(t)$ 它自己。如此一來，將 $\delta(t)$ 代入式 (11.1-2) 中可以得到輸出訊號 $f_2(t) = \int_{-\infty}^{\infty} h(t-\tau)\delta(\tau)d\tau = h(t)$，這個結果告訴我們：$h(t)$ 是這個線性系統的**脈衝響應** (impulse response)，因為輸入一個脈衝訊號，即產生一個 $h(t)$ 的輸出訊號。

傅利葉分析又告訴我們：一般的時間函數 $f(t)$ 可以寫成許多時間**諧振函數** (time harmonic function) 的線性疊加，由以下的**傅利葉積分** (Fourier integral) 來表示：

$$f(t) = \int_{-\infty}^{\infty} F(v)e^{-j2\pi vt} \tag{11.1-3}$$

其中，v 是頻率變數，$F(v)$ 是**傅利葉轉換** (Fourier transform) 函數、滿足以下**反傅利葉轉換** (inverse Fourier Transform) 的關係式

$$F(v) = \int_{-\infty}^{\infty} f(t)e^{j2\pi vt} \, dv \tag{11.1-4}$$

這個傅利葉轉換的配對關係在分析一個線性系統的物理表現時，形成一套功能強大的工具，因為一個系統的物理現象從此可以同時從**時域** (time domain) 和**頻域** (frequency domain) 上去瞭解、分析。以下將式 (11.1-3) 及 (11.1-4) 的傅利葉轉換關係簡寫成 $\mathscr{F}[f(t)] = F(v)$ 及 $\mathscr{F}^{-1}[F(v)] = f(t)$，這個符號 $\mathscr{F}$ 定義為**傅利葉轉換運算子** (Fourier transform operator)。從式 (11.1-3, 4) 傅利葉轉換的配對關係上也可以得到

$$\mathscr{F}[\mathscr{F}[f(t)]] = f(-t) \tag{11.1-5}$$

若將時間變數 t 換成空間變數 x，則 $f(x)$ 在傅利葉光學裡可能是一個影像的位置函數，$f(-x)$ 則可視為 $f(x)$ 這個影像的倒置。

我們用一個簡單、直覺的例子來瞭解傅利葉轉換的物理意義：譬如，讓時域上輸入的物理量為一個單一頻率 f、單一振幅的的弦波，以 $f(t) = e^{j2\pi ft}$ 來

表示。將 $f(t) = e^{j2\pi ft}$ 代入式 (11.1-4) 中去求取其傅利葉轉換，吾人可以立即看出積分的結果只有在頻率 $\nu = f$ 時會有一個很大的值、在其他頻率或 $\nu \neq f$ 的地方，基本上沒有顯著的值，因此 $\mathscr{F}[e^{j2\pi ft}] = \delta(\nu - f)$。從這個結果可以看出：式 (11.1-4) 的運算就是把 $f(t)$ 這個函數中在各個頻率上的強度分析出來。

又如，讓時域上的函數為一方波

$$f(t) = \begin{cases} 1 & |t| \leq T/2 \\ 0 & |t| > T/2 \end{cases} \tag{11.1-6}$$

如圖 11.1-1 (a) 所示，若將此一方波代入式 (11.1-4) 中即可得到在頻域上的分析結果

$$F(\nu) = \sin(\pi\nu T)/(\pi\nu) = T\mathrm{sinc}(T\nu) \tag{11.1-7}$$

如圖 11.1-1 (b) 所示，當時間 T 越短時，表示 $f(t)$ 的高頻成分越多，因此 $F(\nu)$ 在頻域上的頻譜寬度 $\Delta\nu = 2/T$ 也就越大。

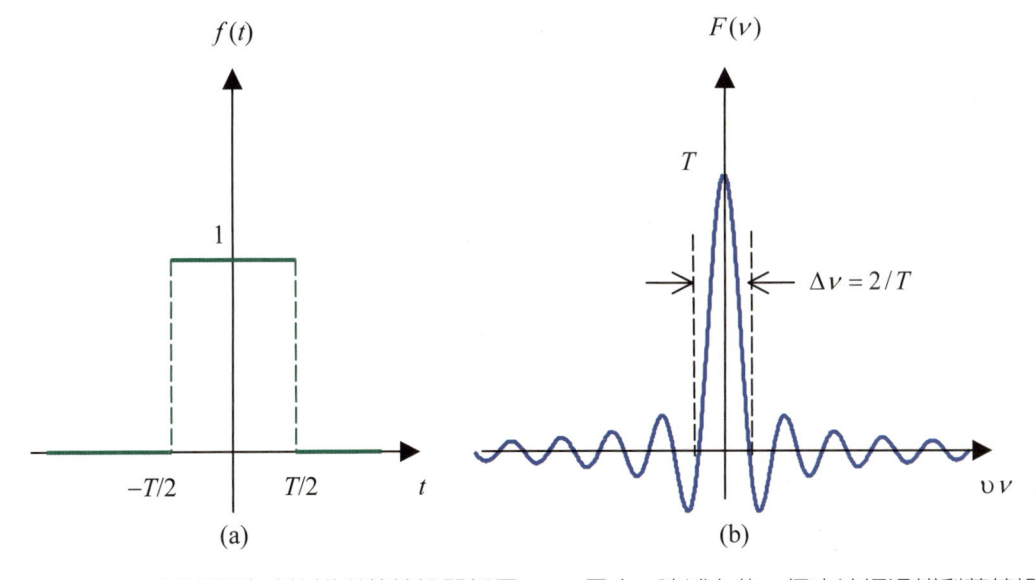

圖 11.1-1 頻域與時域的傅利葉轉換關係圖。(a) 圖中，時域上的一個方波經過傅利葉轉換之後成為 (b) 圖中 sinc 函數，若方波的脈衝寬度 T 越小，代表方波中包含越多高頻的成分，因此 (b) 圖中的頻譜寬度 $\Delta\nu = 2/T$ 也越寬。

假設 (11.1-2) 中的輸入訊號為一個特定頻率、單位振幅的**弦波函數** (sinusoidal function) $f_1(t) = e^{j2\pi\nu t}$，根據物理上的定義，其相對應的輸出訊號必然是這個系統在該頻率的響應：

$$f_2(t) = \mathscr{F}[h(t)]e^{j2\pi\nu t} = H(\nu)e^{j2\pi\nu t} \tag{11.1-8}$$

因此，$H(\nu) = \mathscr{F}[h(t)]$ 稱為這個線性系統的**系統頻率響應**或**系統轉移函數** (system frequency response，或者 system transfer function)。這個結果並不令人訝異，因為 $h(t)$ 是這個線性系統的脈衝反應，然而一個無限短的激發脈衝 $\delta(t)$ 包含了所有的頻率在這個脈衝訊號裡 (用 (11.1-4) 證明這一點)，因此，$h(t)$ 的傅利葉轉換提供此一線性系統對所有頻率反應的訊息。基本上，知道一個**線性系統**的 $h(t)$ 或者是 $H(\nu)$ 相當於知道這個系統的所有特性。式 (11.1-8) 的計算方式 (若輸入 $e^{j2\pi\nu t}$，及得到輸出為 $H(\nu)e^{j2\pi\nu t}$) 同時也提供一個便捷的方法來計算一個線性系統的頻率響應。之後，我們會用到此一計算方式來求得空間中光場傳播的系統傳輸函數。

將 (11.1-2) 式取傅利葉轉換 $\mathscr{F}[f_2(t)] = F_2(\nu)$ 可以立即得到一個重要的關係式

$$F_2(\nu) = H(\nu)F_1(\nu) \tag{11.1-9}$$

因此，時域上的 convolution integral，在傅利葉空間的頻域上是一個相乘的關係。

對於一個光學影像系統，人們所關心的是空間上的明暗分佈，因此，我們在這一章中的主要頻率變數是**空間頻率** (spatial frequency) 而不是**時間頻率** (temporal frequency)。譬如，在 x 方向的空間頻率可以寫成 ν_x，用以描述單位長度的距離內光場的明暗變化次數。若將 (11.1.1~9) 中的時間變數改成空間變數，前面得到的結論仍然全部成立。

假設有一道平面波朝 z 方向正向入射一個置於 x-y 平面上的**一維** (one dimensional) 光柵，這個光柵可以是一片明暗相間的投影片，假如這個一維投影片光柵的明暗變化方向為 x、週期為 Λ_x，則其空間頻率為 $\nu_x = 1/\Lambda_x$，這個光柵會將入射平面波的能量重新分佈，在光柵之後，入射平面波的主要能量將被導向建設性干涉的傳播方向。根據 (10.1-3) 的光柵公式，光柵之後的光波的傳播角度 θ 與光柵週期 Λ_x、光波長度 λ 有以下的關係：

$$\Lambda_x \sin\theta_m = m\lambda \, . \, m = 0, \pm1, \pm2, \pm3, \ldots \tag{11.1-10}$$

在一個成像系統裡，通常只考慮**近軸** (paraxial) 的影像，因此可以忽略掉高階的 $m = \pm2, \pm3, \cdots$ 同時，$m = 0$ 的光場只會形成一個背景光，對分析光的空間明暗分佈沒有幫助，因此也可以被忽略。若只考慮 $m = 1$ 方向上的平面波、其傳播角度滿足 $\Lambda_x \sin\theta_x = \lambda$，這個平面波的光場可以寫成

$$U = U_0 e^{-jk_x x - jk_z z} \tag{11.1-11}$$

其中，$k_x = k \sin\theta_x = 2\pi/\Lambda_x = 2\pi\nu_x$、$k_z = \sqrt{k^2 - k_x^2} = k\cos\theta_x$、$k = 2\pi/\lambda$。式 (11.1-11) 提供一個重要的結論：投影片上的空間頻率 (明暗變化) 可以被寫入輸出波的空間頻率裡。這個結論可以進一步推廣到**二維** (two dimensional) 的情形。例如，一個平面波朝 z 方向正向入射一張位於 x-y 平面上的二維光柵投影片，光柵週期在 x、y 方向上分別為 Λ_x 及 Λ_y、其對應之空間頻率分別為 ν_x 及 ν_y，基於光柵繞射條件 (11.1-10)，投影片之後的光波可以寫成

$$U = U_0 e^{-jk_x x - jk_y y - jk_z z} \tag{11.1-12}$$

其中，$k_x = 2\pi\nu_x = 2\pi/\Lambda_x$，$k_y = 2\pi\nu_y = 2\pi/\Lambda_y$，$k_z = \sqrt{k^2 - k_x^2 - k_y^2}$。

在大部分的應用裡，影像擷取不會立即在投影片之後，而是在投影片後的一段距離。因此，若將空間當作是傳輸光波的一個線性系統，我們必須找出這個系統的 $h(x, y)$ 或者是 $H(\nu_x, \nu_y)$。先前式 (11.1-8) 的計算已經證實：要找出系統的頻率響應 $H(\nu)$ 有一個便捷的方法，就是輸入這個線性系統一個單位弦波函數，其輸出就是 $H(\nu)$ 乘上這個單位諧振函數。因此，假設在 $z = 0$ 的 x-y 平面發射一道單位諧振平面波、其表示式為：$U(z=0) = e^{-jk_x x - jk_y y} = e^{-j2\pi\nu_x x - j2\pi\nu_y y}$，經過一段傳播距離 d 之後，在輸出面 $z = d$ 的地方，這個平面波的表示式變成為 $U(z=d) = e^{-jk_x x - jk_y y - jk_z d} = U(z=0) \times e^{-jk_z d}$，因此電磁波在自由空間朝 z 方向傳播的系統頻率響應為

$$H(v_x, v_y) = e^{-jk_z d} = \exp(-jk\sqrt{1 - k_x^2/k^2 - k_x^2/k^2}\, d)$$
$$= \exp(-j2\pi\sqrt{1/\lambda^2 - v_x^2 - v_y^2}\, d) \quad (11.1\text{-}13)$$

不要忘記 $k_x/k = \sin\theta_x, k_y/k = \sin\theta_y$，在**近軸近似** (paraxial approximation) 裡，光的傳播方向與中心軸之間的夾角很小，$\theta_x, \theta_y \ll 1$。基於此一所謂的 Fresnel 近似 (Fresnel approximation)，利用**泰勒展開** (Taylor expansion) 可以得到

$$H(v_x, v_y) \approx H_0 \exp[-j\pi\lambda(v_x^2 - v_y^2)d]\text{，其中 } H_0 = e^{-jkd} \quad (11.1\text{-}14)$$

有了一個系統的頻率響應之後，吾人可以進一步求解該系統的脈衝響應 $h(x, y)$。取式 (11.1-14) 的反傅利葉轉換，即可得到

$$h(x, y) \approx h_0 \exp\left[-jk\frac{x^2 + y^2}{2d}\right]\text{，其中 } h_0 = \frac{j}{\lambda d} e^{-jkd} \quad (11.1\text{-}15)$$

假設 $z = 0$ 的地方有一道輸入光場，其場強分佈用 $f(x,y)$ 來表示，結合式 (11.1-2) 及式 (11.1-15)，吾人可以藉由下式

$$g(x, y) = \int_{-\infty}^{\infty}\int f(x', y') h(x-x', y-y') dx' dy' \quad (11.1\text{-}16)$$

計算出該光場傳播一段距離 d 之後的光場輸出分佈為

$$g(x, y) = h_0 \int_{-\infty}^{\infty}\int f(x', y') \exp\left[-j\pi\frac{(x-x')^2 + (y-y')^2}{\lambda d}\right] dx' dy' \quad (11.1\text{-}17)$$

這個式子提供第九章中 Fresnel 繞射介紹的理論基礎，經由數值計算就可以得到第九章 Fresnel 繞射的結論。

式 (11.1-17) 積分子中的相位是個二次式，不容易積分，將它展開之後，可以得到

$$\pi\frac{(x-x')^2 + (y-y')^2}{\lambda d} = \frac{\pi}{\lambda d}[(x^2 + y^2) + x'^2 + y'^2 - 2xx' - 2yy'] \quad (11.1\text{-}18)$$

假如輸出平面或觀察點的位置很遠 (d 很大)，導致 $\frac{\pi}{\lambda d}(x^2+y^2) \ll \pi$ 及 $\frac{\pi}{\lambda d}(x'^2+y'^2) \ll \pi$，同時輸入光場的分佈範圍不大 $x \gg x'$；在這個所謂的**遠場近似** (far-field approximation) 之下，式 (11.1-17) 中的相位運算子可以寫成

$$\exp\left[-jk\frac{(x-x')^2+(y-y'')^2}{2d}\right] \approx h_1 \exp\left[j2\pi(\frac{x}{\lambda d}x'+\frac{y}{\lambda d}y')\right] \quad (11.1\text{-}19)$$

其中，$h_1 = \exp[-j\frac{k}{2d}(x^2+y^2)]$。於是整個式子 (11.1-17) 就可以簡化成一個傅利葉轉換式：

$$\begin{aligned} g(x,y) &= h_0 h_1 \int\int_{-\infty}^{\infty} f(x',y') \exp\left[j2\pi\frac{x}{\lambda d}x'+j2\pi\frac{y}{\lambda d}y'\right]dx'dy' \\ &= h_0 h_1 \mathscr{F}[f(x',y')]\Big|_{\nu_x=\frac{x}{\lambda d},\nu_y=\frac{r}{\lambda d}} = h_0 h_1 F(\nu_x,\nu_y)\Big|_{\nu_x=\frac{x}{\lambda d},\nu_y=\frac{y}{\lambda d}} \end{aligned} \quad (11.1\text{-}20)$$

熟知傅利葉轉換物理意義的人可能立即可以看出：式 (11.1-20) 代表一道道不同方向的平面波從輸入平面 (x'-y' 平面) 出發，在遠處互相疊加後，形成輸出平面上的光場分佈。圖 11.1-2 可以提供進一步的瞭解：在輸入平面位置 (x',y') 上的一個點波源所發出的光波傳到位於遠場的輸出平面時 (x-y 平面)，這個光波因為波前擴大、可以近似成一道平面波 (平面波的波前為無限大)，表示成 $[f(x',y')dx'dy']\exp\left[j2\pi\frac{x}{\lambda d}x'+j2\pi\frac{y}{\lambda d}y'\right]$，這個平面波的波矢向量 ($k$ vector, $\vec{k}$) 與 y'-z 及 x'-z 平面的夾角分別為 $\theta_x = \sin^{-1}(k_x/k) \sim x'/d$、及 $\theta_y = \sin^{-1}(k_y/k) \sim y'/d$；在遠場近似的條件下，$x'/d$ 及 y'/d 的值都很小，從 x'-y' 平面上發出的平面波其方向幾乎都在近軸 (接近 z 軸) 的方向上。

以下，我們把單狹縫當作一個例子，用式 (11.1-20) 來計算它的 Fraunhofer 繞射。在單狹縫繞射裡，在狹縫地方輸入場的分佈可以寫成

$$f(x,y) = U_0 \begin{cases} 1, & |y| \le b/2 \\ 0, & |y| > b/2 \end{cases} \quad (11.1\text{-}21)$$

其中 U_0 是一個常數振幅。將上式帶入式 (11.1-20) 中,並將觀察點的位置放在 $d=L$ 的地方,可以得到

$$g(x,y) = U_0 h_0 b \, \text{sinc}(bv_y)\Big|_{v_y=\frac{y}{\lambda L}} = U_0 h_0 b \, \text{sinc}(\frac{b}{\lambda L} y) \tag{11.1-22}$$

因為一個**方波函數** (square function) 的傅利葉轉換就是一個 sinc 函數 (參考圖 1.1-1 及式 (11.1-7))。進一步取式 (11.1-22) 的絕對值平方就可以得到第九章的單狹縫遠場繞射公式 (9.1-4)。

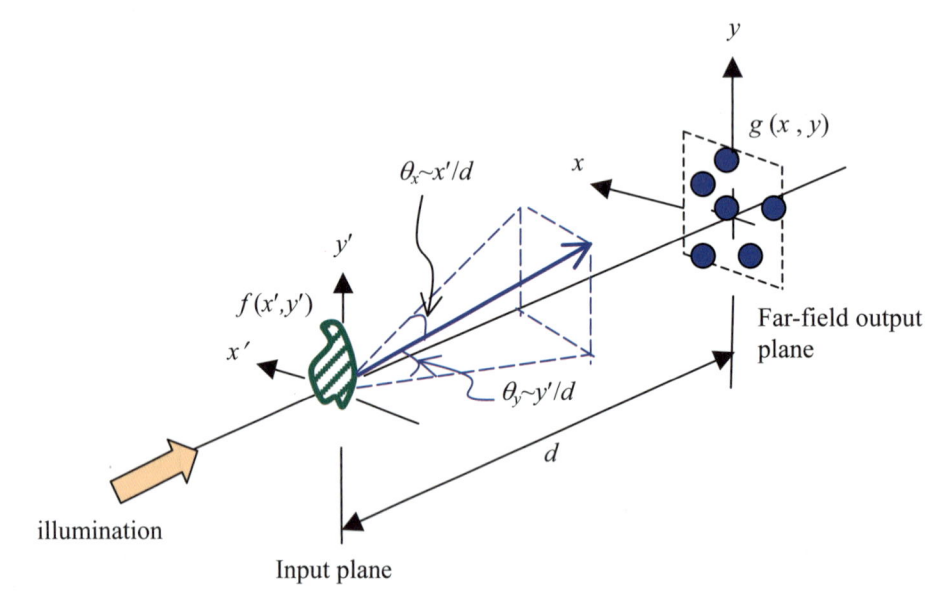

圖 11.1-2　從 (x',y') 位置上發出的光波到達遠場時近似一道平面波,所有平面波疊加的結果在遠場的輸出平面上形成一個傅利葉轉換的光場。

一個成像系統經常會使用到成像透鏡,因為一個成像透鏡可以將遠場的光學影像移近到方便觀察的距離來。以一個凸平透鏡為例 (參考圖 11.1-3),假設入射面的曲率半徑為 R、出射面的曲率半徑為 ∞ (無限大)、同時 $R^2 \gg (x^2 + y^2)$ (只考慮近軸光線),它的厚度 $d(x,y)$ 可以表示成

$$d(x,y) = d_0 - \{R - [R^2 - (x^2+y^2)]^{1/2}\} \approx d_0 - \frac{x^2+y^2}{2R} \tag{11.1-23}$$

其中,d_0 為透鏡中心點的厚度。

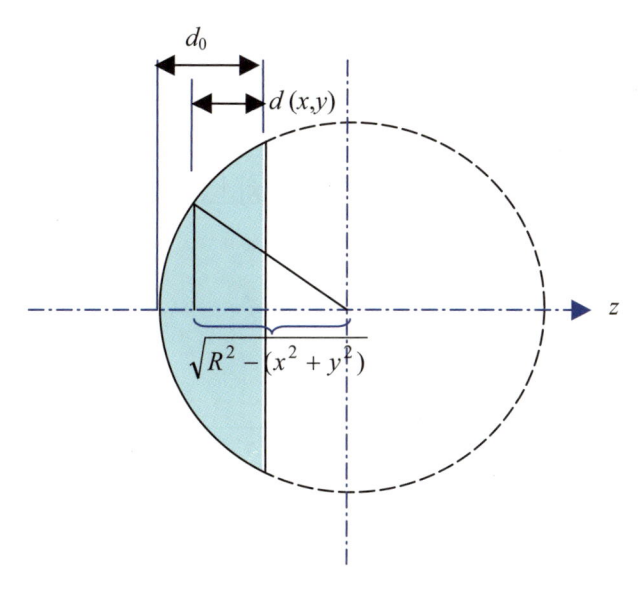

圖 11.1-3 一個凸平透鏡的定義圖。

若讓一道平面波從真空 (或空氣) 中穿過這一片透鏡，輸出光場 U_{out} 與輸入光場 U_{in} 之間的**震幅穿透比值** $t(x,y) = U_{out}/U_{in}$ (amplitude transmittance) 為

$$\begin{aligned} t(x,y) &= \exp[-jk_0(d_0 - d(x,y))] \times \exp[-jk_0 n d(x,y)] \\ &= \exp[-jk_0 d_0]\exp[-j(n-1)k_0 d(x,y)] \end{aligned} \quad (11.1\text{-}24)$$

其中，$k_0 = 2\pi / \lambda_0$、λ_0 是光在真空中的波長。將式 (11.1-23) 代入式 (11.1-24) 中，經過一番整理後可以得到

$$t(x,y) \approx t_0 \exp\left[jk_0 \frac{x^2 + y^2}{2f} \right] \quad (11.1\text{-}25)$$

其中 $t_0 = \exp[-jk_0 d_0]$，$f = \dfrac{R}{n-1}$ 是該凸平透鏡的焦距。式 (11.1-25) 的結果並不會因為將凸平透鏡換成雙凸透鏡、或凹透鏡而有所改變，只要將焦距 f 重新定義就好了。通常在影像處理中，一個常數相位或是一個沒有空間變化的背景強度是可以忽略的；因此，式 (11.1-25) 中的 t_0 經常可以在計算時被忽略掉。

一個適當的成像透鏡可以將遠場的影像移到焦平面附近，因此，有了透鏡之後，我們可以不用再受到遠場近似的限制 (例如，只有在 $d \to \infty$ 的情況

下，式 (11.1-20) 中的傅利葉轉換關係才嚴格成立)。考慮以下單一透鏡 (焦距為 f) 的光學系統：將一張投影片置於一個正透鏡的**物平面** (object plane) 上，這個物平面與透鏡的距離為 d，這張投影片在物平面形成一個光場分佈 $f(x,y)$，我們希望能夠求出在透鏡後方焦平面上的光場分佈 $g(x,y)$。

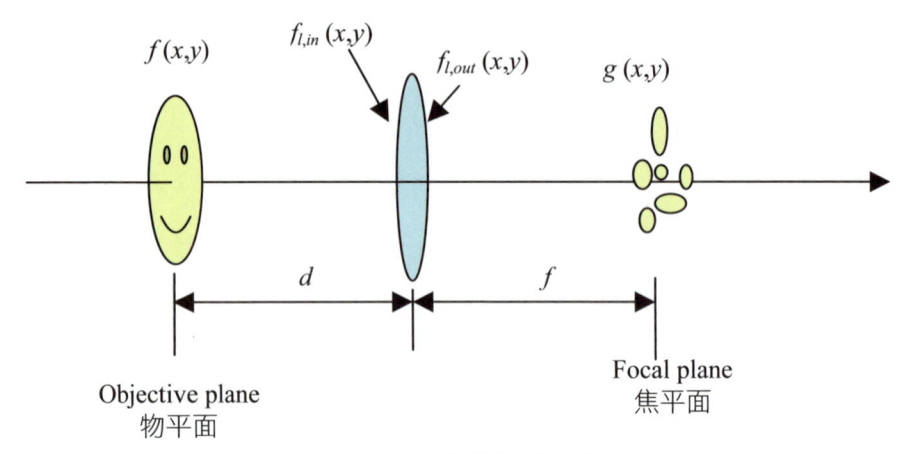

圖 11.1-4 單一透鏡傅利葉換成像系統

假設透鏡輸入面及輸出面上的光場分佈分別為 $f_{l,in}(x,y)$ 及 $f_{l,out}(x,y)$，我們先找出 $g(x,y)$ 和 $f_{l,in}(x,y)$ 之間的關係。根據式 (11.1-25) 計算出來的透鏡震幅穿透比值，很明顯，透鏡前後光場的關係為：

$$f_{l,out}(x,y) = f_{l,in}(x,y)\exp[jk_0 \frac{x^2+y^2}{2f}] \tag{11.1-26}$$

式 (11.1-17) 告訴我們 $g(x,y)$ 與 $f_{l,out}(x,y)$ 有以下的關係：

$$g(x,y) = h_0 \int\!\!\!\int_{-\infty}^{\infty} f_{l,out}(x',y')\exp\left[-j\pi \frac{(x-x')^2+(y-y')^2}{\lambda f}\right]dx'dy' \tag{11.1-27}$$

把上式中與積分無關的變數提到外頭之後可以進一步地得到

$$g(x,y) = h_0 t_0 \exp\left[-j\pi \frac{x^2+y^2}{\lambda f}\right]\int\!\!\!\int_{-\infty}^{\infty} f_{l,in}(x',y')\exp\left[j2\pi \frac{xx'+yy'}{\lambda f}\right]dx'dy'$$

$$= h_0 t_0 \exp\left[-j\pi \frac{x^2+y^2}{\lambda f}\right] F_{l,in}\left[\nu_x=\frac{x}{\lambda f},\nu_y=\frac{y}{\lambda f}\right] \tag{11.1-28}$$

這個結果基本上是將式 (11.1-20) 中的 d 換成 f，式 (11.1-28) 描述物平面上的光場與焦平面上的光場具有一個傅利葉轉換的關係。這個結果並不令人訝異，因為平面波會成像在一個透鏡的焦平面上，一個正透鏡只是將式 (11.1-20) 位於無限遠 (不要忘了 $d \to \infty$ 的遠場假設) 的傅利葉平面，拿到它的焦平面來。在求取光強度 (複數場的絕對值平方) 時，式 (11.1-28) 前方所有的相位項會一起被去除掉。

有了 $g(x,y)$ 和 $f_{l,in}(x,y)$ 之間的關係後，我們可以進一步地求解 $g(x,y)$ 和 $f(x,y)$ 之間的關係。根據式 (11.1-9) 的關係，下式成立：

$$F_{l,in}\left[v_x, v_y\right] = H\left[v_x, v_y\right] F\left[v_x, v_y\right] \tag{11.1-29}$$

根據式 (11.1-13)，$H\left[v_x, v_y\right] = e^{-jk_0 d} \exp[j\pi\lambda d(v_x^2 + v_y^2)]$ 是真空傳播的系統頻率響應。將式 (11.1-29) 直接帶入式 (11.1-28) 中可以整理得到

$$g(x,y) = h_2 \exp\left[j\pi \frac{(x^2+y^2)(d-f)}{\lambda f^2}\right] F\left(v_x = \frac{x}{\lambda f}, v_y = \frac{y}{\lambda f}\right) \tag{11.1-30}$$

其中 $h_2 = h_0 t_0 e^{-jk_0 d}$。當 $d = f$ 時，式 (11.1-30) 前方的相位項可以被很巧妙地移除掉，留下一個簡潔的傅利葉轉換關係：

$$g(x,y) = h_2 F\left(v_x = \frac{x}{\lambda f}, v_y = \frac{y}{\lambda f}\right) \tag{11.1-31}$$

因此，透鏡後的焦平面又稱為**傅利葉平面** (Fourier Plane)，在這個平面上的光強度可從式 (11.1-31) 算得

$$I(x,y) \sim \frac{1}{(\lambda f)^2} \left| F\left(\frac{x}{\lambda f}, \frac{y}{\lambda f}\right) \right|^2 \tag{11.1-32}$$

這個結果讓頻域的影像處理變得可能。因為，圖 1.1-4 中的透鏡將物平面影像的空間頻率 v_x、v_y 投射到傅利葉平面 (焦平面) $x = \lambda f v_x$、$y = \lambda f v_y$ 的位置上。吾人可以將一張**濾光片** (或稱**光罩**，photomask) 放置在原始影像的傅利葉平面上，該濾片的振幅穿透率可以隨心所欲地設計成一個特定的分佈函數

$p\left(x=\lambda f\nu_x, y=\lambda f\nu_y\right)$，這樣一來就可以將原始影像中不要的空間頻率濾掉、讓特定的空間頻率通過。譬如，設定光罩函數為一個方孔

$$p\left(x=\lambda f\nu_x, y=\lambda f\nu_y\right) = \begin{cases} 1, & |x| \leq x_0 \ \& \ |y| \leq y_0 \\ 0, & \text{otherwise} \end{cases} \quad (11.1\text{-}33)$$

這個方孔濾光片基本上就是一個低通濾光片，因為，空間頻率高於 $\nu_x > x_0/\lambda f$，$\nu_y > y_0/\lambda f$ 的影像都會被這個濾光片擋掉。吾人可以再用一個圖 1.1.4 中一樣的系統，將傅利葉平面上濾波之後的光場再做一次傅利葉轉換，來取得最後的影像。只是，兩次傅利葉轉換的結果，如式 (11.1-5) 所示，會將原來影像上下左右翻轉過來，這對許多應用來說並不重要。這樣將兩個單一透鏡組串接、取兩次傅利葉轉換的系統，我們稱為 4-f 成像系統。這個部分會在實驗原理中做進一步地陳述。

II. 實　驗

一、實驗名稱：傅利葉光學成像實驗

二、實驗目的

1. 探討物體的空間頻率及如何利用它來控制成像的形狀和品質。
2. 利用傅利葉光學理論進行空間濾波的光學影像處理。

三、實驗原理

　　傅利葉影像處理是將一個影像的空間頻率透過光學系統在一個像平面上顯現出來，這個像平面叫做**傅利葉平面** (Fourier Plane)。因為一個影像的空間頻率決定一個影像呈現出來的明暗特質，人們可以在傅利葉平面上做各式各樣的空間濾波來進行影像處理。若要將一個影像做傅利葉轉換以取得該物像的空間頻率，如式 (11.1-31) 的計算結果，通常可以用一個正透鏡如下安排來完成：

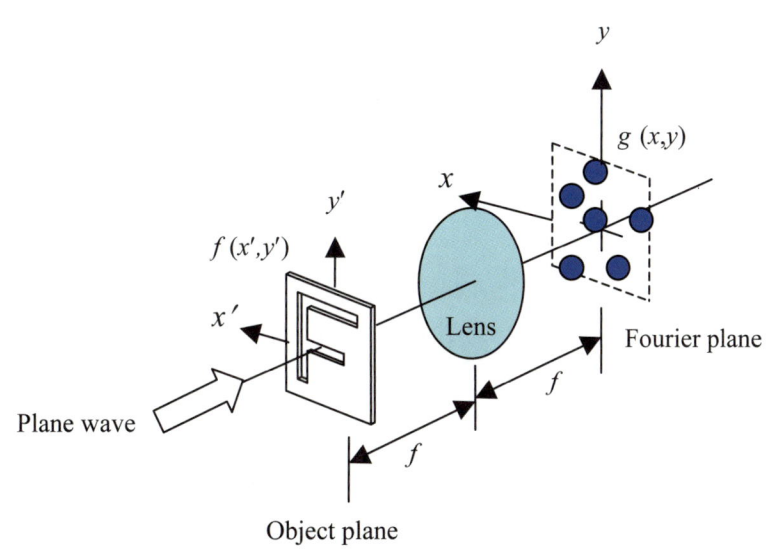

圖 11.2-1　將一個影像做傅利葉轉換的光學架設圖，物片 (object film) 置於透鏡的前焦平面，傅利葉平面就是透鏡的後焦平面。

參考上圖，一投影片 "F" 置於一正透鏡的**前焦平面** (front focal plane)，假設光線朝向 +z 方向傳播，投影片光場 (圖中投影片 "F" 後的光場) 可以表示成一個函數 $f(x', y')$，這個光場經過這個透鏡之後在**後焦平面** (back focal plane) 上會形成一個影像光場，用 $g(x, y)$ 表示。根據傅利葉光學理論，這個影像光

場 $g(x,y)$ 的座標 (x,y) 與物像光場的空間頻率 (ν_x, ν_y) 有一對一的關係，即 $g(x,y)$ 其實是 $f(x',y')$ 的傅利葉轉換：

$$g(x,y) = \mathscr{F}[f(x',y')]\Big|_{\nu_x=\frac{x}{\lambda f}, \nu_y=\frac{y}{\lambda f}} = F(\nu_x,\nu_y)\Big|_{\nu_x=\frac{x}{\lambda f}, \nu_y=\frac{y}{\lambda f}} \qquad (11.2\text{-}1)$$

其中，λ 是入射光的波長，f 是正透鏡的焦距。因此，投影片光場的空間頻率就完全顯現在傅利葉平面上。

1. 4-f 影像處理系統簡介

如下圖所示為一 4-f 影像處理系統，是一組放大率為 1 的聚焦成像系統，可由簡單的**光跡追蹤** (ray tracing) 法加以證明。我們可以將之視為兩組傅利葉轉換光學子系統，第一組子系統 (介於物平面和傅利葉平面之間) 進行一次傅利葉轉換，第二組子系統 (介於傅利葉平面和像平面間) 則進行反傅利葉轉換 (注意，根據式 (11.1-5)，像平面的 z 軸轉了 180 度)，光波傳遞進入此系統的分析，便可以由此兩組子系統加以分析，在傅利葉平面的**光罩** (photomask) 可用來濾取影像需要的空間頻率，若這個光罩被移除時，像平面上則呈現原物體的倒像。

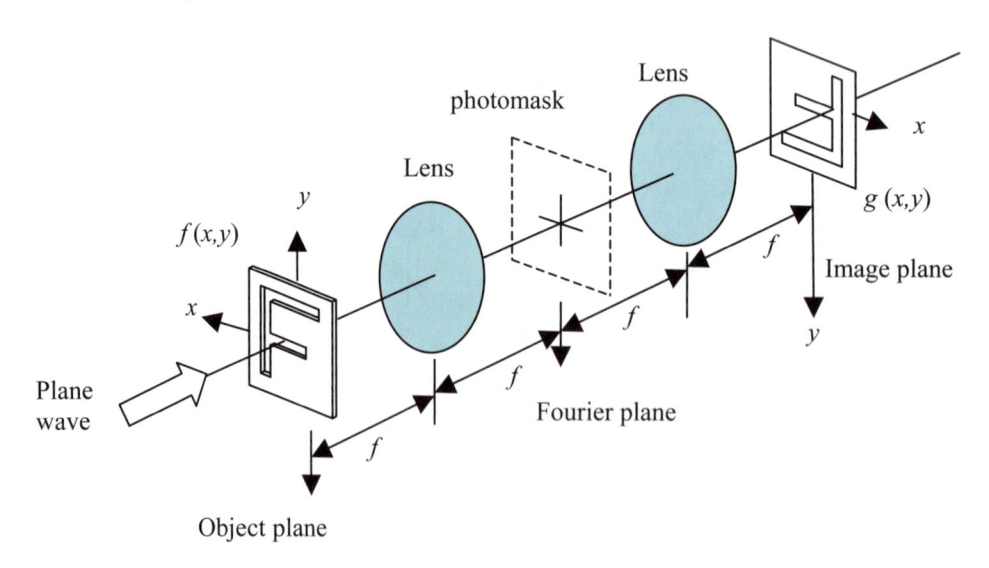

圖 11.2-2　4-f 影像處理系統的示意圖。傅利葉平面上的光罩可以濾取影像需要的空間頻率，第二個透鏡做第二次傅利葉轉換，以還原物像，但是 z 軸已經旋轉 180 度。

一個傳播於 +z 方向的平面波 exp (–jkz) 照射在放置於物平面的幻燈片上，產生一個**振幅穿透函數** (amplitude transmittance) $f(x,y)$，假設 $g(x,y)$ 是像平面上產生的**複數振幅** (complex amplitude)，當 $f(x,y)$ 經過第一透鏡子系統的時候，其**空間頻率** (spatial frequency) 會被繞射分散於傅利葉平面上面，在傅利葉平面上的每一點的光場強度都是來自 $f(x,y)$ 影像上的某一個特定的空間頻率，這些成分會被第二透鏡子系統重新組合在一起。因此，這個 4-f 系統可以被用作為空間濾波 (spatial filtering) 的影像處理系統，使得 $g(x,y)$ 是 $f(x,y)$ 經過空間濾波處理後的結果，這些濾波處理的方法簡單來說，就是使用特定**光罩** (photomask)，擋掉在傅利葉平面上的特定空間頻率，只讓需要的**空間頻率成分** (frequency components) 穿透即可。

假設 $f(x, y)$ 的傅利葉成分，具有空間頻率 (v_x, v_y)，根據傅利葉成像理論，在傅利葉平面上的位置是該空間頻率的函數，可以表示成 $x=\lambda f v_x$ 以及 $y=\lambda f v_y$。$g(x,y)$ 和 $f(x,y)$ 的傅利葉轉換 $G(v_x, v_y)$ 和 $F(v_x, v_y)$ 可由 $G(v_x, v_y) = H(v_x, v_y) F(v_x, v_y)$ 相關聯。為了取得該影像處理系統的系統轉移函數 $H(v_x, v_y)$，在傅利葉平面上的光罩 $p(x,y)$ 必須正比於 $H(x/\lambda f, y/\lambda f)$，所以由具有穿透係數 $p(x,y)$ 的光罩實現的濾片，應有下列形式之轉移函數

$$H(v_x, v_y) = p(\lambda f v_x, \lambda f v_y) \tag{11.2-2}$$

系統的脈衝響應函數 $h(x,y)$ 則為 $H(v_x, v_y)$ 的反傅利葉轉換，如下所示：

$$h(x,y) = (1/\lambda f)^2 P(x/\lambda f, y/\lambda f) \tag{11.2-3}$$

其中 $P(v_x, v_y)$ 是 $p(x,y)$ 的傅利葉轉換，f 是透鏡的交距。

2. 空間濾波實例

(1) 低通濾波片：理想的圓對稱低通濾波片的轉移函數為 $H(v_x, v_y) = 1$，其中 $v_x^2 + v_y^2 < v_s^2$，且 $H(v_x, v_y) = 0$，若 $v_x^2 + v_y^2 \geq v_s^2$。它可以讓空間頻率低於 v_s 的成分通過，這個光罩可以是一個透光的圓孔，圓孔直徑為 D，其中 $D/2 = \lambda f v_s$ (根據式 (11.2-2))。例如：$D = 2$ cm、$\lambda = 1$ μm、$f = 100$ cm，這個圓孔濾波片的 cutoff 頻率 $v_s = D/(2\lambda f) = 10$ lines/mm，所以大於 10 lines/mm 的空間頻率將無法通過此一濾波片，所以在物像上小於 0.1 mm 週期的空間線條將被濾去。

(2) 高通濾波片：高通濾波片為低通濾波片的相反，可以擋掉低頻、但是通過高頻的影像成分，光罩的形式為一透明片中間有圓形不透明區域，cutoff 頻率同樣是 $v_s = D/(2\lambda f)$，其中 D 是實心圓的直徑，這種光罩多半在影像處理中將影像的輪廓給予增強效果，因為影像的輪廓是屬於影像中的高頻成分。

(3) 垂直通濾波片：垂直通濾波器擋掉水平方向部分的空間頻率，但是讓垂直 (y) 方向的空間頻率全部通過，因此它是一個垂直的狹縫，若光罩的狹縫寬度為 D，則根據式 (11.2-2) 最高穿透的水平方向空間頻率為 $v_y = D/(2\lambda f)$。

四、實驗內容

A. 實驗架設

No.	器材名稱 (中文)	器材名稱 (英文)	建議規格	數量
1	雷射	Laser	Eg. CW frequency-doubled Nd:YVO$_4$ laser at 532nm	1
2	雷射夾具	Laser mount	Tilt adjustable laser mount	1
3	幻燈片固定架	Screen mount	Eg. A plate holder	2
4	3″ 支撐棒	Post for laser, 1″ lens, and film clipper	3″ length	6
5	2″ 支撐棒	Post for 2″ lens	2″ length	2
6	2″ 支撐座	Post holder	2″ height	1
7	3″ 支撐座	Post holder	2″ height	6
8	垂直可調棒座	Vertical adjustable post holder	Typical	1
9	平移台	Translation stage	Typical	1
10	平移台專用底板	Translation-stage base plate	Typical	1
11	白壓克力屏幕	White Acrylic Screen	Typical	1
12	幻燈片	Negative film	26 pieces	1
13	1-m 光學軌道	Optical rail	1-m length	1
14	1″ 滑座	1″ Rail carrier	Typical	7
15	2″ 滑座	2″ Rail carrier	Typical	1

A. 實驗架設（續）

No.	器材名稱 (中文)	器材名稱 (英文)	建議規格	數量
16	φ=1″ 鏡座	Lens mount	Typical lens mount for φ=1″ optics	1
17	φ=2″ 鏡座	Lens mount	Typical lens mount for φ=2″ optics	2
18	φ=2″ 鏡座（可調）	Lens mount（Four-axis adjusters）	Kinematic lens mount for φ=2″ optics	1
19	φ=1″ 平凹負透鏡，f = −25mm	Plano-concave negative lens	Plano-concave lens with 1″ diameter, f = −25mm	1
20	φ=2″ 雙凸正透鏡，f = 250mm	Double-convex positive lens	Double-convex lens with 2″ diameter, f =250mm	1
21	φ=2″ 雙凸正透鏡，f = 100mm	Double convex positive lens	Double-convex lens with 2″ diameter, f=100mm	2
22	φ=2″ 雙凸正透鏡，f = 200mm	Double convex positive lens	Double-convex lens with 2″ diameter, f=100mm	1
23	φ=1″鏡座	Lens mount	Typical lens mount for φ=1″ optics	1

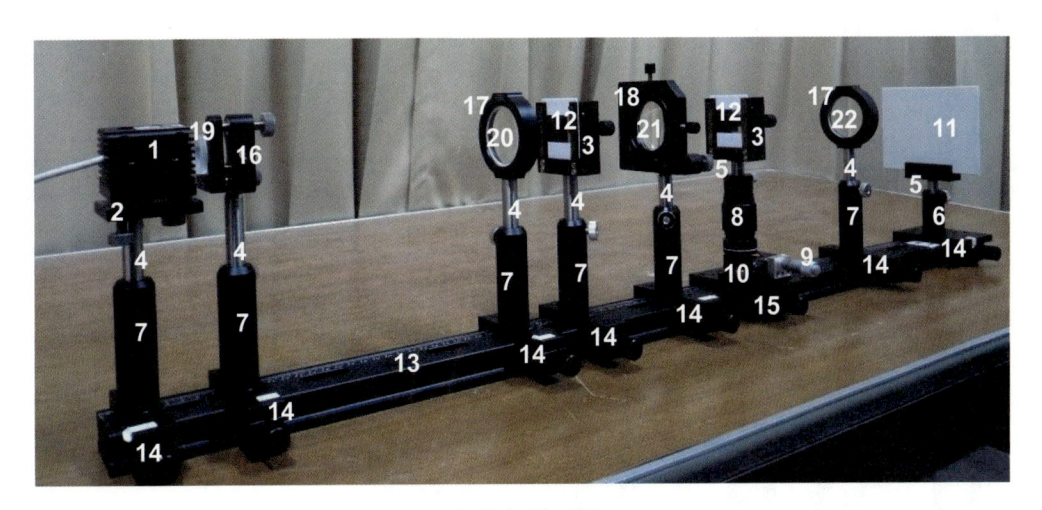

(實驗架設照片)

B. 實驗步驟

1. 將雷射組件架在光學滑軌上,調整雷射夾具與雷射的位置,確保雷射光束平行於光學滑軌。(使用 3 吋支撐棒)

2. 使用焦距為 –25 mm 的一吋凹透鏡及焦距為 250 mm 的 3 吋凸透鏡組裝一套如圖 5.2-6 的雷射擴束系統,架設於光學滑軌上、雷射組件的後方,請確定雷射光束經過此擴束系統之後,仍然保持平行於光學滑軌,並觀察記錄雷射光的擴束情形。(1 吋鏡使用 3 吋支撐棒,2 吋鏡使用 2 吋支撐棒,透鏡與透鏡之間的距離為 225 mm)

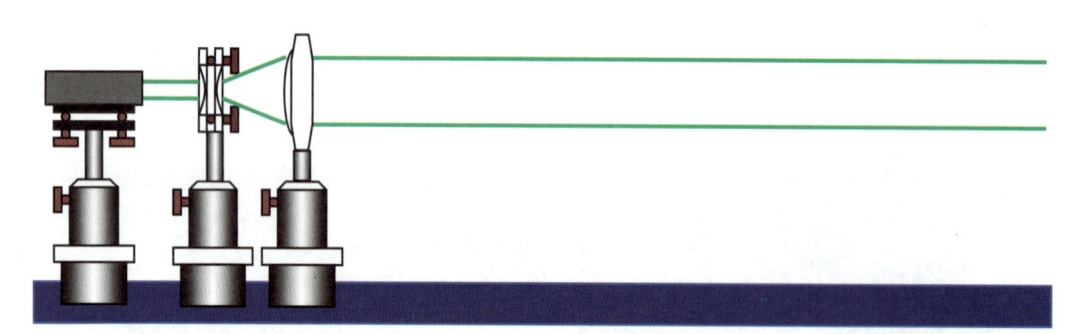

3. 在光學滑軌之適當位置放入底片夾具組件。(使用 3 吋支撐棒)

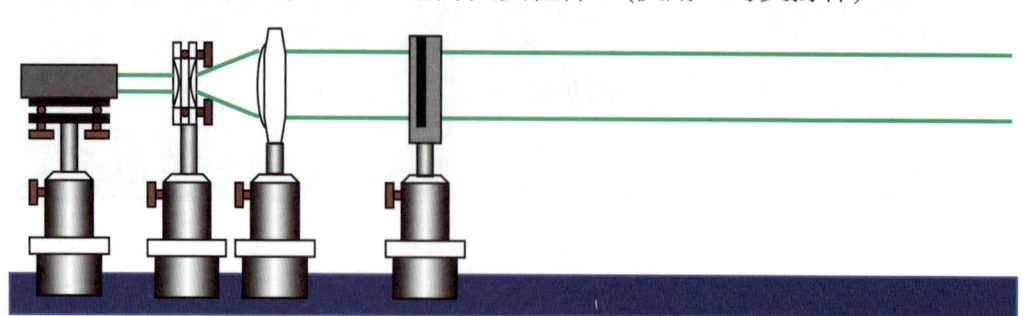

4. 在底片夾具組件後方每相隔 100 mm 處，依序放置：2 吋凸透鏡組件 (焦距 100 mm)、底片夾具組件、2 吋凸透鏡組件 (焦距 100 mm)、屏幕固定架組件。注意：相隔的 100 mm 指的是幻燈片 (屏幕) 與透鏡的實際距離，務必使雷射光束垂直入射於所有透鏡的鏡心。(除屏幕固定架組件與垂直可調圓棒座使用 2 吋支撐棒外，其餘均使用 3 吋支撐棒。)

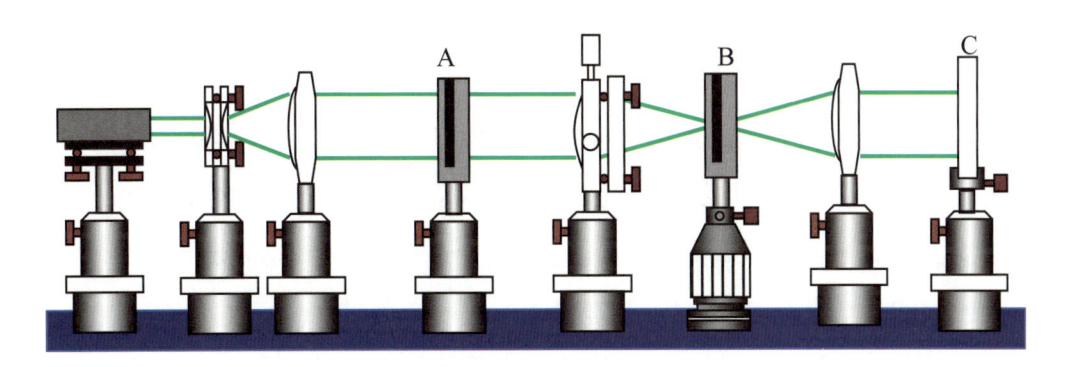

5. 將幻燈片 18 置放在上圖 A 處之底片夾具組件上，此時擴束後的雷射光束應使其覆蓋幻燈片上大部分的圖樣範圍。在 B 處底片夾具組件上放置一張紙，描述並記錄你在 B 處紙張上所看到的圖形。若雷射光太強，可使用深色或黑色之紙張作為觀察的對象 (也可使用所附之幻燈片黑色部分)。

6. 將步驟 5 的幻燈片換成幻燈片 19~24，重複步驟 5，一一記錄你所看到的現象。

7. 將 A 處之幻燈片換成幻燈片 21 (格子狀)，取下 B 處之紙張，在 C 處之屏幕上觀察成像情形。

8. 依序將幻燈片 13、14、15、16、17 置於 B 處，觀察 C 處之成像，並比較此時之成像與步驟 7 的所得成像情形有何差別。(請小心調整幻燈片之位置，使雷射光通過狹縫的正中央，若覺得困難，可微調第一透鏡的位置，使雷射光通過狹縫。此時的狹縫應使其為垂直方向。)

9. 將步驟 8 中置於 B 處之幻燈片以 z 軸為軸心旋轉 90 度 (狹縫倒成水平方向)，重複步驟 8。

10. 將幻燈片 25 (AB 字母圖) 置於 A 處，B 處不放置任何幻燈片，觀察幻燈片 25 在 C 處之成像。

11. 依序將幻燈片 13、14、15、16、17 置於 B 處，觀察 C 處之成像，並比較此時之成像與步驟 10 所得之成像情形有何差別。(請小心調整幻燈片之位置，使雷射光通過狹縫的正中央，若覺得困難，可微調第一透鏡的位置，或以垂直可調棒座及平移台微調幻燈片位置，使雷射光通過狹縫。此時的狹縫應使其為垂直方向。)

12. 將步驟 11 中置於 B 處之幻燈片旋轉 90 度 (狹縫為水平方向)，重複步驟 11。

13. 將幻燈片 1 (或 2) 置於 A 處，B 處不放置任何幻燈片，觀察該幻燈片在 C 處之成像。(幻燈片 1 之人物為傅利葉、2 之人物為愛因斯坦)

14. 低通濾波器：依序將幻燈片 3、4、5、6、7 置於 B 處，觀察 C 處之成像，若覺得成像太小不易觀察，可用 200 mm 的透鏡取代 B、C 間的 100 mm 透鏡，並將 B 至此透鏡及 C 至此透鏡之距離調整為 200 mm，如此可將成像放大 2 倍。比較此時之成像與步驟 13 所得之成像情形有何差別。(請小心調整幻燈片之位置，使雷射光通過圓孔的正中央，若覺得困難，可微調第一透鏡的位置，或以垂直可調棒座及平移台微調幻燈片位置。)

15. 高通濾波器：依序將幻燈片 8、9、10、11、12 置於 B 處，觀察 C 處之成像，若覺得成像太小不易觀察，可用 200 mm 的透鏡取代 B、C 間的 100 mm 透鏡，並將 B 至此透鏡及 C 至此透鏡之距離調整為 200 mm，如此可將成像放大 2 倍，並比較此時之成像與步驟 13 所得之成像情形有何差別。(請小心調整幻燈片之位置，使雷射光通過圓點的正中央，若覺得困難，可微調第一透鏡的位置，或以垂直可調棒座及平移台微調幻燈片位置。)

六、參考資料

1. B. E. A. Saleh and M. C. Teich, *Fundamentals of Photonics* 2rd Ed., pp. 102-149, John Wiley & Sons, 2007.

2. Joseph W. Goodman, *Introduction to Fourier Optics*, McGraw-Hill, 1968.

III. 習　題

1. 證明一個時域上無限短的脈衝訊號 $\delta(t)$ 包含所有的頻率成分。

2. 證明時域上的 convolution integral，在傅利葉空間的頻域上是一個相乘的關係。

3. 如果已知一個最大空間頻率為 $\nu_0 = 10/\text{mm}$ 的投影片並使用波長為 $\lambda = 500$ nm 的雷射照射其上，若想在 4-f 系統的 Fourier 平面上，看見對應此一空間頻率的光斑出現在 $d = 1$ mm 的橫向 (transverse) 位置上，試問應該使用焦距為多少的透鏡？

4. 如下圖：一個由兩個正透鏡組成的成像系統，第一面鏡子的焦距為 f_0 第二面鏡子的焦距為 $2f_0$。

   (a) 假設有一穿透率為函數 $f(x, y)$ 的投影片置於輸入平面，求此一成像系統位於輸出平面的像函數 $g(x, y)$。答案中可忽略算式前面的常數因子。

   (b) 根據 (a) 的結果，如果一個週期長度為每單位釐米 40 條的穿透式光柵被安置在輸入平面上，請問輸出平面上出現條紋的空間頻率為何？

   (c) 假設 $f_0 = 100$ cm、且一波長為 0.5 微米的雷射光於照射在一個位於輸入平面上的投影片上，這張投影片上原來具有各式空間頻率，某人在 Fourier 平面上安置了一片空間濾波器之後，你發現到在輸出平面上觀察不到 $|\nu_x| \geq 20$ /mm 的空間頻率。請找出放置在 Fourier 平面上的空間濾片的詳細規格。

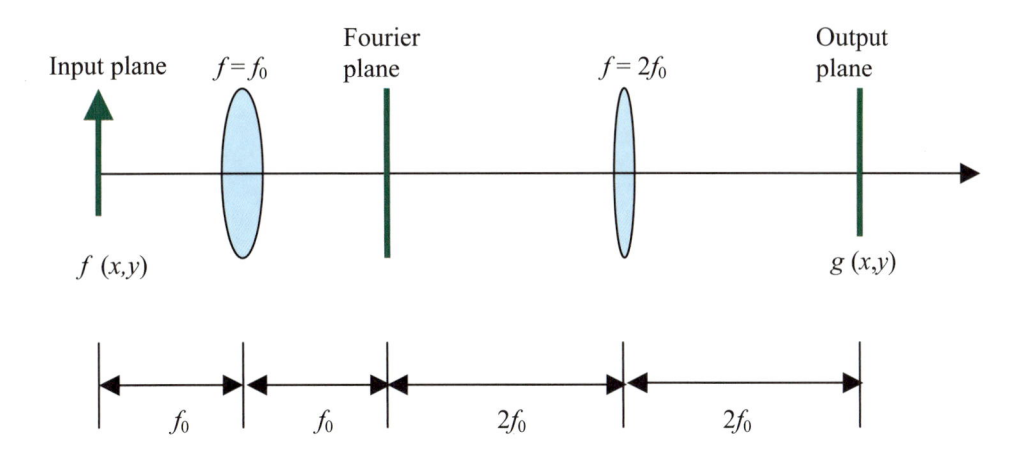

5. 想像你經營一家照片投影商店，使用的投射光波長為 500 奈米的綠光。有一天，有一位很青春的顧客照了一張他自己臉圖的照片給你，並要求你將他的臉投射在屏幕上。他非常希望他臉上許多的青春痘不要被投射出來。你開始檢視這張圖並觀看顧客的臉，發現到這些小的青春痘成簇地出現在照片上，其密度的分布的變化大約在每釐米平方有 2500 到 10000 個青春痘的範圍。
   (a) 嘗試估計這張照片上青春痘的空間頻率的範圍。
   (b) 使用焦距為 50 公分的正透鏡設計一個能夠在投射照片時消去顧客臉上青春痘的 1：1 照片投射系統。

6. 試討論如下的架設是否也能實現如本章實驗 4f 系統的影像處理功能。P_1 至 P_3 分別為物投影片、濾片、屏幕。兩個正透鏡的焦距均為 f。

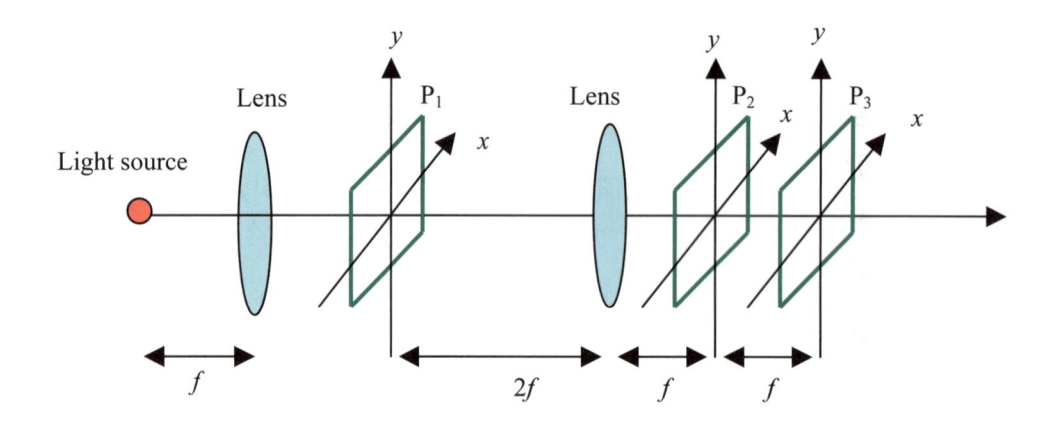

第十二章 光纖波導原理

Concept of Optical-fiber Waveguide

I. 基本概念

一個電磁**波導** (waveguide) 的功能是將電磁波的能量侷限在一條類似導管的結構中，然後沿著導管從一個輸入端傳到另一個輸出端。當電磁波碰到一個物質的邊界時，電場及磁場必須滿足特定的邊界條件，同時波能量的傳導也必須在傳導的方向上形成建設性干涉。這個條件導致一個普遍的結論：垂直於兩個對稱邊界的波前會形成一個**駐波** (standing wave)。例如，圖 12.1-1 中有一個**平板波導** (parallel-plate waveguide)，由對稱的兩片金屬平板組成，兩片平板之間的距離為 d，電磁波 (以綠線表示) 在兩片平板之間朝 z 的方向彈射前進。由以上的結論知道，該電磁波在 y 的方向上的波前會形成一個駐波，或者由電磁場在金屬邊界上的特性也可以得到

$$d = m\frac{\lambda_y}{2}, m = 1, 2, 3, \ldots \tag{12.1-1}$$

其中，λ_y 是波導中電磁波在 y 方向上的波長，m 這個正整數代表電磁波在波導中傳播的**模數** (mode index)。譬如，第一階**傳輸模** (propagation mode) $m = 1$，代表電磁波的**波導模態** (waveguide mode) 在波導的橫截方向上有一個駐波

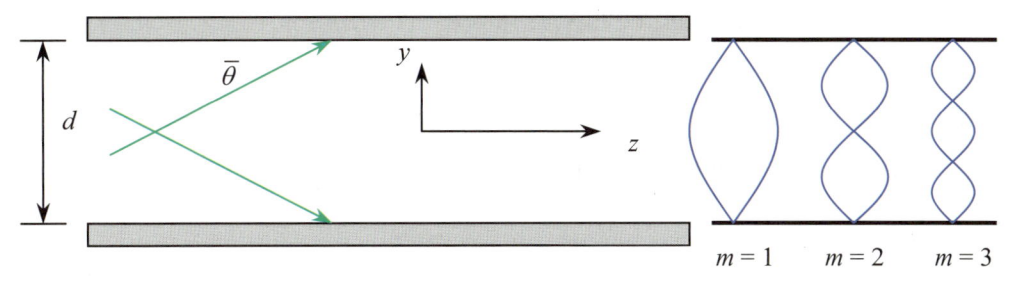

圖 12.1-1 電磁波在金屬平板波導中以一傳輸角 $\bar{\theta}$ 向 z 方向彈射前進，當 $\bar{\theta}$ 逐漸增大時，高階模態也隨之產生。階數 m 代表 y 方向上的駐波波包數。

波包；同理可推，第 m 個波導傳輸模在波導的橫截方向上就有 m 個駐波波包，如圖 12.1-1 右方藍線所繪的情形。當 m 很大時，駐波波包數跟駐波的節點數大致相同 (只差 1)。

從**波向量** (wave vector) 的觀點上來看，y 方向上的**波數** (wave number) 可以寫成

$$k_y = \frac{2\pi}{\lambda_y} = k \sin \bar{\theta} \qquad (12.1\text{-}2)$$

其中，$\bar{\theta}$ 是波前方向 (波向量 k 的方向) 與波導軸向 z 的夾角。因此，駐波的條件式 (12.1-1)，其實就是電磁波在橫向上的波前來回一趟 ($2d$ 的距離) 產生 $2m\pi$ 的相位差，即

$$2dk_y = 2m\pi，m = 1, 2, 3, \ldots \qquad (12.1\text{-}3)$$

這也是電磁波在兩片平板間往前彈射時形成建設性干涉的條件。由式 (12.1-2) 及 (12.1-3) 可以知道，高階模態在波導中的傳播角 $\bar{\theta}$ 會比低階模態來得大，因為當傳播角 $\bar{\theta}$ 變大時，在 y 方向上的波長會變短，橫向的駐波波包數也隨之增加。

光纖 (optical fiber) 是波導的一種，但是材質是一種**介電** (dielectric) 物質，而非金屬；因此，光波在其間傳播並非依賴金屬表面的電磁反射，而是靠物質中的內部全反射。即便如此，光纖內產生波導模態的基本原理及概念仍然與金屬波導相似。

光纖已經被廣泛地應用在通訊產業中，光訊號在光纖中做長距離傳輸的基本原理，如前所述，就是利用光在光纖裡進行全反射，致使光的訊號從光纖的一端傳到遠距離的另一端。圖 12.1-2 是一個簡單的實驗示範：將一綠光雷射導入一條塑膠光纖中，可以看到絕大部分的雷射能量從另一端射出來，除了光纖兩端外，光纖看起來並未呈現綠色，因為內部全反射使絕大部分的綠光雷射都被侷限在光纖內部，無法跑到光纖表面上來。

光纖傳播光訊號的原理可以由以下來解釋。當光從一折射率為 n_1 的光密介質進入折射率為 n_2 的光疏介質時 ($n_1 > n_2$)，由司乃爾折射定律知道存在一全反射角，其大小為

$$\theta_c = \sin^{-1} \frac{n_2}{n_1} \qquad (12.1\text{-}4)$$

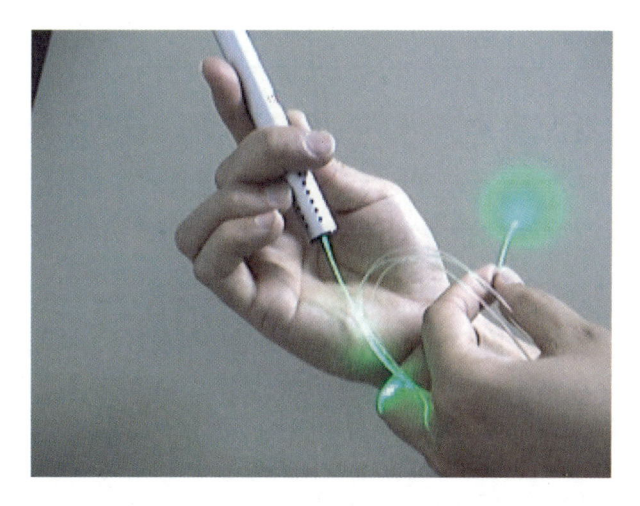

圖 12.1-2　光從光纖的一端輸入，經由內部全反射，從另一端射出。

當入射角大於全反射角時，絕大部分入射光的能量會反射回光密介質中。

光纖橫截面的結構如圖 12.1-3 所示，大多數的玻璃光纖包含基本的兩層結構：中間結構稱為 core，外層結構稱為 cladding layer，其中 core 的折射率比 cladding layer 要高一點；在這兩層光纖結構的外頭經常還會有一層有顏色的塑膠保護層，但是這塑膠保護層與光纖的光學特性無關。光纖是一種**光學波導** (optical waveguide)，也有所謂的傳輸模態，若光在光纖波導中以**單一橫模**[1] (single transverse mode) 傳播，該光纖稱為**單模光纖** (single-mode fiber)。一般通訊的波長在 1.3~1.6 微米 (μm) 之間，單模光纖的 core 直徑約為 8~9 微米，cladding layer 直徑約為 125 微米。為了能夠讓光經由全反射做長距離的傳輸，光在光纖中的入射角必須大於全反射角，因此，入射角 θ_1 的最小值 $\theta_{\min}$ 就是全反射角 θ_c，即

$$\theta_1 > \theta_{\min} = \sin^{-1} \frac{n_2}{n_1} \tag{12.1-5}$$

其中 $n_{1,2}$ 分別為 core 和 cladding layer 的折射率。但是，若光是從空氣中入射，如圖 12.1-3 的左圖，由 Snell's Law 可得 $\sin \theta_0 = n_1 \cos \theta_1$。因此，為了讓光在光纖中順利地進行全反射，光從空氣中射入光纖時，存在一最大入射角

$$\theta_{0,\max} = \sin^{-1} \sqrt{n_1^2 - n_2^2} \tag{12.1-6}$$

---

[1] 當觀察時，一個橫模模態在光纖的橫截面上會產生一特定的光強度分佈圖形。

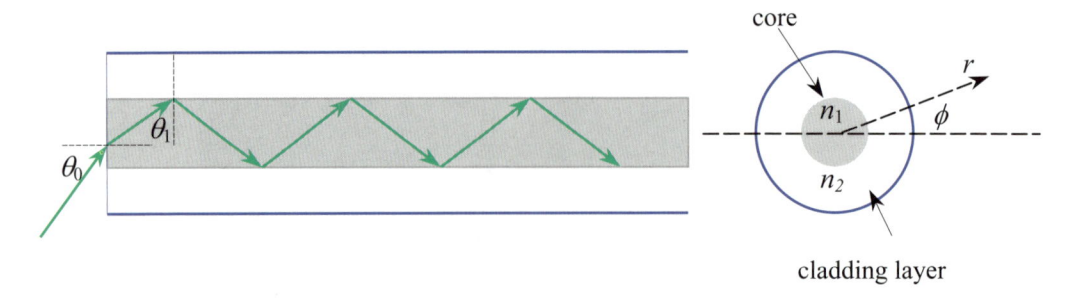

圖 12.1-3　一般光纖的中間結構稱為 core，外層結構稱為 cladding layer，其中 core 的折射率比 cladding layer 折射率要高一點。市面上常看到的光纖還有一層塑膠保護膜 (未畫在本圖中)。

吾人可進一步地將式 (12.1-6) 改寫成

$$\sin\theta_{0,\max} = \sqrt{n_1^2 - n_2^2} = NA \qquad (12.1\text{-}7)$$

式 (12.1-7) 的值通稱為**數值孔徑** (numerical aperture or NA)。只要是入射光的入射角度分佈在數值孔徑之內，入射光就可以在光纖中順利地以全反射的方式傳播。通常在光纖的應用中，$n_1 \approx n_2 = n_0$，所以 $(n_1 - n_2)/n_1 = \Delta$ 是個很小的數，式 (12.1-7) 就可以簡化成：

$$NA \approx n_0\sqrt{2\Delta} \qquad (12.1\text{-}8)$$

光纖是一種光學波導，因為波導邊界條件的關係，不同波長的光在光纖裡頭傳播時會產生一組組不同的傳輸**模態** (modes)。這些在波導中的傳輸模態，在橫向空間上看起來會有不同的強度分佈。因為，光纖是成圓柱對稱的，波導模態的橫向光強度分佈可由其強度在**旋轉角** (azimuthal angle) ϕ 及徑向 r 上的變化來分類 (見圖 12.1-3 中對 ϕ 及 r 的定義)。例如，對於線性偏振的模態來說，LP_{lm} (LP 是 Linearly polarized 的縮寫) 模代表該模態在 ϕ 的方向上有 l 個節點，在 r 的方向上有 m 個節點，在節點的位置上光強度最弱，看起來像是個暗點。圖 12.1-4 中畫出 $LP_{01}, LP_{02}, LP_{11}, LP_{21}$ 光纖模態所對應的光強度分佈。值得注意的是，對於 m 來講，光強度在光纖的邊界上是暗的，算一個節點，因此 $m > 0$，但是 $l \geq 0$。其實，光纖波導模態中的節點和一般微波波導中在橫向上形成駐波節點的情形是類似的；只是，在光纖中，因為圓柱對稱的關係，光纖的橫截面上會產生圓形對稱的強度分佈圖形。

第十二章　光纖波導原理　**253**

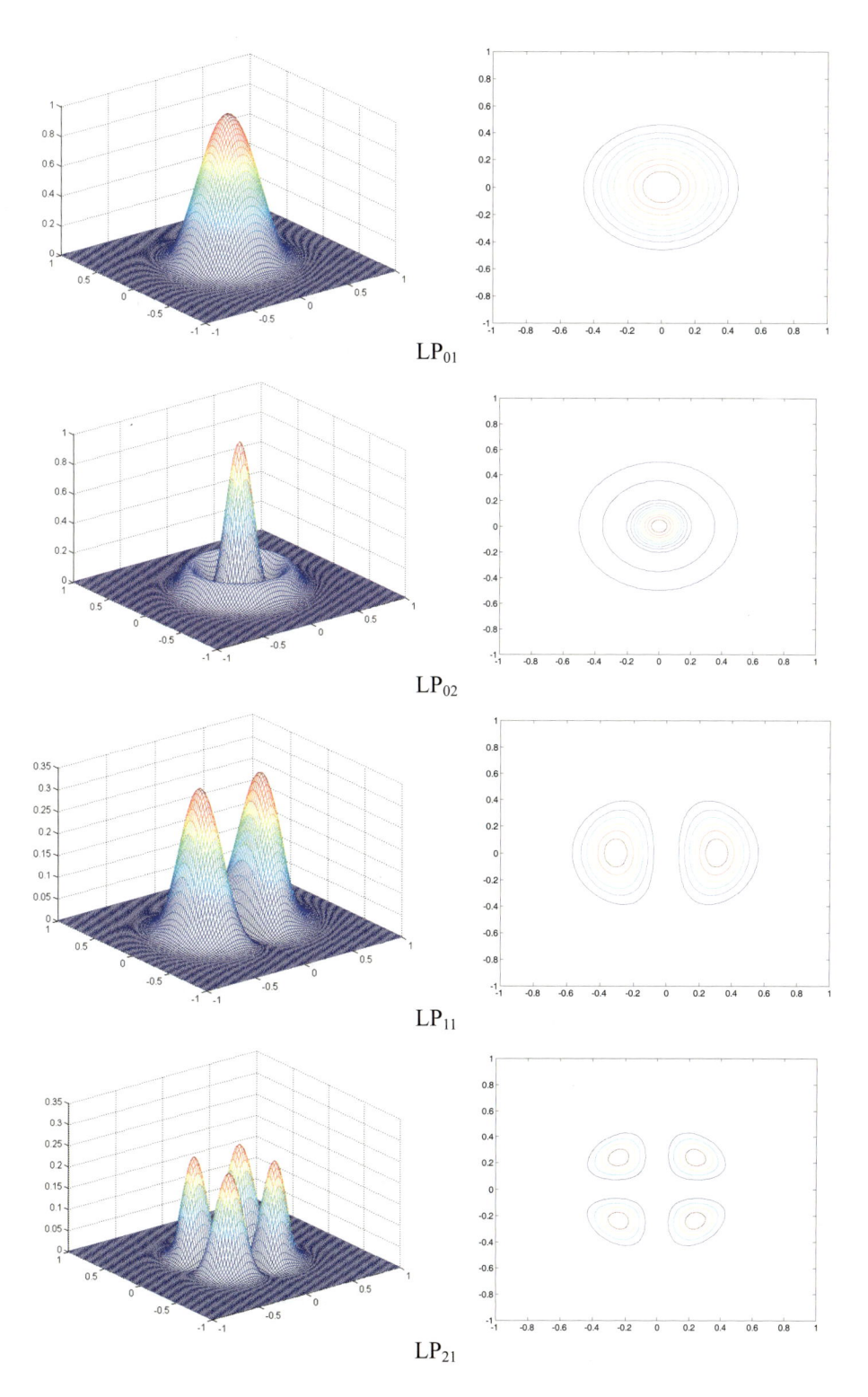

LP$_{01}$

LP$_{02}$

LP$_{11}$

LP$_{21}$

圖 12.1-4　LP$_{01}$, LP$_{02}$, LP$_{11}$, LP$_{21}$ 光纖模態所對應的光強度分佈 (右側為等高線圖)。

即使在輸入光是單一波長的狀況下，仍有可能產生數個不同的光纖模態。由於 l, m 所代表的是在 ϕ 及 r 方向上駐波的**節點數** (node number)，就像是金屬平板波導一樣，不同的光纖波導模態可以想像成是由入射角不同的入射光在光纖中上下左右彈射所造成的干涉結果；換句話說，不同模態的光在光纖中的傳播角度 θ_1 是不一樣的 (θ_1 的定義見圖 12.1-3)。從之前駐波的觀念裡，可以進一步地瞭解到，高階模態的 θ_1 比較小 (注意 θ_1 的定義與先前 $\bar{\theta}$ 的定義剛好差 90 度，所以當 θ_1 比較小時，光在橫向上的波長就比較短，橫向駐波的節點數就會比較多)；由於彎曲行進的結果，高階模態較低階模態在同一光纖中走的距離較長，因此高階模態相較於低階模態在光纖中的傳播速度就會比較慢。在光纖通訊裡，同一波長的入射信號會因為傳播模態速度不同的關係，使得訊號脈衝變寬；如此一來，訊號脈衝重複率就無法變快，進而影響到通訊的頻寬。這種現象叫做**模態色散** (modal dispersion)。

一條能傳播數個波導模態的光纖稱為**多模光纖** (multimode fiber)，多模光纖因為有 modal dispersion 的關係，通常只適用於短距離的通訊傳輸，例如在小區域的城市範圍內。解決 modal dispersion 的簡單方法可以讓 core 外緣的折射率較軸心附近的折射率小一些，如此一來，走在光纖軸外緣的高階模態，就可以用較快的傳播速度來補償其較長的行走路徑，這種光纖叫做 graded-index fiber，圖 12.1-5 畫出這種光纖的折射率 n 沿半徑 r 方向逐漸變小的情形。

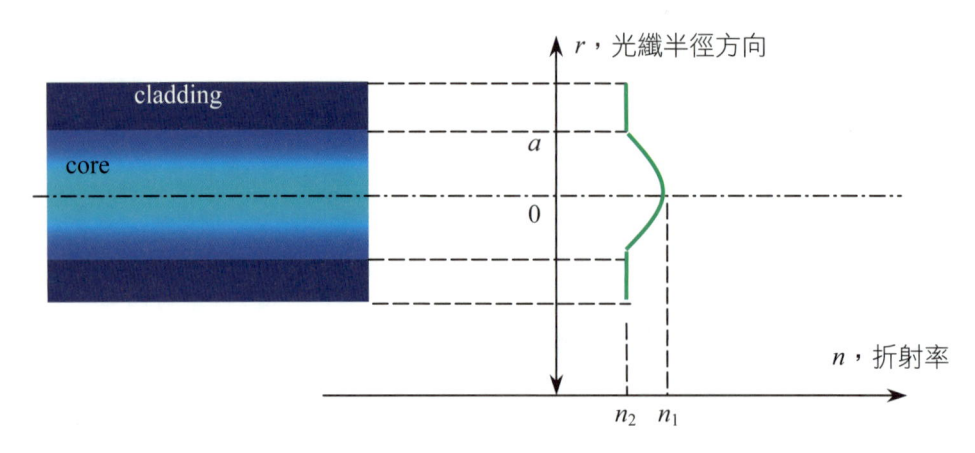

圖 12.1-5 Graded-index fiber 橫向折射率的變化圖：橫向折射率漸漸從軸心沿徑向變小。

另一種斧底抽薪的辦法，就是在光纖的折射率及尺寸上做些調整，做到只允許一個波導模態在光纖中傳輸，這種光纖叫做**單模光纖** (single-mode fiber)，適用於長距離的光訊號傳輸。從橫向駐波波包數就大約等於駐波節點數的觀念上來看，決定光纖中傳輸模態數目的參數，不外是光纖的折射率、光纖的直徑及光的波長。的確，有一個重要的參數，稱為**光纖 V 參數** (fiber V number)，它的值決定一條光纖中的傳輸模態數目，定義如下：

$$V = \frac{2\pi}{\lambda_0} \cdot a \cdot NA \tag{12.1-9}$$

其中，λ_0 是光在真空的波長，a 是光纖 core 的半徑。

若嚴格地從波動方程式中去解出光纖中的電場，解出來實數場具有以下形式

$$E(r,\phi,z) = E_l(r)\cos(\omega t - \beta z + \varphi)\sin(l\phi) \tag{12.1-10}$$

其中 z 是光纖的長軸方向，ω 是光波的角頻率，$\beta = (2\pi/\lambda_0) \times n_{eff}$ 是 z 方向的**傳輸常數** (propagation constant)，n_{eff} 是等效折射率，φ 只是光波的起始相位。若給定一組 mode number (l, m)，就對應到一個 β 的實數值，這個光場就會以此傳播常數 β 在光纖中傳播；反之，若 β 值解不出實數解，該波導模態 LP$_{lm}$ 就無法在光纖中傳播。圖 12.1-6 畫出幾個 LP 模的傳輸常數 $\overline{\beta}$ 隨著光纖 V 參數變化的情形，其中 $\overline{\beta}$ 定義為 $\overline{\beta} = (n_{eff} - n_2)/(n_1 - n_2)$。從圖 12.1-6 中可以很明顯地看出來，若 V number $<$ 2.405，則光纖中只有一個波導傳輸模態 LP$_{01}$。因此，若給定光的波長 λ_0，可藉由減小光纖直徑，降低光纖 core 跟 cladding 間折射率的差別 (Δ)，來達到單模傳輸的目的。

一般的通訊用光纖的材質是 fused silica，由圖 12.1-7 光纖吸收譜線的示意圖來看，光纖在 1.55 微米波長附近的吸收損耗最小；因此，長距離的光通訊波長經常是採用 1.55 微米附近的波長。在 1.31 微米及 1.55 微米間的吸收損耗主要因為光纖中水分子中的 OH 鍵所引起的，最新的光纖製造技術已經可大量減少光纖中的水氣，因此 1.31 微米波長附近的光損耗可以接近 1.55 微米波長附近的光損耗。值得一提的是，光在光纖中的損耗，物質

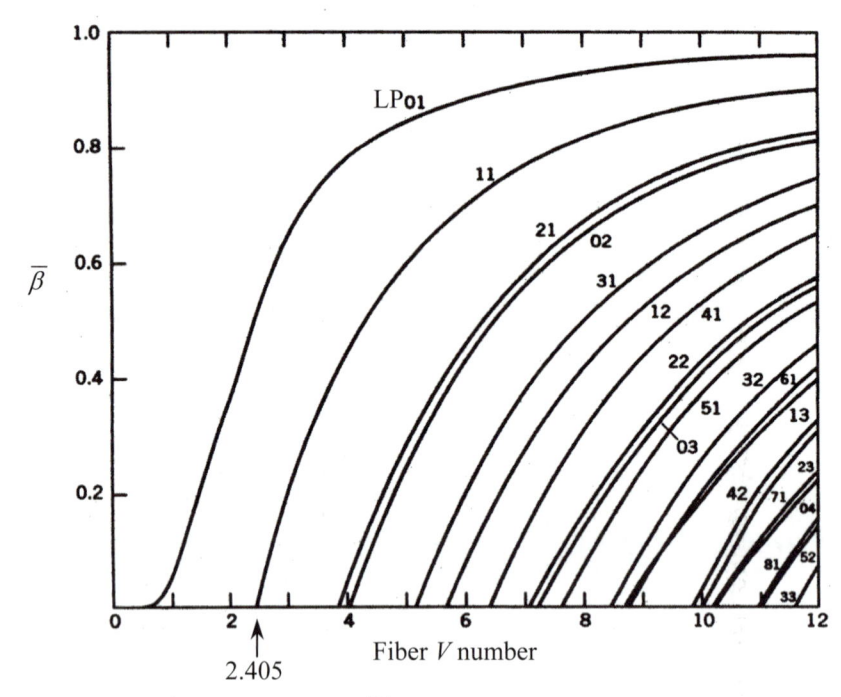

圖 12.1-6　幾個 LP 模的傳輸常數 $\bar{\beta}$ 隨著光纖 V 參數變化的情形。若 V number < 2.405，則光纖中只有一個波導傳輸模態 LP$_{01}$。(Adapted from Ref. [4])

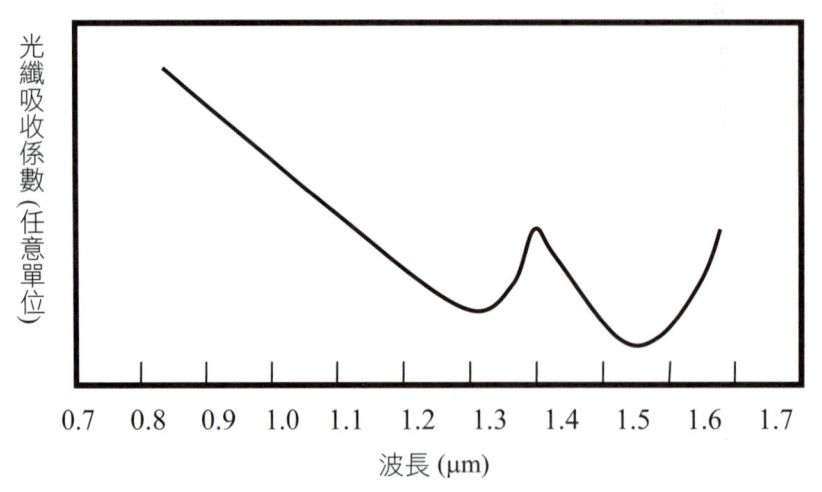

圖 12.1-7　Fused silica fiber 吸收光譜示意圖，在 1.55 微米附近光損耗最小。

吸收只是一部分，光纖內部若有不均勻的微小結構透過 Rayleigh 散射[2]也會造成光的衰減。在 1.31 微米波長附近，**物質色散** (material dispersion) 的效應

---

[2] Rayleigh scattering 的現象是光被微粒物質散射的情形，散射強度與波長的四次方成反比。著名的例子就是太陽光經大氣分子散射，藍光散射強度較紅光為強，因此天空呈現藍色的現象。

是最小的，因此寬頻通訊也經常使用 1.31 微米的波長。

電磁波在物質中傳播時的功率損耗是呈指數衰減，可以用下式來表示：

$$P(z)/P(0) = e^{-\alpha z} \tag{12.1-11}$$

其中，$P(0)$ 是在起始位置 $z = 0$ 的電磁波功率，$P(z)$ 是電磁波傳播到位置 z 時的剩餘功率，α 是**功率衰減係數** (attenuation coefficient)。在長距離傳輸中，為能將指數衰減的描述方式轉換成衰減隨距離線性增加的描述方式，通常在談到電磁波衰減時都先算出 α 的大小，最後才去算 $P(z)/P(0)$ 的大小，因為 αz 隨距離的增加而增加。一般在光纖通訊裡，α 是以 dB 來表示，定義如下：

$$\alpha_{dB} = \frac{1}{L} 10 \log_{10} \frac{P(0)}{P(L)} \tag{12.1-12}$$

其中，L 是傳輸距離。從簡單的指數計算，吾人可以得到以下衰減係數的互換

$$\alpha = 0.23 \alpha_{dB} \tag{12.1-13}$$

II. 實　驗

一、實驗名稱：光纖波導特性

二、實驗目的

　　這個實驗包含三個部分：波導數值孔徑量測、光纖彎折損耗量測及光纖波導模態的觀察。

三、實驗原理

1. 波導數值孔徑量測

　　第一個實驗的主要目的是利用**介電平板波導** (dielectric slab waveguide) 來瞭解，熟悉光纖波導的數值孔徑。假設三片介電平板波導如圖 12.2-1 (a) 一樣排列，其中 $n_1 > n_2$。將一未聚焦但是**準直** (collimated) 的雷射光以入射角 θ_0 導入中間層的平板，因雷射未聚焦，絕大部分雷射能量的入射角就是 θ_0。若 $\theta_0 < \theta_{0,\max}$，雷射光就可以在折射率為 n_1 的平板中傳播，如圖 12.2-1

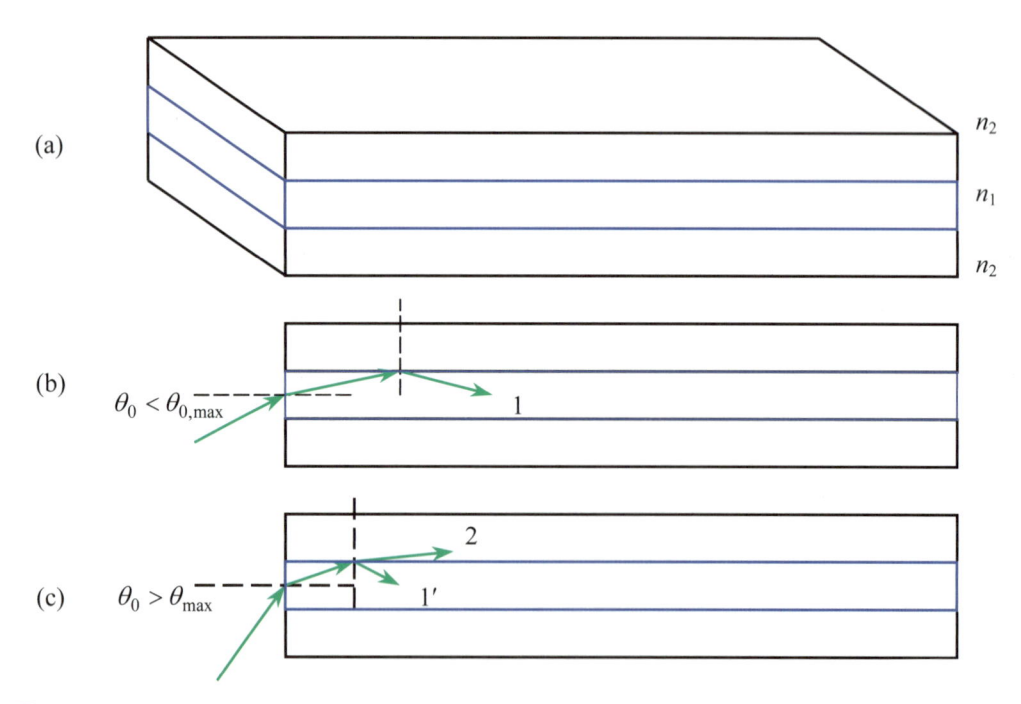

圖 12.2-1　(a) 緊密排列的三片介電平板波導，其中 $n_1 > \sim n_2$。(b) 將一未聚焦的雷射光導入中間層的平板，令入射角為 θ_0。若 $\theta_0 < \theta_{0,\max}$，雷射光就可以在折射率為 n_1 的平板中傳播；(c) 但是若 $\theta_0 > \theta_{0,\max}$，部分雷射光的能量將穿射進入折射率為 n_2 的上下兩片平板中。

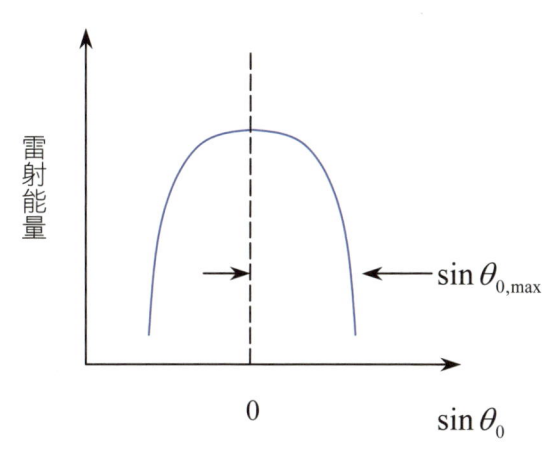

圖 12.2-2 　一邊量測圖 12.2-1 中 n_1 夾層中傳出來的雷射能量，一邊改變雷射的入射角，將量得的雷射能量對 $\sin\theta_0$ 作圖，即可判定波導的數值孔徑 $\sin\theta_{0,\max}$ 的大小。

(b) 所示；但是若 $\theta_0 > \theta_{0,\max}$，部分雷射光的部分能量將會穿射進入射率為 n_2 的上下兩片平板中，在折射率為 n_1 的平板中傳播的雷射能量就大大地降低。

因此，在一般量測平板波導的數值孔徑時，可一邊量測 n_1 的平板中所傳出來的雷射能量，一邊改變雷射的入射角，將量得的雷射能量對 $\sin\theta_0$ 作圖，由圖中曲線的寬度，如圖 12.2-2，即可判定該波導的數值孔徑的大小。

在本實驗中為了簡化量測，我們使用的三片壓克力平板都有毫米左右的厚度，且其材質極容易看出綠光雷射在其中的傳遞路線。因此，在實驗過程中只要持續轉動旋轉平台，增大 θ_0，從波導側邊觀察雷射光走的路徑，直到平面波導中的雷射光 1 分叉成兩道光 1' 及 2，如圖 12.2-2 所示，這時記錄到的 θ_0 就是 $\theta_{\max}$，波導的數值孔徑就可以由此求得。

2. 光纖損耗

將雷射光輸入光纖的一端，經過光纖內部，再從光纖的另一端出來，這個過程主要的光損耗包括兩個部分：**耦合損耗** (coupling loss) 及光纖內部的**光衰減損耗**。在這個實驗中，我們將嘗試量測光纖的耦合損耗 η 及光纖的功率衰減係數 α。

假設,當將雷射光耦合進入一長度為 L 的光纖時其耦合效率為 η,則輸入功率 $P(0)$ 與輸出功率 $P(L)$ 間成以下關係:

$$P(L)/P(0) = \eta e^{-\alpha L} \tag{12.2-1}$$

在這個實驗中,利用當 αL 很小時,

$$P(L)/P(0) \approx \eta \tag{12.2-2}$$

可先行量測光輸入的耦合效率 η;求得 η 之後,再根據 $P(L)/P(0) = \eta e^{-\alpha L}$ 去量一段長光纖的衰減,就可以推算出光纖的功率衰減係數 α。

使用光纖時,因為不慎,也會增加光在光纖中傳輸時的損耗。例如,當光纖彎折到一個程度時,在光纖中的光線就會開始溢漏到光纖外頭來,如圖 12.2-3 中所看到的情形。這種情形可以由圖 12.2-4 中的簡圖來分析。假設有一段折射率為 n_1 的光纖,在折射率為 n_2 的環境中被彎折成曲率半徑為 R 的弧形,其中 $n_1 > n_2$。原來在光纖中直行的光線會因光纖彎曲的關係打在 A 點上,形成一入射角度 θ;若光線要在光纖中持續傳播,θ 必須要大於式 (12.1-1) 中的全反射角度,即 $\sin\theta_{\min} = n_2/n_1$。但是從幾何上可以知道 $\sin\theta = R/(R+d)$,因此可求得光線不會溢射出去的最小曲率半徑為

$$R_{\min} = \frac{d}{n_1 - n_2} \tag{12.2-3}$$

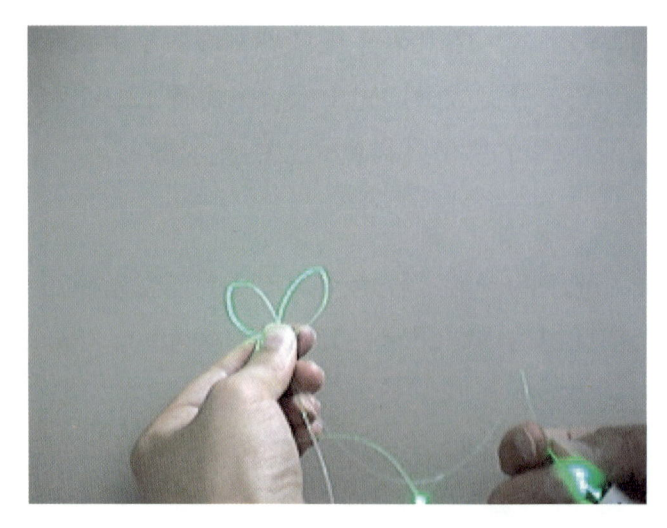

圖 12.2-3　當光纖過度彎曲時,光從光纖中溢散出來 (見圖中光纖彎曲的部分因光線溢出呈現綠色)。

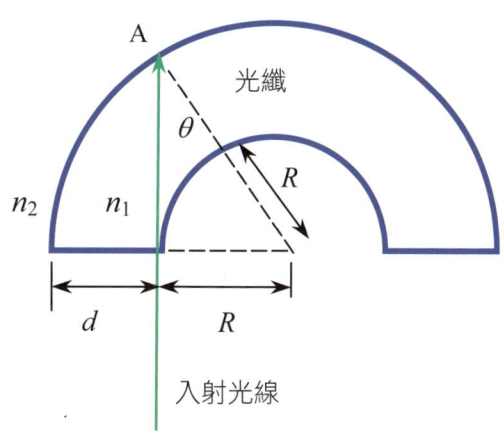

圖 12.2-4　一段折射率為 n_1 的光纖，在折射率為 n_2 的環境中被彎折成曲率半徑為 R 的弧形，其中 $n_1 > n_2$，當彎折的曲率半徑 R 太小時，光會從光纖中漏出去。

若將光纖彎曲，只要彎曲的曲率半徑大於式 (12.2-3) 中的值，光纖中傳輸的光線就不會大量地溢漏出來。但是光纖中如果含有高階波導模態，在彎曲的曲率半徑還大於 $R_{\min}$ 時，就會有相當的光能量損失出去，因為高階模態的傳輸波前並非在光纖長軸方向上直行，其入射角會比圖 12.2-4 的 θ 角要大；因此，高階模態在彎曲的光纖中受到的衰減要比低階模態還大，這種特性可用來控制及觀察光纖中的傳輸模態，如以下實驗所描述。

3. 光纖波導模態的觀察

　　光在一段多模光纖中傳播時，會產生多個波導模態，如圖 12.1-4 所示。如前所說，一個波導模態中光的亮暗強度變化與光波在光纖橫截面上所產生的駐波波包有關，而產生駐波的波包 (節點) 數和光波在光纖中的傳播角度 θ_1 有關 (見圖 12.1-1, 3)。θ_1 角越小，光波在橫向上的波長就越短，駐波的節點數越多，高階波導模態就容易產生；但是，當 θ_1 角越小越逼近全反射的臨界角時，光漏到光纖外的機會就越大。因此，高階波導模態的主要能量在光纖中傳輸時比較接近光纖直徑的外緣，而低階波導模態的能量在傳輸時比較接近光纖的中心。若要觀察多模光纖中的各個波導模態，可利用光纖彎折後會造成光損耗的原理，將一多模光纖夾在兩片齒狀壓條中，如圖 12.2-5 所示，藉由兩片壓條的擠壓，造成光纖的彎曲，讓大部分能量位在光纖外緣的高階模得到較多的損耗，光纖輸出端的主要輸出模態將會是大部分能量接近光纖軸心的低階模態。其實，不透過齒狀壓條，有時候只要用手彎曲一下光纖，就可以看到光纖模態的變化；但是在實驗中，手的穩定性不夠，我們使用在固定壓力下的齒狀壓條來觀察穩定的光纖模態。

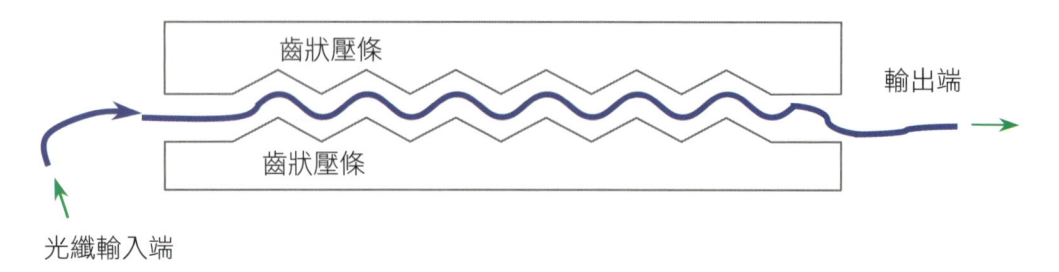

圖 12.2-5 將一多模光纖夾在兩片齒狀壓條中，藉由兩壓條的擠壓，讓大部分能量在光纖直徑外緣的高階模得到較多的損耗，光纖輸出端的主要輸出模態將會是大部分能量接近光纖軸心的低階模。

四、實驗內容

1. 波導數值孔徑量測

A. 實驗裝置

No.	器材名稱 (中文)	器材名稱 (英文)	建議規格	數量
1	雷射	Laser	Eg. CW frequency doubled Nd^{3+} laser at 532 nm	1
2	雷射夾具	Laser mount	Tilt adjustable laser mount	1
3	壓克力平面波導	Acrylic slab waveguide	Side and end polished three acrylic plates with successive thickness of 2, 3, and 2 mm	1
4	平板波導夾具	Slab-waveguide holder	shown in the following photo	1
5	φ~2" 旋轉台	Rotation stage	φ = 2" with 360° continuous rotation and minimum increment of 1°	1
6	2" 支撐棒	Post	2" length	2
7	2" 支撐座	Post holder	2" height	2
8	2"×3" 支架底板	Base plate	Eg. 2"×3" size with two mounting slots	1
9	12"×18" 光學板	Optical breadboard	12"×18" size with 1/4-20 tapped holes separated by 1" distance	1

第十二章　光纖波導原理　**263**

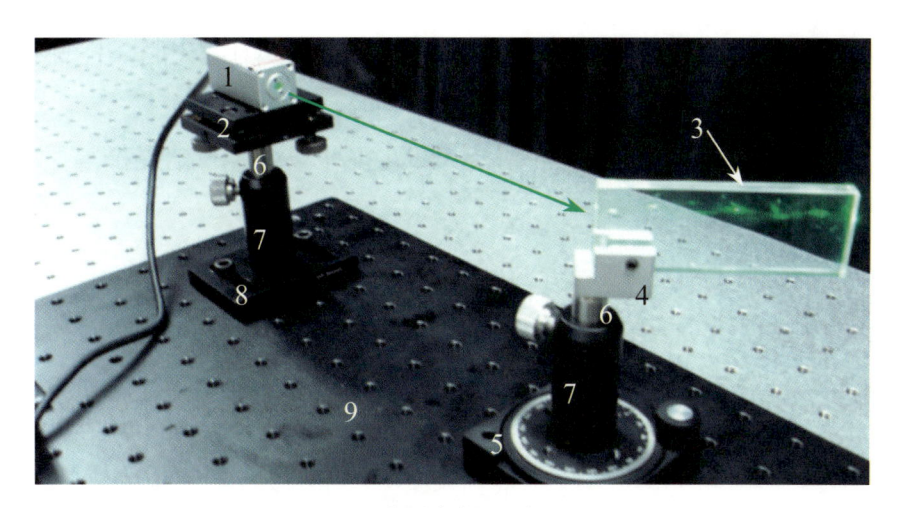

(實驗架設照片)

B. 實驗步驟

(1) 將實驗如圖 12.2-6 般架設。雷射的入射點必須在波導平板 1 的正中間，同時和旋轉台的軸心對齊 (為什麼?)。注意，不要將雷射聚焦，因此絕大部分的雷射能量都在同一入射角上。

(2) 先讓雷射光通過中間壓克力平板的中心軸，然後緩慢調動旋轉台改變雷射的入射角，同時從波導側邊觀察雷射光在波導中彎曲彈射的情形。

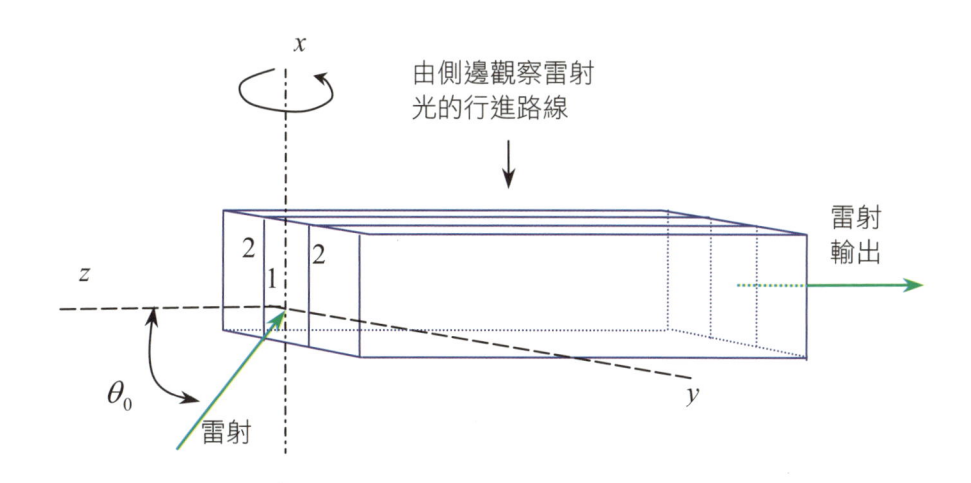

圖 12.2-6 波導數值孔徑量測實驗架設圖。將三明治狀的平板波導裝置於一旋轉台上，將綠光雷射射向中間夾層平板 1。一邊調動旋轉台改變雷射的入射角，同時從波導側邊觀察雷射光在波導中彎曲彈射的情形。

(3) 當平面波導中的雷射光在波導邊界上分叉成兩道光時，記錄入射角 θ_0，從而取得波導的數值孔徑。

(4) 假設波導中間平板的折射率為 1.5，從步驟 (3) 的結果推算兩側平板的等效折射率。

2. 光纖損耗量測

A. 實驗架設

No.	器材名稱 (中文)	器材名稱 (英文)	建議規格	數量
1	雷射	Laser	Eg. CW frequency doubled Nd^{3+} laser at 532 nm	1
2	雷射夾具	Laser mount	Tilt adjustable laser mount	1
3	20X 顯微鏡物鏡	Microscope objective lens	A typical one with 20X magnification	1
4	物鏡座	Microscope objective-lens mount	Typical	1
5	微調平移台	Translation stage	Typical one-axis micrometer-driven translation stage	1
6	平移台底座	Base plate for translation stage	Base plate suitable for mounting translation stage to optical breadboard	1
7	多模光纖	Multi-mode silica fiber at 532 nm	Eg. 15-cm and 10-m single-mode silica fibers at 1.55 μm	2
8	光纖固定夾具	Fiber holder	Typical fiber holder with *xy* fine adjustments	1
9	光強度偵測計	Light intensity meter	A typical silicon photodetector connected to a multimeter	1
10	2″ 支撐棒	Post	2″ length	4
11	2″ 支撐座	Post holder	2″ height	4
12	2″ × 3″ 支架底板	Base plate	Eg. 2″ × 3″ size with two mounting slots	3
13	12″×18″ 光學板	Optical breadboard	12″ × 18″ size with 1/4-20 tapped holes separated by 1″ distance	1

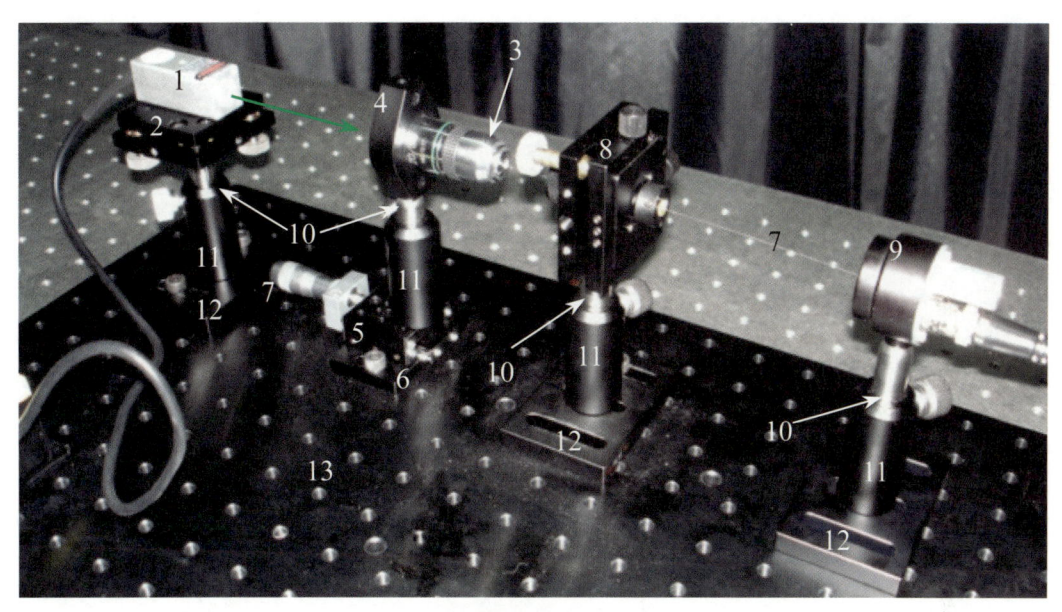

(實驗架設照片)

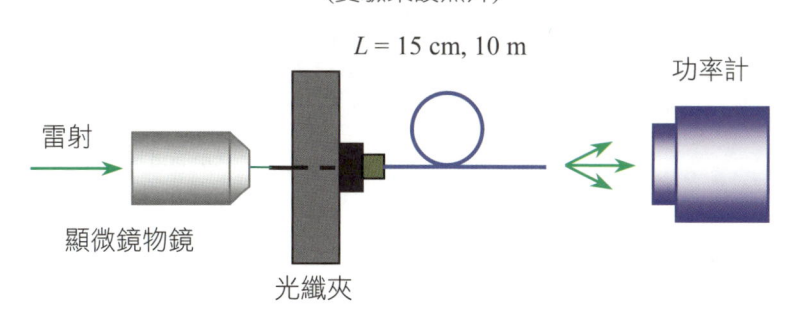

圖 12.2-7　光纖彎折損耗量測實驗架設圖。

B. 實驗步驟

(1) 將一段實驗裝置如圖 12.2-7 架設，首先利用物鏡將雷射聚焦。在未將雷射耦合進入光纖前，在物鏡之後以光功率計量測雷射輸入功率 $P(0)$。

(2) 15 公分的短光纖裝入光纖夾中，將聚焦之後的雷射輸入光纖中，微調光纖夾上的 xy 螺絲，使光纖後方的功率計讀取到最大光輸出值，$P(L)$。

(3) 假設在 15 公分的短光纖中 αL 的值很小，相較於耦合損耗，光纖內部衰減損耗可以暫時忽略，計算出實驗中的耦合效率 η。

(4) 取一段 10 米長，相同規格的光纖，重複 (1-2) 的步驟，求取光纖功率損耗係數 α。從數據中驗證步驟 (3) 的假設是否合理。

3. 光纖波導模態的觀察

A. 實驗架設

No.	器材名稱 (中文)	器材名稱 (英文)	建議規格	數量
1	雷射	Laser	Eg. CW frequency doubled Nd^{3+} laser at 532 nm	1
2	雷射夾具	Laser mount	Tilt adjustable laser mount	1
3	20X 顯微鏡物鏡	Microscope objective lens	A typical one with 20X magnification	1
4	物鏡座	Microscope objective-lens mount	Typical	1
5	微調平移台	Translation stage	Typical one-axis micrometer-driven translation stage	1
6	平移台底座	Base plate for translation stage	Base plate for mounting Translation stage to optical breadboard	1
7	多模光纖	Multi-mode silica fiber at 532 nm	Eg. 15-cm and 10-m single-mode silica fibers at 1.55 μm	1
8	光纖固定夾具	Fiber holder	Typical fiber holder with *xy* fine adjustment	2
9	2″ 支撐棒	Post	2″ length	5
10	2″ 支撐座	Post holder	2″ height	5
11	2″ × 3″ 支架底板	Base plate	Eg. 2″ × 3″ size with two mounting slots	4
12	12″×18″ 光學板	Optical breadboard	12″ × 18″ size with 1/4-20 tapped holes separated by 1″ distance	1
13	屏幕架	Screen holder	Eg. Typical plate holder	1
14	齒狀壓條	Fiber attenuator	Corrugated acrylic fixture with corrugation period of ~1″ and depth of 1 cm, as shown in the following photo	1

第十二章　光纖波導原理　**267**

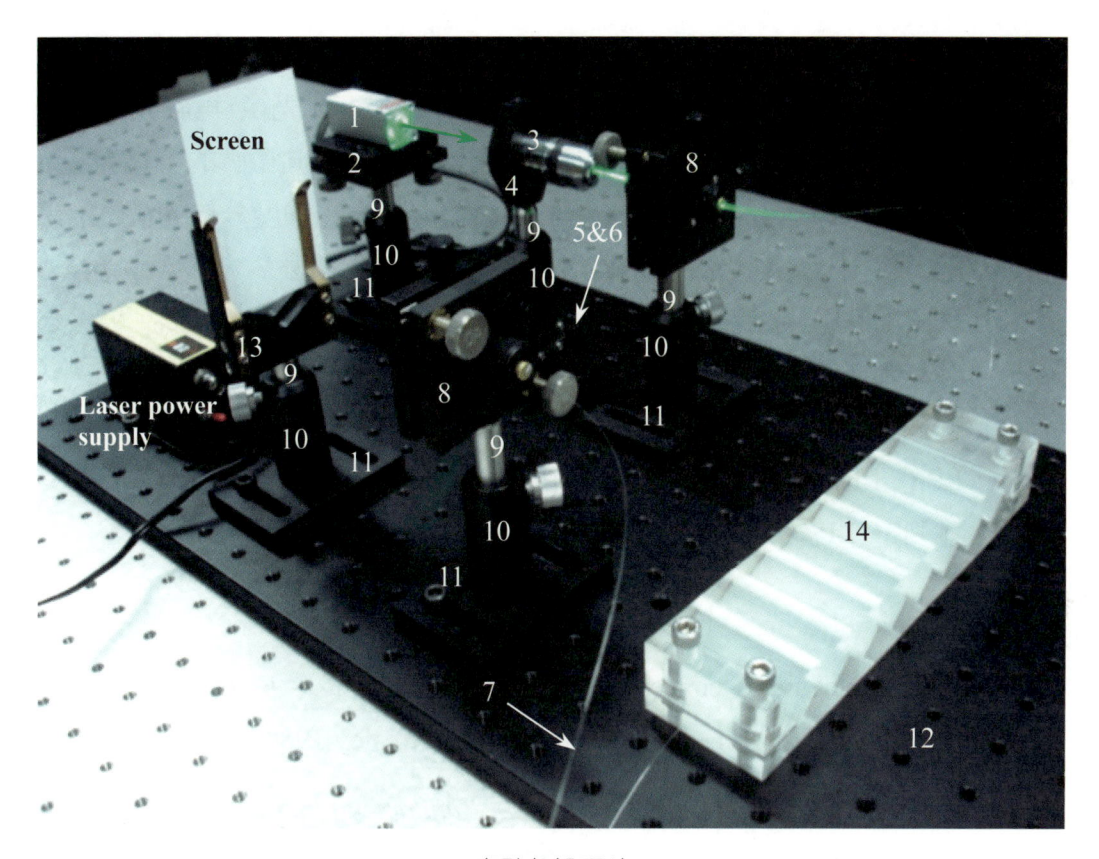

(實驗架設照片)

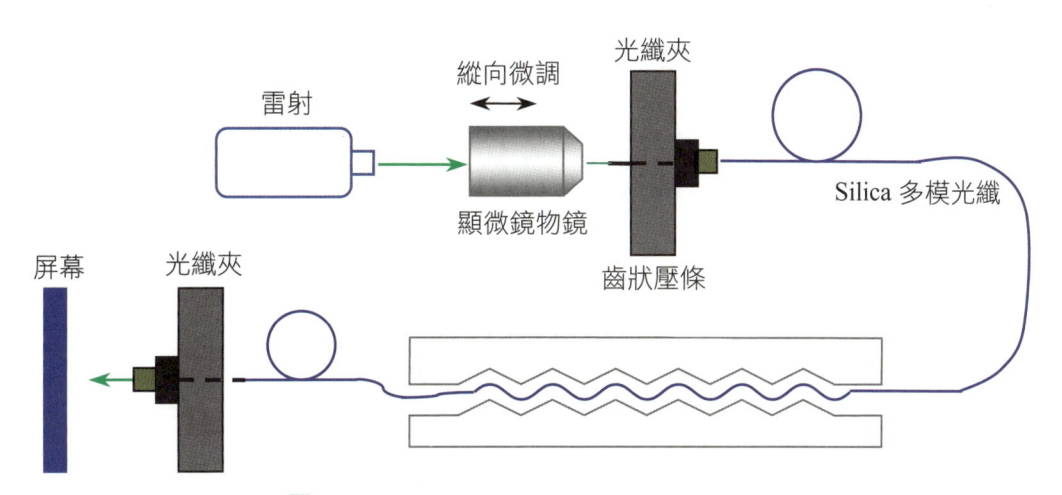

圖 12.2-8　觀察光纖波導模態的實驗架設。

B. 實驗步驟

(1) 將 532-nm 綠光雷射透過物鏡耦合進入一條 silica 光纖，再讓光纖穿過齒狀壓條，如圖 12.2-8 般架設。將物鏡架在可縱向微調的平移台上。

(2) 將齒狀壓條鎖上不同的力量，同時觀察屏幕上光強度分佈的變化。當壓力變大時，容易觀察到高階或低階模態？為什麼？

(3) 利用齒狀壓條繼續壓緊光纖直到屏幕上顯示出最低階的 LP_{01} 模，以數位相機照下其強度分佈。

(4) 輕調光纖夾的橫向 (x, y) 校準鈕，或緩慢鬆開齒狀壓條，試圖調出 LP_{11}、LP_{02} 等傳輸模，利用數位相機從屏幕上取下數個波導模態圖，並判定 LP_{lm} mode 中的 lm 值。

五、參考資料

1. General waveguide concepts: David K. Cheng, *Field and Wave Electromagnetics* 2nd Ed., Chapter 10, Addison-Wesley 1989.

2. Dielectric waveguides: John A. Buck, *Fundamentals of Optical Fibers*, Chapters 2-3, John Wiley & Sons, 1995.

3. Optical fiber communications: William B. Jones, Jr., Holt, *Introduction to Optical Fiber Communication Systems*, Rinehart and Winston Inc. 1988.

4. An important publication on linearly polarized modes: D. Gloge, "Weakly Guiding Fibers," *Applied Optics* **10** (1971) 2252-2258.

III. 習　題

1. 以下是五種多模光纖在它們橫截面上折射率 n 沿著半徑 r 的分佈圖，其中，兩條虛線的內側是 fiber core，外側是 fiber cladding。

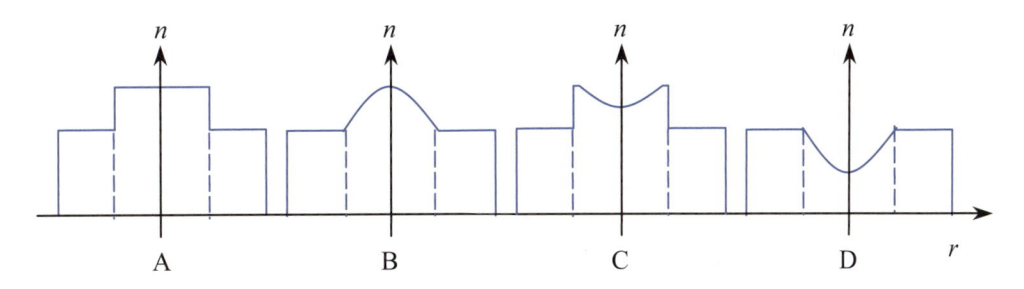

   (1) 哪一條光纖無法讓光在 fiber core 中傳輸？
   (2) 哪一條光纖的 modal dispersion 最小？
   (3) 哪一條光纖的 model dispersion 最嚴重？

2. 參考圖 12.1-3，假設 fiber core 的折射率為 1.452，fiber cladding 的折射率比 fiber core 小 0.01，求出能夠讓光在光纖中傳輸的最大入射角度 θ_0。

3. 參考下圖，將一道光從端面打入一片置於真空中的透光物質中，若要求：只要入射角 $\theta < 90°$，進入這片物質的光線就會在其中作全反射傳播。算出這片透光物質最小的折射率為何？

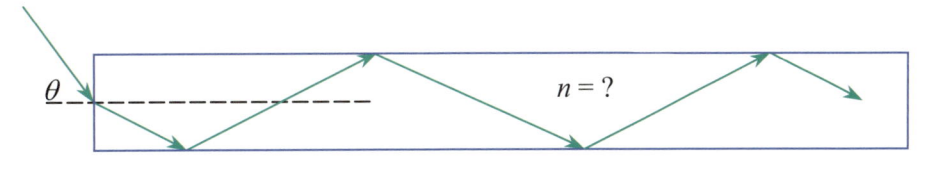

4. 如圖 12.1-4 一般，手繪 LP_{31} 及 LP_{12} 這兩種光纖模態所對應的橫截面光強度分佈圖。

5. 1.55μm 波長的光在一條單模光纖中傳輸時的功率損耗約為 0.1dB/km，算出這個波長的光在這條單模光纖中傳輸多少距離之後它的功率會降到原來值的 10%？

6. 在光纖損耗量測中，從步驟 (4) 中量得的結果，估算 15 公分光纖內的光損耗，從而估計步驟 (3) 所量得的 η 值的不確定性。若要讓 η 值精確到 1% 以內，求出步驟 (4) 中光纖最短的長度應該為何？(另一個問法是：若要讓 η 值精確到 1% 以內，求出步驟 (3) 中光纖最長的長度應該為何？)

7. 在光纖波導模態的觀察實驗中,壓緊齒狀壓條直到產生 LP_{01},這時為何輕微調動光纖夾的橫向 (x, y) 校準鈕就容易產生次高階模?

8. 在光纖波導模態的觀察實驗中,為何觀察到的許多光纖輸出光的強度分佈卻無法找出對應的 LP_{lm} 模態?

索 引

A

ABCD matrix (ABCD 矩陣)	106
Aberration (像差)	85
Airy Disk (Airy 圓碟)	192
Airy function (Airy 函數)	154
Amplitude Transmittance (震幅穿透比值)	235
Angular dispersion (角度色散)	213
Astigmatism (像散)	90
Attenuation coefficient (功率衰減係數)	257

B

Base plate (支架底板)	20
Beam expansion (擴束)	109
Birefringence crystal (雙折射晶體)	59
Brewster angle (布魯斯特角)	68

C

Calcite crystal (碳酸鈣晶體，冰洲石)	59
Cardinal planes (光學主平面)	107
Circle of least confusion (最小模糊圈)	88, 92
Circular polarization (圓形偏振)	52
Coefficient of finesse (Finesse 係數)	154
Coherence (同調)	11, 169
Coherence length (同調長度)	170
Coherence time (同調時間)	170
Coma (彗形像差)	89
Complex amplitude field (複數振幅場)	9
Complex degree of coherence (複同調程度)	172
Complex degree of temporal coherence (複空間同調程度)	170
Contrast (對比度)	132
Convolution integral	227
Coupling loss (耦合損耗)	259
Critical angle (臨界角)	34
Czerny-Turner monochromator (Czerny-Turner 分光儀)	218

D

Dielectric slab waveguide, see wavaguide	
Diode laser (半導體雷射)	17
Dipole radiation (偶極輻射)	67
Dirac delta function (Dirac 脈衝函數)	228
Dispersion (色散),	
Fiber (光纖)	254, 256
Grating (光柵)	212
Material (物質)	38
Double-slit diffraction (雙狹縫繞射)	199
Doublet lens (雙合透鏡)	88

E

Electric dipole (電偶極)	31, 67
Electric field intensity (電場強度)	7, 51
Electric flux density (電通強度)	61
Electromagnetic wave (電磁波)	5, 51
Electromagnetic spectrum (電磁頻譜)	6
Elliptical polarization (橢圓偏振)	53
Energy-level diagram (能階圖，階梯圖)	2, 3
Etalon	151
Extraordinary wave, e-wave (非普極化波)	60

F

Far-field approximation (遠場近似) 233
Far-field diffraction (遠場繞射) 188
Fermat's principal (Fermat 原理) 31
Fiber, see optical fiber
Fiber core (光纖核) 252
Fiber cladding layer (光纖被覆層) 252
Fiber V number (光纖 V 參數) 255
Finesse, etalon 156
Finesse, grating (光柵 Finesse) 215
Folk clamp (叉狀壓條) 19
Fourier plane (傅利葉平面) 237
Fourier transform 191
Fraunhofer diffraction (Fraunhofer 繞射) 188
Free spectral range (自由譜距)，
 etalon 156
 grating (光柵) 214
Frequency beating (拍頻) 132
Fresnel diffraction (Fresnel 繞射) 188, 192
Fresnel lens (Fresnel 透鏡) 195
Fresnel zone plate (Fresnel 區片) 195
Fresnel zone (Fresnel 區) 193
Fourier Integral (傅利葉積分) 228
Fourier Transform (傅利葉轉換) 228

G

Gamma ray (γ 射線) 6
Gaussian laser beam (高斯雷射束) 10
Geometric optics (幾何光學) 81
Goggle (護目鏡) 23
Grating (光柵) 14, 209
Grating equation (光柵公式) 212

Grating chromatic resolving power
 (光柵色悉能力) 215

H

Half-wave plate (半波片，二分之一波片)
  57, 62, 65
Helmholtz's equation (Helmholtz 方程式) 9
HeNe laser (氦氖雷射) 16
Huygens's principle (惠更斯原理) 187
HWP, see Half-wave plate

I

Infrared light (紅外光) 6
Imaging formula, thin lens
 (薄透鏡成像公式) 103
Impulse response (脈衝響應) 228
Iris (光圈) 22
Intensity, see light intensity
Interference (干涉) 5, 129, 171
Interferogram (干涉譜圖) 178
Interferometer (干涉儀)，
 Common-path (共徑) 139
 Mach-Zehnder 136, 140
 Michelson 136, 140, 176
 Sagnac 136, 138
Inverse Fourier Transform (反傅利葉轉換)
 see Fourier Transform 228

J

Jones vector (Jones 向量) 54
Jones matrix (Jones 矩陣) 56
Jones calculus (Jones 計算法) 58

K

Knife-edge measurement (刀口法量測)
110, 116

L

Laboratory safety and etiquette
  (實驗室安全及禮節) 223
Laser (雷射) 9, 11, 15
Laser beam (雷射束) 10
Laser protection goggle, see goggle
Laser radius (雷射半徑) 10
Laser waist radius (雷射腰身半徑) 10
Lens (透鏡) 14, 101
Lens Aberration (透鏡像差) 85
Lens makers' formula (造鏡者公式) 88, 102
Lens/mirror cleaning (清潔鏡片) 24
Lens mount (透鏡架) 19
Lens system (透鏡系統) 103, 112
Lens paper (拭鏡紙) 16, 24
Light intensity (光強度) 7, 130
Light, speed of (光速) 36
Linearly polarized (LP) mode (線偏振模態)
252
Linear Polarization (線性偏振) 52
Littrow monochromator (Littrow 分光儀) 216

M

Mach-Zehnder interferometer, see interferometer
Magnetic field intensity (磁場 H，磁場強度)
6, 51
Magnification ratio of thin lens imaging
  (薄透鏡成像放大率) 103

Malus's law (Malus 定律) 64, 71
Michelson interferometer, see interferometer
Microchip laser (微晶片雷射) 17
Microwave (微波) 6
Minimum deviation angle (最小偏向角) 39
Mirror (鏡子) 13
Mirror mount (鏡座) 19
Modal dispersion (模態色散) 254
Multimode fiber (多模光纖) 254
Mutual coherence function (互同調函數) 172
Mutual intensity (互同調強度) 172

N

Near-field diffraction (近場繞射) 188
Newton's rings (牛頓環) 134
Numerical aperture (數值孔徑) 252

O

Optic axis (光軸) 60
Optical density, OD (光學密度) 23
Optical breadboard (光學板) 19
Optical fiber (光纖) 14, 250
Optical isolator (光隔斷器) 79
Optical path difference (光程差) 31
Optical rail (光學軌道) 22
Optical Rayleigh range (光學 Rayleigh 距離)
10
Optical table (光學桌) 19
Optomechanic mounts (光機械元件) 18
Ordinary wave, o-wave (普極化波) 61

P

Paraxial approximation (近軸近似)	85
Paraxial optics (近軸光學)	82
Pedestal post (承軸棒)	19
Phase (相位)	36
Phase retarder (相位延遲片)	56, 65
Phasor (相子)	8
Photodetector (光偵測元件)	18
Photodiode (矽晶二極體)	18
Photon (光子)	3
Plane wave (平面波)	4, 6, 52, 130
Plane of incidence (入射平面)	33, 66
Planck's constant (卜朗克常數)	3
Polarization density vector (極化密度向量)	61
Polarization of light (光的極化)	51
Polarization rotator (極化旋轉器)	56
Polarizer (偏振片)	14, 56
Polaroid polarizer (Polaroid 偏振片)	14, 63
Post (支撐棒)	20
Post clamp (支撐棒壓條)	21
Post holder (支撐棒座)	20
Poynting vector (Poynting 向量)	7, 51
Poynting vector walkoff (Poynting 向量走移)	61
p-polarization (p-偏振態)	66
Principal plane (主平面)	60
Principle of superposition (線性疊加原理)	227
Prism (稜鏡)	14, 39
Pulse compression (脈衝壓縮)	217

Q

Quarter-wave plate (QWP, 四分之一波片, 1/4 波片)	57, 62, 65
Quasi-monochromatic light (類單頻光)	172
QWP, see Quarter-wave plate	

R

Radio wave (無線電波)	6
Radius of curvature of a laser beam (雷射束曲率半徑)	10
Rail carrier (軌道座)	22
Random polarization (隨機偏振)	63
Ray optics (束線光學)	31
Reflectance (反射率)	68, 155
Reflection coefficient (反射係數)	69, 152
Refractive index (折射率)	7, 31
Rotation stage, rotary stage (旋轉台)	22

S

Sagnac interferometer, see interferometer	
Scalar diffraction theory (純量繞射理論)	189
Simple medium (簡單物質)	7
Single-mode fiber (單模光纖)	251
Slit (狹縫)	14
Snell's law of reflection and refraction (司乃爾反射與折射定律)	32, 33
Spatial coherence (空間同調性)	11, 169
Spatial filter (空間濾波器)	21
Spatial frequency (空間頻率)	230
Speed of light (光速)	6, 36
Spherical aberration (球面像差)	81
s-polarization (s-偏振態)	66

Standing wave (駐波) 249
System frequency response (系統頻率響應) 230
System transfer function (系統轉移函數) 230

T

Temporal coherence (時間同調性) 11, 169
Temporal coherence function
 (時間同調函數) 170
Thin-lens imaging (薄透鏡成像) 101
Third-order theory (第三階理論) 87
Total internal reflection (內部全反射) 34
Translation stage (平移台) 21
Transmission coefficient (穿透係數) 152
Transmittance (穿透率) 68, 154
Transverse-electric (TE) polarization/wave
 (TE 偏振/波) 66
Transverse-electromagnetic (TEM) wave
 (TEM 波) 51
Transverse-magnetic (TM) polarization/wave
 (TM 偏振/波) 66

U

Ultra-violet light (紫外光) 6

V

Visibility (可見度) 173
Visible light (可見光) 6

W

Wave equation (波動方程式) 7
Wavefront (波前) 4, 35
Wave function (波函數) 7
Wave number (波數) 7, 103
Wave plate (波片) 57, 62
Wave vector (波向量) 8, 61
Wave impedance (波阻抗) 7, 51
Waveguide (波導), 249
 Dielectric slab (介電平板) 258
 Optical (光學) 251
 Parallel-plate (平板) 249
Waveguide mode (波導模態) 249
Wavelength (波長), 3, 36
 Visible light (可見光) 6, 35
White light interference (白光干涉) 171

X

x ray (x 光) 6

Y

Young's two-slit interference
 (楊氏雙狹縫干涉) 198

Z

Zone plate, see Fresnel zone plate